国家自然科学基金资助项目（51478232）

多维之思

当代建筑设计思维与审美

王　辉◎著

中国建筑工业出版社

图书在版编目（CIP）数据

多维之思：当代建筑设计思维与审美／王辉著. —
北京：中国建筑工业出版社，2018.9
ISBN 978-7-112-22535-4

Ⅰ. ① 多… Ⅱ. ① 王… Ⅲ. ① 建筑设计—研究
Ⅳ. ① TU2

中国版本图书馆CIP数据核字（2018）第182318号

责任编辑：刘　丹
责任校对：王　瑞

多维之思
当代建筑设计思维与审美
王辉　著
*
中国建筑工业出版社出版、发行（北京海淀三里河路9号）
各地新华书店、建筑书店经销
北京锋尚制版有限公司制版
北京中科印刷有限公司印刷
*
开本：787×1092毫米　1/16　印张：19½　字数：377千字
2018年9月第一版　2018年9月第一次印刷
定价：78.00元
ISBN 978-7-112-22535-4
（32613）

前言

1. 当代

当代建筑设计发展的步伐不断加快，随着对各方面建筑问题思考的展开，各种传统与经典的思想被不断回溯与解构，而伴随着科技的进步与社会的发展，有关建筑设计内涵与边界的答案也似乎在变得越来越多元。早在20世纪60年代美国举办了一场有关建筑发展的研讨会，研讨会前半部分的主题就是“混沌主义时期”（The Period of Chaotism），这也是与会者对未来建筑发展趋势的一种预测。查尔斯·詹克斯（Charles Jencks）在其1971年的著作《建筑2000》（*Architecture 2000*）中发表了一张名为“2000年进化树”（Evolutionary Tree for the Year 2000）的图片，试图对现代主义以来的多元建筑潮流发展进行归纳与预测，他后来又于2000年发表文章再次提到了这一图表，以此显示他在1971年的先见之明。[①]他在分析中以几个思潮为源头进行了建筑发展的脉络梳理，并试图以进化为概念对未来进行预测。但一些研究者对此并不完全认同，比如安东尼·维德勒（Anthony Vidler）就对这种建筑发展的进化类比有着不同的看法，认为这种相对宽泛并简单的多元论思想作为后现代以来的基本精神是有问题的。[②]当代建筑的发展确实是多元的，但这种多元并不意味着简单宽泛，而是在多元的现象背后有着丰富与独特的内涵。

可以认为，在各种社会思潮与科学技术发展的影响之下，当代建筑设计的趋势在不断变化，有关社会、技术、空间、身体等多元要素的综合使得建筑设计呈现出一种独特的时代精神。与原来古典或现代主义时期个别思潮占主流不同，到了当代，标新立异、令人眼花缭乱的新思潮不断涌现。当代建筑设计的发展出现错综复杂的交流与融合趋势，呈现出丰富多元的面貌。在经验与试验、本质与外延多个层面游走的建筑师与研究者试图通过各种探索来丰富建筑与城市空间体验，在应对纷繁复杂社会状况的同时描绘了一幅多维度的当代空间图景。这些设计探索所呈现的结果异质

---

① Charles Jencks. *Architecture 2000: Predictions and Methods* [M]. New York: Praeger, 1971: 46 - 47. Charles Jencks.The Century is Over: Evolutionary Tree of Twentieth-Century Architecture[J]. *Architectural Review*, 2000（7）: 77.

② Anthony Vidler. Cooking Up the Classics[J]. Skyline, 1981（10）: 18-21.

而多元，成为设计者表达他们眼中世界多样性的一种途径。

在当代多维度的建筑现象之下，不仅仅是空间层面的大与小、部分与整体、简单与复杂被并置到一起，更为深层的命题包括结构与解构、永恒与瞬时、厚重与透明等也都被重新阐释。于是，在将以往的主导现代性精神反叛、分离、异化与超越之后，当代建筑设计组成了一个自由的多元体系，或者更像是由多重要素组成的一个多维度矩阵。其中包含了理念、形象、故事、历史与技术的种种维度，所有这一切凝聚成了一幅混沌多元的空间图景，这一多维图景显然比詹克斯的二维分析图解要丰富与复杂。

在这种丰富的当代建筑图景中，建筑的设计思维与审美不再强调分离的倾向，而是关注到了建筑与环境、技术等相关要素的整体性，这种新的整体性体现出了建筑与当下的文化、环境、生活与技术等种种要素的整合。与此同时，艺术和生活、建筑设计与日常空间的边界在逐渐消失，这种结合也使得传统的对艺术品欣赏的距离静观模式被消解，全方位的空间感知投入创作与欣赏的过程之中。以往传统语境中抽象、静态的审美感受被逐渐消解，多维度、多感知方式的全面体验开始成为更具有时代特征的思维与审美方式。

不仅如此，在多元素整合的趋势之下，建筑客体背后主体的身心感知越来越重要，这使得有关身心的愉悦体验成为新时代的判断标准。西方社会一直以来有着二分式的切入方式，如理性和感性、普遍性和特殊性、话语和形象等，而且在传统的价值观中前者往往比后者更为重要，而当代的文化则越来越重视后者的作用，甚至在一定程度上以后者为基础定义属于新时期的价值观。在这种背景之下，当代的建筑已不再以功能、形式的简单融合为判断标准，而更多强调主体的人与客体的建筑对象间的积极互动，从理性、自我和现实的建筑语汇转向情感、本我和体验的空间情境。可以认为，在对空间自身品质与人本主观体验的关注逐渐加强的影响之下，建筑作为人与世界联系的一个重要接口，成为人们体验世界与生活情境的载体及对象。

另外，在当代越来越重视技术创新与社会问题解决即“技术-社会”趋势影响之下，建筑设计的过程也体现出一定的多维“复杂性”，这种复杂性体现在建筑设计需要考虑到技术、社会、文化、环境等多个方面的问题，既要从系统的问题出发，又要能借助最新的科技手段与方法。这种更为系统与整体的思维模式显然对建筑设计提出了更高的要求，当代建筑设计思维必须要关心环境可持续、社会发展之类的大问题，同时又要了解新的相关科学技术，最终还要通过建筑设计来满足人们具体的身心感知。这种综合的复杂性必然会导致建筑设计研究问题框架复杂性的不断增加。因此，当代建筑设计在逐渐以系统的思维与全方位的感知切入，这种综合性的多维切入方式并不排斥对新技术与科技手段的利用，而是在充分了解各种新学科发展与技术手段基础上，探寻建筑学与其他学科如社会学、计算机科学、视觉艺术等各门学科的渗透与融合。

当代建筑学设计的步伐不断加快，以上这些方面都可以看作是当代建筑设计的新发展趋势，在这些趋势影响之下建筑设计的基本思维模式也在发生着变化，有关于设计与研究、经验与试验的各种讨论成为建筑学科的重要话题。这些变化引起了众多讨论甚至争议，有的理论家与建筑师还希望坚守传统的建筑观，他们对于当代一些向外拓展与追求反叛的做法并不认同。从积极的角度来看，这些有关建筑设计思维模式的争议与对立恰恰反映了当代建筑设计在新维度的突破与尝试，当代科技的大幅进步以及社会的发展为建筑学科向外拓展提供了必要性与可行性。与之相对应，思维模式的不断拓展必然导致内容与定义的含混，这也必然引发更为根本的、关于建筑设计本体与建筑学专业边界问题的讨论和争议。

建筑与人的生活紧密相关，建筑设计就是创造性地并综合地解决生活空间问题，其中涉及的因素众多。而当代社会发展的多元状况也更加放大了建筑设计思维与审美的多元状况，这也使得当代建筑出现多个维度发展的现象，各个不同的维度都有着自己对于建筑设计思维与审美的解读，这些不同角度的解读正是对于当代多元精神的再阐释。

多维度的延展性确实为建筑的进一步发展提供了更多的可能性，但与此同时我们还必须要注意到，多维度的探索必将进一步模糊传统设计边界，建筑价值观与评价标准将更为多元。因此，在当代建筑逐渐成为一个包罗万象的多元系统之后，种种不同方向与维度的探索虽未完全给出发展的权威答案，但却在不断启发人们对于建筑的全新认识；对于当前的探索与未来的发展不管持何种态度，在多元条件的持续影响下，建筑设计的发展还需要继续去明确新的逻辑。

2. 维度

基于对建筑设计当代性的解读，同时结合笔者原先对于建筑美学研究形成的理论框架，本书尝试搭建形成多维之思的主体框架，尝试从多个维度来梳理当代建筑设计思维与审美的发展状况。这些维度包括本体、主体、环境、技术四个维度。本书的主要部分也将从这四个维度出发进行论述。

第一个维度就是建筑的本体维度。从探讨建筑本体出发的建筑理论研究在西方已经有很长的历史。到了现代之后，这种总结建筑内在规律的建筑理论研究被一些学者概括为一个在20世纪60年代开始的特定运动，当时的这些探索希望努力重构建筑学科的思想体系，并在与其他学科交叉联系的同时梳理自身的本体与边界。除了这些对于建筑本体理论的探索尝试之外，当代一些建筑师同样在通过自己的实践来传达对于建筑内在价值的挖掘。这些建筑理论家或建筑师对于建筑的自主性逻辑与深层结构进行探索，希望能从建筑语言内部挖掘出属于建筑学自身的规律。他们试图通过自己的努力思考建筑学科的“自主性”问题，研究探讨建筑设计自身的基本理论与作用机制，并以此实现新时期建筑的审美价值与内在精神。建筑理论家与建筑师也希望借助这种思维模式研究探讨建筑自身的基本原则，并以此在不同时期提醒人们有关建筑内在的审美价值。

第二个维度是建筑的主体维度。作为社会与个人生活的物质载体，建筑空间一直与人的主体状态有着密切的联系，其中既有作为个体的创作者与欣赏者的角度，同时也有作为群体而言的社会行为与认知的角度。伴随着社会思潮的不断变异，这种从主体角度出发对社会现象的考察与挖掘对于建筑设计也产生了很大影响。其中，对传统理性思维的反叛仍然是主要的方向，人们以更加放松的态度为出发点，实现着对传统建筑设计思维与审美的超越。从过去的理性到当代主体的新状态，人们关注的重点不断向主体意识的可能性这一命题转移。不管是以人本主义视角（强调非理性）切入，还是以科学主义视角（强调理性地深入探究感性）切入，当代的建筑设计思维与审美体现了对人的主体意识的关注，主观情绪成为人们创作与审美的来源。另外，主体状态的变化也使得当代建筑设计更为广泛地涵盖了社会生活的各个方面，建筑美与人们日常生活之间的联系越来越紧密。这种转变将建筑要素的范围扩展到整个社会生活，当代建筑空间成为生活的载体与反映，是有关社会生活多种要素的综合作用与构成。不管是社会的角度还是个体的角度，从主体维度出发进行建筑设计的思维都与人的基本状态有关。因此这种思维方式显然具有深刻的人本主义立场，是在社会不断发展变异之后的一种反思，是对于社会变化下人的命运与价值的重新关注。

第三个维度是建筑的环境维度。建筑美与环境相关，这里的环境既包括地理、气候、生态等自然环境，同时也包含历史、文化、民族、地域等人文环境。随着人们对于世界认识的深入，环境这一概念便有了更为广泛而细腻的内涵，原先作为远方客体存在的环境开始成为与主体交融的整体系统。这个环境的大系统容纳了主体与客体、物质与社会等因素，人与环境被联系在一起，共同形成一个复杂联系的系统。首先，自然环境一直以来都是建筑设计中最先要关注的环境要素。进入当代，伴随着对人类所处自然环境的关注，环境可持续理念已逐渐深入人心，对自然资源的关注保护以及自然环境的可持续发展也更加成为建筑与城市设计中的重要原则。另外，不只是传统的自然环境，当代建筑设计对社会文化维度的环境也越发关注，这也是当前全球化发展之下的一种现实考虑。正是在全球化这样的大背景下，针对各地社会文化环境的研究越发得到重视。

在自然环境与社会文化环境这两大维度影响之下，建筑设计思维与审美涉及的环境对象在日益扩大，从传统自然的环境拓展到人类生存环境的各个方面。这种从环境出发的整体思维观对建筑设计提出了更高的要求，设计者需要从更为广泛的环境角度出发，为建筑与自然、社会文化环境的联系，建筑空间客体与使用审美主体的融合提供更多的可能性。因此，针对既有复杂环境中的建筑设计需要有将多种因素进行整合的思维观与方法论。这种整合的思维方法既为建筑与城市设计拓宽了研究的对象范围，同时也对设计者提出了更高的要求，设计者需要进一步拓展去寻求更多的跨学科与专业的可能性。在这一过程中，既要能进行精细化、聚焦式的挖掘，同时也要不断拓宽研究视野，从多个角度建构关于环境的研究框架并加以整合。

第四个维度是建筑的技术维度。与以往技术在建筑设计中所起作用不同的是，当代以数字技术、绿色技术等为代表的新技术手段已深刻地影响了建筑设计思维与审美的全过程。因此，当代建筑设计思维与审美必然涉及最新的技术方法与手段。而在新科学技术不断发展的趋势之下，众多建筑师与学者对建筑设计的跨学科交流与借鉴越来越重视。他们对建筑学未来发展趋势提出了自己的见解，很多人认为建筑学需要借鉴新的科技发展，将视野拓展并在与其他学科发展借鉴与融合中寻求突破。随着人们对未来自己命运的关注加剧，为了应对能源危机、气候变化等宏大命题，可持续、低碳等新科学理念的影响必将越发深远。作为人们生活的直接载体，建筑的发展必须对此要有所应答，而新的技术成为应答这些问题的绝佳手段。因此未来建筑设计在新技术的不断影响之下可能会从更广的背景中开展，这种从技术创新出发的应对也可能会模糊未来建筑美学的流派之争，这也可以看作是人们对人类自身以及所在环境认识不断深化的结果。

以上对本体、主体、环境与技术这四个维度的论述也构成了本书的主要内容，即本书的第三章到第六章。除了这四个主要维度之外，本书在第一章对建筑设计与思维讨论的切入视角进行了阐释，接着从中西比较的维度对建筑设计思维与审美的脉络进行了讨论。首先从建筑设计美学思维原点出发提出西方古典建筑的确定形式以及中国传统建筑的整体意境两部分内容；其次，在第二章对现代建筑与“现代性”思维、第七章对于多维度下的当代西方建筑再思考进行了论述；本书的最后即第八章对中国建筑设计之美进行了一定的思考与讨论。

3. 未来

2013年12月，曾经在MIT建立媒体实验室的尼古拉斯·尼葛洛庞帝（Nicholas Negroponte）于哈佛大学设计研究生院（GSD）发表演讲，GSD院长莫森·莫斯塔法维（Mohsen Mostafavi）向他提出了未来建筑将如何发展的问题。热衷于向外拓展建筑学的莫斯塔法维显然希望一直走在学科交叉前沿的尼葛洛庞帝能就这一问题给出确定的答案，但尼葛洛庞帝的回答显然让他失望了。尼葛洛庞帝谦虚地说他现在并不预测未来，不过他却极为肯定建筑学教育对他产生的积极影响。而在同年举办的另一场学术会议上，当被问及类似的问题时，当时的耶鲁大学建筑学院院长、曾经一直坚定捍卫建筑传统的罗伯特·斯特恩（Robert A. M. Stern）则如此回答：“未来应该是你们去发现而不是我这个老人。”在面对预测未来的问题时，这两位分别代表两个方向的美国建筑学家却选取了近似的不给出明确答案的态度来应对。这似乎说明在当代多维度的发展背景之下，未来的发展确实呈现出了混沌与不可预测的状态。这两位对于建筑学有着不同立场的学者的相似观点其实也可能在给我们启发，多维度的发展可能并不是割裂的，它们互相促进、共同演化，不断加深与启发着人们对于建筑学的认识与理解。

不管未来建筑学与建筑设计会如何发展，对于中国的建筑从业者必须要面对的一大问题就是如何寻找到适合中国的建筑发展道路，而其中一个重要方面就是中国建筑文化的传承与创新问题。一直以来，研究者与设计者们在如何找到适合中国的发展道路问题上在不断摸索，希望找到适合中国的建筑与城市发展方向。2015年中央城市工作会议指出，城市工作要建设和谐宜居、富有活力、各具特色的现代化城市，提高新型城镇化水平，走出一条有中国特色的城市发展道路；同时提出要留住城市特有的地域环境、文化特色、建筑风格等“基因”。这些要求都为未来建筑设计发展的中国特色建构明确了努力的方向。

要建构属于中国的建筑设计发展道路，就必须从中西古今比较入手，采取一种开放性的研究方式，认清中国建筑文化的特色与启示，以此建构未来能指导建筑实践的中国建筑设计思维。首先，我们应深入挖掘中国传统建筑与城市文化，将着眼点贯穿过去、现在与未来，从传统中寻求启示，使传统建筑设计美学思维赋予当代新的生命力。

与此同时，中国传统建筑文化取得过辉煌的艺术成就，这种博大丰富的美是经过漫长的历史时期逐渐生成的。因此建筑的发展需要具有时代性，建筑的设计创作也要顺应时代变化推陈出新。我们需要借鉴当今最新的文明与科技成就，与城市建筑建设需求结合进行再创造，从而创作出代表时代特色的建筑风貌。而在大规模、高速度城市化影响之下，我国的建筑与城市面貌日新月异，多维度的发展导致有关建筑美的判断标准越来越多元，而不断出现的新要素也确实一直在影响着建筑设计的创作。例如近年来现代科技的快速发展就为建筑的创新提供了更多的可能性，各种新材料工艺与新技术手段开始广泛地运用于建筑的设计建造之中。除了新科学技术之外，各种要素都在不同程度上影响着建筑设计与实践，而建筑设计创作必须充分考虑这些新的极具时代特征的要素。

因此，面向未来我们需要熟悉中国的国情和实际，把建筑学发展与中国实际相结合。只有接触中国现实的建筑实践，才能产生在中国行之有效的建筑设计理论。另外，我们还要深入了解世界建筑领域以及其他相关领域的最新状态，深入了解当代建筑创作发展的来龙去脉。中国传统建筑曾经在世界上独树一帜，今天中国的建筑也需要形成独特的理论和实践。我们不仅要注重理论联系中国实际，而且要进一步立足于中国语境，逐步形成并确立古今交融、中西合璧的建筑设计思维与审美观。

之所以提出既要同时代接轨同时要保持中国特色，既要挖掘传统启示又要寻找这些启示的现代意义，其根本着眼点还是要古今交融地看待未来新时期建筑设计的建构问题。这种观念需要我们了解和分析当代多维度的现实状况，以求全面深入地发掘中国建筑之美的可能内涵，真正实现跨越时空的传承。

作为对以上宏大目标的一种回应，本书希望能在对当代建筑设计多维状况的分析基础上，为未来的中国建筑设计提供一些参考。针对中国建筑设计发展的机遇与挑战，同时面向未来可能的多维度发展，本书尝试提出一种中国语境之下以意境为主题的建筑美学思维方式，这也是希望能通过中国传统这一重要美学范畴的再阐释，去应对未来多维度的建筑可能性。

当然，不管如何去阐释概括，比得出一种具体模式更为重要的是，我们要意识到有中国特色的发展模式必将从自身而来，要解决中国的问题，必须要从中国的经验出发。正如本书所提出的，为了更好地应对未来可能遇到的问题，我们需要能在多维度的形势之下，将中与西、古与今相结合，同时要开放地去建构，要能认识到建筑设计美学问题的综合性与复杂性，将有关当代中国建筑创作与审美问题的研究建构成一个系统的、长期性的研究课题，这也值得我们广大建筑与城市设计研究者持续去进行探索。与此同时，也希望本书的思考能引发更多的讨论，未来能形成更多关于中国建筑之美以及建筑设计的理论与实践成果。

目录

第1章

建筑设计思维与审美的脉络

建筑设计思维与审美发展经历了种种的变化，其中所蕴含的思想和观念也十分丰富多元。从古典建筑到现代主义建筑，经过后现代的波折再到当代建筑的多元发展，建筑设计思维与审美发展如同“欲望的钟摆”一样不断摇摆，而其中不同时期拥有的各种思想也成为回溯和分析建筑设计思维与审美发展的基本出发点。为了更好地理解建筑设计思维与审美的发展脉络，本书试图先梳理建筑设计思维与审美的切入视角，在此基础上对各个时期发展的主要思想进行简要介绍。

1.1 建筑设计思维与审美的切入视角

有学者提出西方思想的发展往往以否定原有的方式表现出来，比如在美学研究对美的本质的探求中，表现为唯心（主观论）与唯物（客观论）的相互否定。①在建筑领域，有学者根据不同建筑所承载功能的不同，将建筑系统分为了分别体现物质功能与精神功能的两大部类，并指出建筑系统内存在着“二律背反”的现象。②所谓“二律背反”，就是指两个真理性的命题一正一反。③与西方文化追求极端和对立不同，中国传统文化自古就有辩证统一的“中和观”，追求对立面的统一与和谐。“中和”不是简单地追求统一和谐，而是在对立状态或二元因素间寻求平衡。因此，中国传统文化二元因素的对立仍然是为了寻求整体的统一与融合，在二元对立的状态中间求得中和。

不管是“二律背反”还是“二元中和”，都在启发着我们对于建筑设计的深度认识。我们也可以从二元辩证的视角进行梳理，这种视角希望能针对建筑设计的丰富内涵，充分关注其中所蕴含的种种相对二元因素间的动态关系，从互相对立又互相依存的整体视角去研究建筑设计思维与审美。如果我们从二元视角切入可以发现，建筑设计发展的过程中存在着众多明显的二元因素相对应的现象，正与反不断交织，在发展中又相互转化，如“形式追随功能”与“形式唤起功能”，“少就是多”与“少就是烦”等。实际上，在建筑设计的探寻过程中，正反命题虽然针锋相对，但并不是完全割裂的，二元命题互相促进、共同演化，不断加深与启发着人们对

---

① 古希腊罗马时期，柏拉图主张美在理式，亚里士多德认为美在事物的形式。在近代英国经验主义中，夏夫兹伯里认为人的内在感官使人感受到美；柏克认为美在于物体的感性性质。在德国古典哲学中，康德从审美判断来界定美，黑格尔把美定义为理念的感性显现等。详见：张法. 美学导论[M]. 北京：中国人民大学出版社，1999：25。

② 侯幼彬. 系统建筑观初探[J]. 建筑学报，1985（4）：22-26。

③ 针对纯粹理性的批判，康德提出四个二律背反，这也构成了他对纯粹理性批判的基础。详见：康德. 纯粹理性批判[M]. 邓晓芒译. 杨祖陶校. 北京：人民出版社，2004。

于建筑美的认识和理解。因此，本书提出二元视角下的建筑设计思维与审美的基本线索，并不是将某一元观念绝对化，而是想指出正反命题是对立统一甚至相辅相成。基于这种认识，本书试图选取情与理、内与外以及形与意这三个方面对于二元切入的视角进行介绍。

1.1.1　情与理

在建筑美的思维、创造与审美层面，存在着彼此相对立同时又互为补充的二元范畴，如情与理、理性与感性等。这两种对立的思维方式既互相排斥，又互相补充，共同构成了对建筑美的创造活动的完整理解。

席勒指出人有两种自然要求或冲动：一个是“感性冲动”，它要求使理性形式获得感性内容，使潜能变为实在；另一个是“理性冲动”，它要求使感性内容或物质世界获得理性形式，使千变万化的客观世界呈现出和谐的法则。①《近代物理学与东方神秘主义》在比较了现代物理学和东方神秘主义的区别之后所做的结论是：“科学和神秘主义是人类精神两种互补的表现，一种是理性的天赋，另一种是直觉的天赋。近代物理学家通过理性智能极端的专门化去体验世界，而神秘主义者则通过直觉智能极端的专门化去体验世界。这两条途径完全不同，它们所涉及的，要比某一种物质观丰富得多。然而，我们在物理学中得知二者是互补的。它们既没有哪一个包含另一个，也没有哪一个可以归结为另一个，对于更充分地认识世界来说，二者都是必要的和互补的。”②因此，人类理想的美学思维机制，实质上是多种因素（形象与抽象，想象与概念，直觉与理智，臻美、类比推理与演绎、归纳、推理等）的交融互渗。实质上这是由“宏观直析”思维机制与“微观分析”思维机制所组合而成的互补结构，这也为人类未来做出真正的美学发现指明了方向。这一点，已经被现代脑科学最新成果证明了。③

在建筑美的设计与创造过程中，这种情与理、理性与感性互为补充的现象更为明显。所谓情，就是建筑的感性要素，如文脉、情趣、情感、心理等，所谓理，就是建筑的理性要素，如功能、逻辑、生理、物理等。只有将这两方面因素通过某种手段结合起来，才能创造出美的建筑。情也可以被理解为创作者主体的情感、欲望等感性因素，是支配创作者的内在原初动力；理则是有关建筑布局、构建等方面涉及客体的理性因素，是建筑

① （德）席勒．席勒散文选[M]．张玉能译．天津：百花文艺出版社，1997：231。

② （美）F．卡普拉．物理学之“道”：近代物理学与东方神秘主义[M]．朱润生译．北京：北京出版社，1999：295。

③ 诺贝尔奖获得者、美国神经生理学家罗杰·斯佩里在证实人脑两半球功能专门化之后，进而证实两半球在功能上又是互补协同的，初步揭示了人脑既理性而又感性地把握世界的秘密。详见：潘知常．中西比较美学论稿[M]．南昌：百花洲文艺出版社，2000：53。

创作必须满足的外在条件与规则。

建筑设计思维必须处理好情与理的基本关系，同时建筑美的欣赏也要从两者出发才可能实现。建筑之美要具有能让人回味的意蕴，在观者细细品味之后能体会到创作者的独特匠心，同时又能符合建筑本身的功能性质，满足使用者的各项要求，尽量做到在“情理之中”。“情理之中”就是要努力把握创作中理性与感性的平衡，既要清晰，又要通俗，既要严谨，又要优美；要遵从建筑创作的基本规律、逻辑与规范，在限定的框框中寻求合理的突破，最终实现情理交织的和谐之美。

建筑艺术是在特定的条件下创造出的综合性艺术形式，与其他艺术形式不同，建筑空间需要能满足人们生活生产等各种需要。建筑的形式与内容并不是割裂的，两者浑然一体，共同形成了建筑之美。建筑的美是综合的，是有关环境、布局、造型、装饰等多种因素的综合构成。因此，建筑美的创作也需要注重从整体出发，将理性与感性思维相融合，处理好相关的各项因素，追求情理兼备与统一。

如果不从相互补充的角度出发，而是将这二元因素视作相互背离的思维方式即理性与感性甚至非理性的话，我们可以发现这两种思维方式对于建筑设计不同阶段、不同思潮有着重要的影响。

从历时性的宏观发展线索来看，忽略各阶段内部种种变化的话，建筑发展各个阶段的思维观念也存在着理性与感性侧重不同、不断背反的现象。以西方建筑设计思维与审美为例，西方古典建筑更多的是以理性作为准则；西方现代美学则提出了新的理念，要求注意建筑问题的复杂性，对感性要素也开始重视，并促成了建筑形式的发展；到了当代，先前的种种结论似乎已不再成为人们固守的金科玉律，解构等各种新思潮的出现也标

图1-1 故宫建筑屋檐之下，形式的“情理交织”

图1-2　牛顿纪念堂设计中的理性光辉（来源：《图解西方近现代建筑史》）

图1-3　西班牙神圣家族教堂体现出的非理性色彩

志着理性开始走向了非理性。

具体来说，自古希腊罗马时代开始，理性一直就是西方传统思维的主导方式，这种理性是工具与价值的统一、手段与目的的统一。在理性的指导下，西方传统文化一直在追求事物的起点、本质与体系，强调清晰的逻辑与线性的思维。这种理性思潮反映到建筑美的追求上则是建筑注重经典样式与形式的确立，同时也注重建筑形式对于社会审美与精神内涵的传达。

西方古典的理性思潮在中世纪宗教神学的影响下受到一定的限制，建筑美成为在神的光辉照耀下的“上帝安排的和谐”。到了文艺复兴时期，作为提倡“人的发现”和思想启蒙的一部分，随着“我思故我在”的号角吹响，理性被作为主导的思潮并在一定程度上发展到了极致。这个时期，理性被绝对化了，传统理性中的工具与价值、目的与手段产生了分离。古典的建筑形式作为对这一思潮的注解也得到了重新关注，对于古典柱式、比例的研究到了极致。古典建筑形式作为建筑美的“唯一”选择而绝对化，西方古典的比例、柱式都被上升到无与伦比的经典地位，无法超越。

到了近代，随着科学技术的发展以及人们对于世界认知的深入，西方文化对于美的认知出现了科学理性与浪漫感性之别，美学这门对于美进行研究的学科也开始出现。在对美的追求与美的规律的研究中，天才的创造与一般的规则这两者之间的差异被放大，甚至在一定程度上对立起来。于是，与美的创造密切相关的两种思维模式即理性与感性的背反及矛盾越发明显。进入现代之后，西方文化对于科技文明的反思逐渐加强，工具、逻辑、理性都成为人们再次研究与反思的对象，越来越多的针对科技文明反思的新思潮开始出现。与此同时，随着社会的不断发展，美学作为一门学科独立了出来，而“感性”因美学的证明也开始成为人们关注的焦点。“浪漫”和“感性”成为对理性加以超越的有力武器，这也促成了建筑美“感性的转向”，并被作为一种自觉的“现代”美学范式。“艺术有理性逻辑之外自身的逻辑”和“艺术应该以美为目标”成为当时的口号，并促使西方开始了对理性认识界限的重新认定。当时出现了诸多关于新建筑形式研究的思潮，如构成主义、表现主义、未来主义等。

由于对新兴科技及社会问题的关注，包豪斯的创始者们将眼光关注到技与艺的结合上，这也促成了现代主义建筑思潮的出现，这种思潮背后的理性似乎又回到了最初的工具与价值相统一的时代。后来当他们在美国生根，并借助资本的力量在全球促成并推广“国际主义”建筑时，又遭到了非理性思潮的强烈反击，后现代也随之出现。

到了当代，建筑美的发展越发多元。当尼采崇尚酒神精神、福柯开始对与理性相对的“癫狂”进行研究的时候，西方的非理性同理性的决裂发展到了新的高度。在这种背景下，当代的一些建筑设计体现出了强烈的非理性倾向，甚至以反理性为诉求，这一倾向彻底打破了古希腊、古典主义至启蒙时代的理性传统。实际上，这种反理性的趋向也由来已久。自柏拉图始，就开始将理性剥离出来，这种拿文艺与理智相对立的观点后来在西方产生过长远的影响。新柏拉图派的普洛丁结合柏拉图的灵感说与东方宗教的一些观念，又把艺术无理性说推进了一步，成为中世纪基督教世界文艺思潮的一个主要流派。这种反理性的文艺思想到了资本主义末期就与消极的浪漫主义和颓废主义结合在一起。康德的美不带概念的形式主义的学说对这种发展也起了推波助澜的作用。此后德国狂飙突进时代的天才说、尼采的“酒神精神”说、柏格森的直觉说和艺术的催眠状态说、克罗齐的直觉表现说以及萨特的存在主义等学说，虽然出发点不同，推理的方式也不同，但是在反理性一点上却有着相似之处。①

除了上述历史性的分析之外，从共时性的角度来看，西方建筑设计发展各阶段内部理性与非理性的背反也一直存在，如现实主义与装饰主义之争、结构与解构之争等。可以预见的是，情与理、理性与非理性的争论也必将一直存在并持续下去，而这两种相互对立又可能形成统一的思维方式，也成为建筑设计思维与审美的基本切入视角之一。

1.1.2 内与外

建筑设计思维与审美的另外一个基本视角就是关于建筑内与外的讨论。由于建筑牵涉因素众多，建筑设计思维常常纠结于如何确定影响因素之中，有关建筑的认识也在内在即自律与外在即他律中不断背反。所谓他律，即“他者的法则”，可以理解为认为形式美之外的因素成为建筑美的决定性因素，自律则率先由康德作为一个伦理学概念提出，后被用于美学，强调审美“无功利性”和“自由美”，可理解为形式自身成为建筑美

① 朱光潜. 西方美学史[M]. 北京：人民文学出版社，1963：59。

的决定性因素。①

一直以来，建筑外在的他律性主导特征似乎是一般的主流思潮，建筑与众多因素相关这一观念也是自然而然形成的。一旦人们对此产生怀疑并开始思考建筑在多大程度上他律或自律的时候，建筑自身的基本属性往往被重新认真审视，这在一定程度上也成为促使建筑学科尤其是建筑形式研究进一步发展的动力。

在建筑美的探索过程中，对于建筑美内外属性的探寻不断交织。在这个过程中，内在的自律性是促进建筑设计包括建筑形式语言发展的一个重要因素。正是因为对于建筑美的自律性认识，才促使研究者们将建筑研究向内挖掘，促进学科自律和不断发展，才促成了建筑语言的一次次创新与突破。比如在现代主义建筑时期，自律性正是当时建筑艺术美学的一个基本特征，也正是对于建筑艺术自律性的关注与挖掘，造成了与现代性相适应的现代主义建筑的独特建筑形式语言。在当时现代科学技术发展的大背景下，各门传统学科都得到了长足的发展，一些新兴学科如心理学、社会学等也不断涌现。受当时符号学、语言学与心理学研究的启发，当时的建筑工作者也开始思考建筑学科的“合法性”问题，研究如何将建筑学的发展与时代发展的大背景相契合，探讨建筑形式自身的规律与作用机制，同时追寻建筑形式语言的突破与创新。他们希望重新定义自己的专业，明晰与其他专业之间的边界，同时在内部梳理建筑设计理论与方法。值得注意的是，引发这些思考的是内在的自律性，但真正促成这一思考、使之得以推行并最终实现的却是对于其他外在学科如语言学、心理学的借鉴。也就是说，当时建筑学科的长足发展靠的是对外在他律性足够重视的学科交叉才得以实现。

现代主义建筑在后期脱离了外在因素的限制，在美国生根后借助资本的力量在全球推广，借全球化的东风促成了国际主义的成形。“国际主义”蔓延之后，以后现代思潮的异军突起为标志，同时也是为了应对当时“过分自律”的国际式建筑，对环境文脉、地域文化等各种外在因素的关注再次成为主流。一直到现在，即使建筑形式不断在寻求内部自身形式的突破，各种创新的建筑形式不断涌现，但建筑他律的特征仍然不能被忽视，甚至成为人们思考、欣赏建筑的主要因素，规定着建筑形式的生成。

从另一个角度来说，内与外、自律与他律也可以看作建筑与外在世界之间两种可能的关系，其一是相对分离的关系，也就是说建筑有其自身的

---

① 自律可以被解释为“审美独立”，从康德、席勒的“游戏”开始，审美的非功利性原则开始真正确立起来，强调审美自身独特的同时又不同于科学、哲学的独特“审美逻辑”，认为“哲学终止的地方，诗就开始了”。这样，以审美独立性为首要的价值目标的“浪漫美学”开始成为西方现代美学的一个普遍的原则，直到“为诗而诗”“为艺术而艺术”。这也在一定程度上促成了“精神科学”与其他“人文科学”的建立，并以此确立艺术自身的价值体系。详见：周宪. 审美现代性批判[M]. 北京：商务印书馆，2005：193。

图1-4 朗香教堂空间的“内外”与建筑设计的内外世界

基本规律与本质，建筑形式之美可以不受外在条件影响；另一种则是统一的关系，也就是说建筑的形成与外在世界的影响因素密不可分。早在20世纪40年代，伴随着社会的快速发展，就有研究者提出，建筑一直被看作是表现的艺术，其中的形式要素是它的固有本质；但除了这一点，建筑的品质还体现在地域、技术及不断演变的文化之上，这些要素能多样化和不断更新建筑形式的复杂性，如果不考虑这些因素，建筑就会像博物馆中的标本一样，脱离了现实生活的需求。①而这内外两方面因素对于建筑设计的影响在当代体现得越发明显。20世纪以来的大量新的科学发现以及计算机技术的蓬勃发展，都让人们看到了其他学科研究对于建筑设计的启发性。不同学科领域的新发现、观念与方法，都在影响当代建筑设计的目标、内容和方法。于是人们就将建筑学与其他学科领域之间的联系作为新的发展方向，并由此来重新定义建筑学。

需要注意的是，当前建筑设计的趋势中弥漫着一种希望借鉴其他学科新成果来刺激建筑学发展的气氛。这些尝试呈现出了鲜明的跨专业综合与交流的特点，建筑设计强化社会与技术等方面的内容。与此同时，社会发展中不断涌现出的新问题对于建筑学也提出了更高的要求。可以预见的是，为了应对全球化、自然灾害、社会发展、能源危机与气候变化等宏大命题，可持续发展等各种新理念的影响必将越发深远。作为人们生活的直

① Mohsen Mostafavi, Peter Christensen (Eds.). Instigations Engaging Architecture Landscape and The City [M]. Lars Muller Publishers, 2013: 94–95.

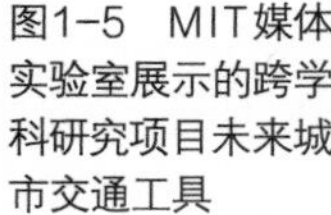

图1-5　MIT媒体实验室展示的跨学科研究项目未来城市交通工具

接载体，建筑的发展必须对此要有所应答，这种不断借鉴外在新的观念与方法的趋势还将延续。为了创造更健康、更宜居、更可持续的环境，同时应对可能出现的各种新状况，建筑学就需要不断扩展，从不同学科吸取经验来解决当前出现的新问题。未来的建筑设计还会从更广的背景中开展，继续强调与其他各种学科的交叉和联系。

注重向外拓展的跨学科研究确实为建筑学提供了种种具有创新精神的理论与方法，这种对于他律的追求甚至对传统的建筑设计也产生了影响，各种各样新的方法与知识被引入了设计之中。在将视野向外拓展之后，不断生长出来的新内容总会引起对于学科自律性的思考，也就是关于“建筑的本质、意义和内涵”的问题又会被提出。正是在这种对于本质问题的不断追问之中，建筑学学科也在不断地螺旋式向上发展。一旦人们开始思考建筑在多大程度上自律或他律的时候，建筑学自身的基本属性往往被重新认真审视，这在一定程度上也成为促使建筑学科进一步发展的动力。

1.1.3　形与意

除了情与理、内与外之外，建筑设计思维与审美的另一个基本线索就是关于建筑形式与意义的讨论。英国的克莱夫·贝尔提出艺术的本质属性是“有意味的形式”[①]。建筑之美同样来源于有意味的建筑形式，在一定程

① （英）克莱夫·贝尔．艺术[M]．薛华译．南京：江苏教育出版社，2004：4。

度上建筑美的内涵更为丰富，意味也更为深远。因此，关于建筑形式审美规律的研究，以及形式背后蕴含的意义的探寻，是建筑设计思维与审美的另一切入点。前者属于建筑形式美的内部研究，后者则是建筑形式美的外部研究，而形与意也可以看作是之前内与外视角的一种集中体现。内部研究就是暂时隔离建筑“形式”同外界的联系，将建筑形式作为一个封闭的系统进行分析，考察形式自身的美学属性和审美规律；所谓外部研究就是将建筑形式作为一个开放的体系，通过建筑艺术与社会现实、人类文化相互关系的分析，探讨建筑艺术形式或建筑艺术作为形式的本质所在，以及文化等外在影响因素与建筑形式的相互关系及其运作规律。

如果从分层次的角度来看建筑形与意的话，我们可以将建筑的形理解为狭义层次的建筑美，而建筑的意则可看作广义层次的建筑美。建筑的美存在着形与意的层次区别，这也意味着建筑空间创造的首要目的不光是外在的形式，同时也是形式背后“意”的获得，或者可以认为，建筑艺术“很少是纯粹为了审美的目的而完成的”①。“意”也可以理解为情与理、情与景、情与境、内容与形式的内在统一。建筑需要具有“形式”之外的内涵意蕴，在形式审美的同时还需要能给人回味思考的余地，梁思成先生与林徽因先生在《平郊建筑杂录》一文中创造性地提出“建筑意”概念，并对这一问题进行了论述，提出建筑的美“在‘诗意’与‘画意’之外，还使他感到一种‘建筑意’的愉快”②。具体的建筑形式是为形式背后的情感传递、思想表达等意义表达服务的。形式与意义是交融在一起的，形与意两者并不是割裂的，在美的处理过程中人们都是将形式与意义融合在一起进行综合考虑。

下面将以西方建筑设计思维与审美为例对于形与意这一出发点进行阐释。需要说明的是，中国传统建筑设计也体现出了明显的形意思维观，本书将在下一节中对中国传统建筑设计中的这部分内容加以介绍。

自古希腊始，西方文化中对于世界二分的认知一直存在。古典时代有此岸的现实世界与彼岸的理想世界的区别，如柏拉图的理式世界和现实世界之别，亚里士多德的天上世界与地下世界之别，中世纪的天国与人间之别等。在建筑设计中，彼岸的审美理想与此岸的现实形式的区别同样存在。不管是彼岸的审美理想，还是此岸的现实形式，人们都在尽力寻求建筑形式与形式背后意义的确定。

可以认为，对于存在（Being）和实体（Substance）的执着决定了西方文化在物质或精神层面的不懈追求。在物质方面，出现了原子、胚种、微

① （德）叔本华．叔本华文集：作为意志和表象的世界卷[M]．陈静译．西宁：青海人民出版社，1996：193。
② 梁思成，林徽因．平郊建筑杂录[J]．中国营造学社汇刊，1932，3（4）。摘自杨永生编．建筑百家杂识录[M]．北京：中国建筑工业出版社，2004：4。

图1-6 中国传统园林建筑的形与意

图1-7 中国传统宫殿建筑的形与意

粒、单子等概念，在精神方面，则出现了理式、逻辑、先验形式、理念、意志等概念。人们希望通过对于这些概念的定义，发现世界背后清晰的规律。与这些物质精神两分的情况类似，西方建筑研究同样从物质与精神等层面分开探讨，追求各自定义的完整明晰。

作为这两个层面的对应物，形式可以成为西方建筑设计中极为重要的范畴，同时它也能够作为探讨西方建筑设计思维的中介物。在西方美学发展过程中，"形式"这一范畴有着极其重要的意义。从词源上说，拉丁文的"形式"（forma）所替代的是希腊文的两个单词，一是指可见的形式，另一个是指概念的形式，这也促成了"形式"一词含义的多样性；英语中"形式"（form）的同义词就包括有"形状"（shape）与"样式"（figure）等。[①]具体来说，形式这一范畴包含了两个方面的意思：一是实体的形，指的是实体物质的层面；二是理想的式，指的是理想精神的层面。形式是实体的，是西方建筑美的基本原型。所谓形，就是此岸世界所对应的实实

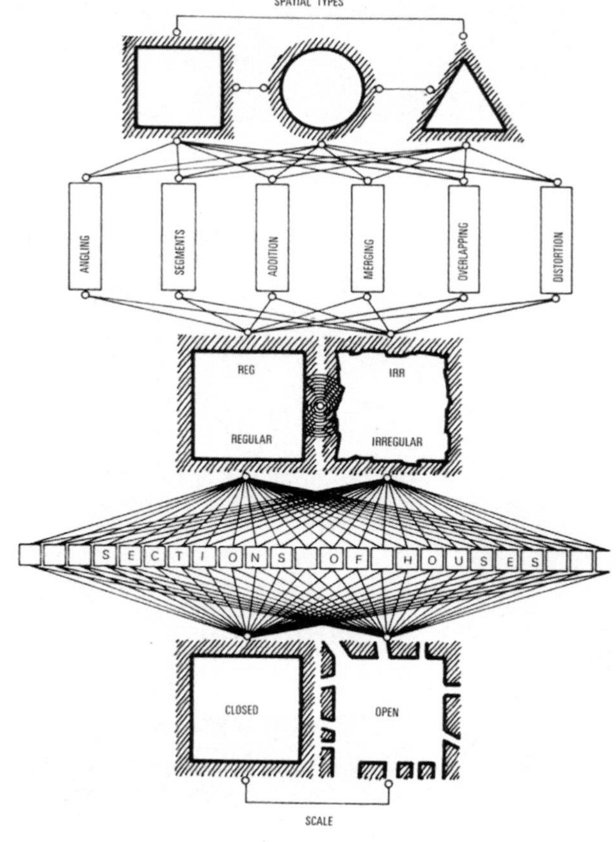

图1-8 从基本形展开的空间形式研究，成为西方二律背反下对"纯形"审美与"确定性"追求的注解（来源：*Typological and Morphological Elements of the Concept of Urban Space*）

① （波）塔达基维奇. 西方美学概念史[M]. 褚朔维译. 北京：学苑出版社，1990：296-299。

图1-9　朗香教堂的形与意

在在的形；而式，则是典型的式，是理想的产物。[①]形与式的区分也成为西方建筑形意思维出发点。

"形式"作为重要的美学范畴，成为人们努力的方向与标准。在影响建筑形式的外在条件不断发生变化的背景之下，为了找到符合新时代特点的新建筑形式，人们往往会对过往的建筑形式进行反思，同时找到这一形式背后的意义。

在以西方的建筑形式意义为例说明形与意的切入视角之后，我们可以再回溯一下本节所提到的其他两个视角。总体来看，建筑创作问题的"矛盾性与复杂性"决定了建筑之美并不能简单地用形与意、内与外、情与理这样的明确切分加以限定。再以建筑情与理这一视角为例，即使是已有的客观规律决定了建筑的生成，建筑的创作也必然不会只是对这些基本规律的模仿与照搬，它离不开创作者自身的理解与发挥。因此，正如本节开头所说的，在对于建筑美的探寻过程中，二律背反的正反命题虽然针锋相对，但并不是完全割裂的，二元命题互相促进、共同演化，不断加深与启发着人们对于建筑美的认识与理解。不管是形与意、内与外还是情与理，

① 形、外形的英文是body、shape，要从中文的"形式"一词理解form，应特别注意"式"的含义。"形式"一词在西方文化中的几种含义包括：（1）形式是事物诸部分的安排，与之相对的词是元素（element）。（2）形式是直接呈现给感观的东西，与之相对应的词是内容。（3）形式是客体的外形或者轮廓线，与之相对的是质料或物质。[形式（2）包括外形和色彩，形式（3）只是外形。]（4）形式是客体的概念性本质，与之相对的是客体的偶然特征。（5）形式是主体知觉把握客体的先验形式。张法. 中西美学与文化精神[M]. 北京：北京大学出版社，1994：21-22。

这些正反命题是对立统一甚至相辅相成的，并且在一定条件下随着社会认识的转变而相互转化。

1.2 现代之前的设计思维原点

在介绍完建筑设计思维与审美的切入视角之后，本节分别对现代之前西方建筑以及中国传统建筑设计思维与审美的主要特征展开论述，尝试对最初的两种建筑设计思维与审美的特征加以概括。

1.2.1 西方古典建筑的确定形式

如前所述，具有确定性特征的形式是西方建筑发展中所追求的目标。现代之前西方建筑设计思维与审美同样可以从“形”与“式”这两方面进行理解。所谓“形”，指的是以严谨数学规律加以限定的建筑形，所谓“式”，指的是西方古典时代树立的典范与标准。数限定着建筑“形”，成为获得美的基本手段，并通过比例加以限定；作为各阶段美的经典样式，“式”成为基本的追求目标。

1. 实体的“形”

西方文化关注“存在”（being），追求事物的本质，认为世界都是由“实体”（substanece）构成，这也导致了对确定性的追寻。①

西方文化一直在努力探求世界的本质，并希望可以用清晰、确定的终极答案来概括世界的规律。对本质的执着追求造成了实的重要性，实与虚也因此而对立。在深入探究建筑美的过程中，人们看重的往往也是实的体而不是虚的空。建筑的实与虚是分离的，实体是空间的核心所在，是场所中的控制中心，占据了整个建筑空间的重要位置，往往也会成为对于整个建筑空间审美的重点所在。西方文化习惯采用这种实体的观点看待建筑的美，在一座建筑中，西方人看重与欣赏的是柱式、比例等涉及建筑实体的因素。

可以认为，西方的建筑世界是一个实体的世界，而最体现实体特性的就是建筑的外在形式（form）。形式是实体进一步具体化之后的产物，它既是建筑特性的基本反映，同时又体现了人们对于实体的认知，使得建筑

---

① “being”（存在）是西方认识世界的一个根本问题，“to be or not to be”这一问题具有重要的意义。基于对“存在”的探究，亚里士多德提出substance的概念，认为实体是事物根本的、决定性的性质。汉译为本体，又译为实体。整个世界也由实体构成。张法. 中西美学与文化精神[M]. 北京：北京大学出版社，1994：13-14。

的规律明确化。[①]因此，西方建筑的形式作为一个独立的重要审美范畴，具有重要的意义，西方建筑美的演化发展就是对形式这一重要范畴内涵不断探寻与挖掘的过程。

西方的建筑创作强调刻画实体的形式，注重处理建筑中的光影与色彩变化、推敲数量化的比例和构图，并不断总结具体的建筑类型与式样。与中国传统注重建筑的群体组织不同，西方建筑美在处理中注重建筑单体的完整，以实的个体为主要欣赏对象，强调建筑的美离不开个体的完善与明晰。另外，西方古典建筑的美并不以时空一体为主要目的，为了突出重要建筑，创作者一般会把重要建筑放在中心，其他建筑以它为中心散开，并留出一定距离，从而给人们中心建筑实体更为高大重要的感觉。在表达重要建筑实体性特征的同时，为了不损害其他建筑个体自身的特点，同时使所有建筑实现整体的和谐，西方传统建筑师一直在寻找最美的比例安排与形式构图。西方建筑之美首先注重的是单个实体的完整，并在此基础上形成整体的和谐。

为了更好地说明实体的形在西方建筑美创造中的重要性，我们可以借助于哲学家叔本华对于建筑艺术的论述进行阐释。叔本华在《作为意志和表象的世界》一文中提出，建筑艺术的主要目的就是使某些理念即“意志的客体性最低的级别”更加突出，这些最低级别的客体性“就是重力、内聚力、固体性、硬性，即砖石的这几个最普遍的属性”，“因为建筑艺术在审美方面唯一的题材实际上就是重力和固体性之间的斗争，以各种方式使这一斗争完善地，明晰地显露出来就是建筑艺术的课题”[②]。叔本华不仅强调了“重力和固体性之间的斗争”是建筑艺术审美方面的主要题材，同时还提出了解决这类课题的方案。解决这类课题的方法是“切断这些不灭的力所由获致满足的最短途径，而用一种迂回的途径撑住这些力；这样就把斗争延长下去了，两种力无穷尽的各奔一趋向就可在多种方式之下看得见了”[③]。他认为一个建筑物的美体现在，“无论怎么说都完整地在它每一部分一目了然的目的性中，‘然而’这不是为了外在的，符合人的意志的目的（这种工程是属于应用建筑的），而是直接为了全部结构的稳固，对于这全部结构，每一部分的位置，尺寸和形状都必须有‘牵一发而动全身’这样

① 不只是在建筑之中，有学者认为形式“在西方文化中具有根本性的意义”，因为“它是实体进一步的具体化，是科学明晰性的产物。形式，既是客观规律的明晰表现，又是人对客观规律的认识把握，形式使杂乱的现象取得秩序，使原始的质料获得新质，使神秘模糊的内容呈现理性，形式是人在与自然斗争中发展自己的自我确证，是客观规律性和主观目的性的统一，是人的实践力量在具体历史阶段的体现。”张法. 中西美学与文化精神[M]. 北京：北京大学出版社，1994：23−25。

② （德）叔本华. 叔本华文集：作为意志和表象的世界卷[M]. 陈静译. 西宁：青海人民出版社，1996：190−195。

③ （德）叔本华. 叔本华文集：作为意志和表象的世界卷[M]. 陈静译. 西宁：青海人民出版社，1996：191。

图1-10　法国巴黎玛德莱娜教堂

的一种必然关系，即是说如其可能的话，抽掉任何一部分，则全部必然要坍塌”[①]。

在对实体的形的追求过程中，不同时代又有着不同的切入方式。古典时代，美的形式与数密切相关。毕达哥拉斯认为“一切皆数”，事物具有数的均衡与节奏才能形成美，比如音乐的美就是靠音节的数量关系来确定，人体的美则来源于人体各部分的比例，建筑的美自然也是与数密切相关，是有关数的秩序和组合。于是形式既是数量表示的实体的大小，同时也是各部分之间的数的尺度关系，建筑的形式之美就是各部分相互比例构成完美和谐的整体。

2. 以数限“形”

自毕达哥拉斯提出“一切皆数”开始，数成为限定美的手段，建筑的“形”通过明确的数字加以规范。种种古典建筑元素与严整的数学规律密

① 叔本华继续在书中论证道：“这是因为唯有每一部分所承载的恰是它所能胜任的，每一部分又恰好是在它必需的地方，必需的程度上被支撑起来，然后在构成顽石的生命或其意志表现的固体性和重力之间的那一相反作用，那一斗争才发展到最完整的可见性，意志客体性的最低级别才鲜明地显露出来。同样，每一部分的形态也必须由其目的和它对于全体的关系，而不是由人任意来规定。圆柱是最简单的，只是由目的规定的一种支柱的形式。扭成曲折的柱子是庸俗无味的。四方桩有时虽然容易做些，事实上却不如圆柱的那么简单。同样，飞檐、托梁、拱顶、圆顶的形式也完全是由它们的直接目的规定的，而这目的也就自然说明了这些形式。柱端等处的雕饰已属于雕刻而不属于建筑范围了，这既是附加的装饰，是可有可无的。”（德）叔本华. 叔本华文集：作为意志和表象的世界卷[M]. 陈静译. 西宁：青海人民出版社，1996：191-193。

图1-11 意大利米兰大教堂的崇高之美

不可分，其中比例在古典建筑造型中起着重要作用，是衡量建筑形式关系的重要指标。数成为美与建筑形式之间的纽带，建筑“形”就是通过严谨的数所确立起的一种和谐秩序。在西方古典建筑发展的各个阶段，数具有不同的意义。

古希腊时期，数既是目的又是手段，数的严谨秩序也表现出了对和谐理想的追求。古希腊时代的美可以在当时的人体雕塑中体现出来，数的重要性通过与人体的比拟被加以强调。当时的建筑形式之美与背后的内容并不是割裂的，严谨的数是为了形成和谐的视觉效果。数在一定程度上掺杂了设计者的主观因素，通过严谨的数反映出世界的和谐是创作的根本目的。正如“坚固、适用、美观”需要统一一样，当时的美与真、善是相统一的。古罗马时期，维特鲁威在《建筑十书》中强调了数学与几何的重要性，将“比例”看作实现“秩序”和“均衡”的基本条件，认为实现美观最重要的是解决比例问题。①为了在数字、几何形与人体之间找到某种联系，“维特鲁威人”出现了。

经过了古希腊、古罗马之后，数与和谐理想的紧密联系在中世纪有了更充分的发展。圣奥古斯丁认为美的基本要素也是数：“理智转向眼所见

① （意大利）维特鲁威. 建筑十书[M]. 高履泰译. 北京：中国建筑工业出版社，1986。

境，转向天和地，见出这世界中悦目的是美，在美里见出图形，在图形里见出尺度，在尺度里见出数。”[①]他认为音乐与建筑的美都来源于数字，在《论自由意志》一文中，他提出物体形式的根源就在于数字：“你凭感官或心灵所把握的任何可变之物，没有一件不被包含在某种数目中。若将数目取去，该物就归于无有了。”[②]

文艺复兴时期，随着工具理性的兴盛，数越来越成为人们理解世界的手段，甚至一定程度上成为目标本身。古典时代所确定的种种经典如古典柱式、构图都再次成为学习的对象。一些有关数的固定标准既是传承下来的形式规则，同时它也成为人们追求美的一种思维方式。人们对于数给予了充分的信任，认为只要合乎一定的数学关系就能获得美。

通过对现代之前西方各阶段以数限“形”的简单回溯，我们可以发现这些观念认识之后的相似之处。当时理性是主导的思维模式，在理性的指引下，人们普遍认为美是与自然的内在规律联系在一起的，而且这些规律是可以通过数学来解释的。阿尔伯蒂为“美”制定了三条标准：数字、比例与分布。他认为“和谐”是建筑理论中的关键性美学概念，他将自然的法则与美的法则，也与建筑的法则，等同了起来。[③]基于这一认识，在对美的规律探寻中，数就是理解自然规律、联系建筑美与自然的主要工具。建筑的美与数联系在一起，数既是理解世界、构成建筑美的手段，甚至一定程度上成为创作目的本身，美需要经得起数这一技术手段的严格检验。

将美的获得建立在对自然规律的认识基础上，就需要掌握一定的科学技术，这样才能将数学等技术作为认识与获得美的工具。西方古典艺术家强调要努力探寻与掌握自然规律，并积极研究相关科学技术如解剖学、透视学等。在他们看来，美是与科学技术联系在一起的。约翰·彭尼索恩在《希腊建筑师和艺术家的原理和数学原理》中提出，希腊人认为不但艺术和数学是一个统一体，而且正是艺术引领着数学研究，就像近代欧洲自然科学刺激着数学研究一样。[④]当时的艺术与科学是一体的，艺术家与自然科学家的身份有时也是合二为一的。这种认识也影响了建筑学的发展，对建筑学学科科学特性的强调也成为西方建筑文化中的一大特点。斯卡莫齐把建筑学当作一门科学，其法则就是“理性”，他将建筑学和数学联系在了一起，认为建筑学是所有科学中最有价值，也是最重要的；建筑学独自

---

① 朱光潜．西方美学史[M]．北京：人民文学出版社，1963：125。

② （古罗马）奥古斯丁．论自由意志：奥古斯丁对话录二篇[M]．上海：上海人民出版社，2010：129-131。

③ （德）汉诺—沃尔特·克鲁夫特．建筑理论史——从维特鲁威到现在[M]．王贵祥译．北京：中国建筑工业出版社，2005：24-25。

④ 转引自：（英）理查德·帕多万．比例——科学·哲学·建筑[M]．周玉鹏，刘耀辉译．北京：中国建筑工业出版社，2005：79。

为整个世界提供装饰，为万物提供秩序。①

由于数这一技术手段的重要性，美的形式逐渐向抽象的数理关系发展，引发了人们对纯粹的几何形的审美。人们对于形式技巧格外关注，尤其是执着于对具有数学关系、秩序井然的形的追求。在美学研究中，朱光潜先生提出，这种对技巧的追求，如果不结合内容，就有陷入形式主义的危险。②这些人过分追求美的形式，他们努力试图找出最美的建筑"形"，并通过严格的数学比例加以限定。德国画家丢勒曾说"我不知道美的最后尺度是什么"，但他认为这个问题可以用数学来解决："如果通过数学方式、我们就可以把原已存在的美找出来，从而可以更接近完美这个目的。"③

之所以会形成这样的认识，主要是因为古典时代人们大都接受绝对美的存在，建筑存在着最美的比例，形式有着由数学限定的最美标准。甚至

图1-12　丢勒画作《忧郁症》，画中的几何形体、天平、幻方和圆规等显示了数学规则对于人们思考（建造）的重要性

① 斯卡莫齐认为发明就是对于数学的直接应用，形式的创造是通过"构思"而建立起来的，建筑师就像是一位百科全书的编撰者。（德）汉诺—沃尔特·克鲁夫特．建筑理论史——从维特鲁威到现在[M]．王贵祥译．北京：中国建筑工业出版社，2005：67。

② 朱光潜．西方美学史[M]．北京：人民文学出版社，1963：159-160。

③ 转引自：朱光潜．西方美学史[M]．北京：人民文学出版社，1963：161。

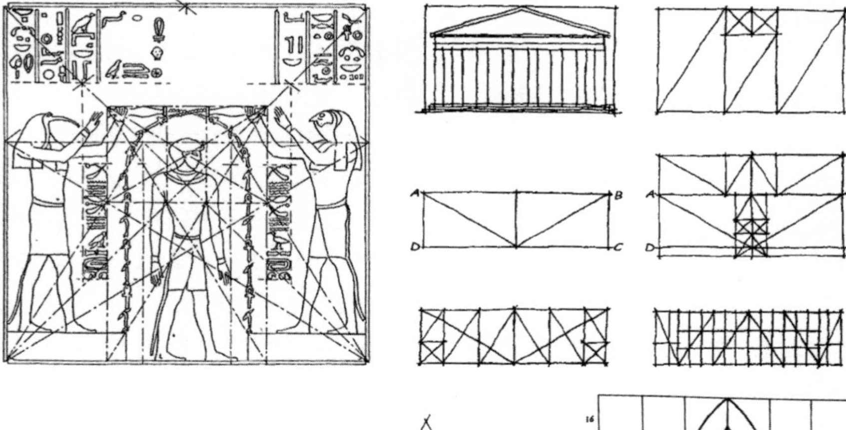

图1-13 西方学者对古埃及图形做的几何分析（来源：*Dynamic Symmetry The Greek Vase*）

图1-14 西方学者对帕特农神庙所做的数学比例分析（来源：《比例——科学·哲学·建筑》）

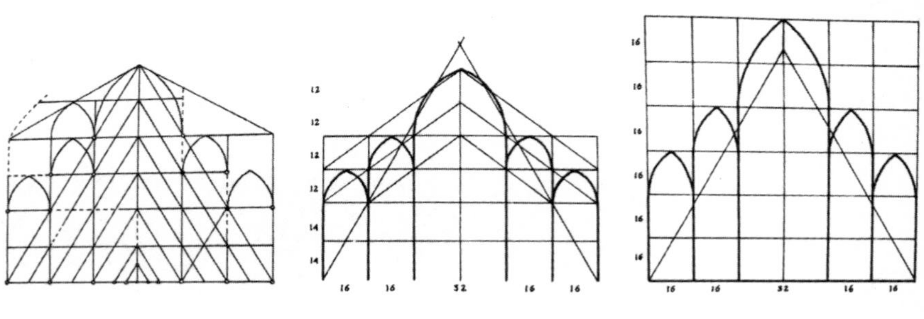

图1-15 对米兰大教堂所做的数学几何分析（来源：*Idea and Image*）

到了现代，勒·柯布西耶仍追随着毕达哥拉斯，认为古希腊人热爱隐藏在表象之下的深层智慧的美，同样认可“数是美的基础”这一认识。[1]数的普遍有效性说明建筑美是可以被定为公式的，存在着美的经典标准。在找寻最美的形的过程中，他们将美的形式看作是一种典型或理想，希望发现其中的普遍规律，进而定成标准与公式。这里就牵扯到另一个问题，就是建筑美的“式”问题。

总体来看，在实体的形这一核心范畴之下，建筑之美在各个时期有着不同的发展趋向，古希腊、古罗马时期的主要特点可以用“纯形”来概括，和谐是当时的主要审美范畴；到了中世纪，建筑美已经开始向“轻形”演化，崇高是当时的主要审美范畴；发展到近现代，建筑美开始“变形”，透明等一系列带有现代建筑特征的审美范畴开始出现；直到当代，建筑之美已经逐渐“离形”，传统建筑形之外的因素越来越多地加入到建筑之美的创作之中，审美趋向也越来越多元。

3. 典型的“式”

与实体的“形”相对的就是典型的“式”，“形”和“式”的对立融合与西方文化二元对立的现象相呼应。自古希腊神话始，神与人、彼岸与此岸被分开，从而开发出一条外在超越之路，西方美学追求超验的美，寻求外在的、绝对的、理想中的美。“形”作为外在理想在现实中的体现，反

① Mark C. Taylor. Disfiguring: Art, Architecture, Religion[M]. Chicago: University Of Chicago Press, 1994: 108.

映的就是存在于人们理想中的典型。“式”在形的背后发挥着重要作用，“形”与“式”共同构成了形式这一重要范畴的全部内涵。

理式或典型成了西方对彼岸世界审美理想追求的代表，这种现象可以用典型的式来加以概括。在美学研究中，精神方面的典型包括众多重要的范畴，如理式、逻辑、上帝、先验形式、理念、意志等。典型这个词在希腊文是Tupos，原义是铸造用的模子，与Idea同义，Idea也是模子和原型，并由此派生出Ideal，即理想。[①]

柏拉图认为“理式”是至善至美的，他提出的理式实际上是理想和形式的统一。在数的统帅之下，古典的形式与理想是一致的，密不可分的。到了中世纪，上帝代表的天上世界成为理想的典型，一切为了凸显上天的理想，尘世也体现上帝的精神，从而和谐、比例、组织也依然存在于尘世。[②]当时的教堂建筑美的塑造要体现上天的象征意义，形本身自然是重要的，但在建筑形之外的种种要素被融入了进来，综合构成了教堂建筑美的神圣性。除了抽象的形表现上天的理念之外，教堂建筑空间还容纳了唱诗班音乐、壁画、雕塑等多种艺术形式，增加了教堂建筑的神圣感。

图1–16　柱廊、山墙、穹顶等标准形式成为古典建筑美的标准

① 典型就意味着最接近理想之型的具体之型。西方文化是重实体、重形式的，对审美个体也主要是重“型”。张法. 中西美学与文化精神[M]. 北京：北京大学出版社，1994：189。

② 托马斯·阿奎那说：“美的条件有三：第一，完整性或完备性，因为破碎残缺就是丑；第二，适当的匀称与调和；第三，光辉和色彩。”快感属形象，完整、匀称、调和是形式，这都是尘世的美；光辉和色彩则来自天上，是上帝的光辉。天地的二分决定了典型三因系的组合。张法. 中西美学与文化精神[M]. 北京：北京大学出版社，1994：193。

图1-17　圣彼得教堂室内空间的神圣气氛

4. 仿“式”达意

总体说来，西方古典建筑美学在严谨的数学限定之下，追求的仍然是和谐意义的实现。从古希腊哲人提出的和谐到中世纪上帝的和谐再到后来理性的和谐，西方古典建筑美学始终将和谐意义实现作为主要目标。在发展中，美的形式一步步从纯粹的自然“数理”意义转向了人文“伦理”的意义。为了实现这一目标，美的“式”被确立了起来，仿“式”才能达意。[①]

① 柏拉图提出的“理式”是指“神”和精神的世界，罗马诗人贺拉斯提出与“合理”相对而言的“合式”概念。所谓“合理”，就是合乎情理、合乎理性。所谓“合式”，就是将作品作为一个有机的整体，在题材的选择、性格的描写、情节的展开和语言、格律等表现形式方面“得体”“妥帖”“适宜”“恰到好处”和“尽善尽美”。贺拉斯的“合理”与“合式”就是后来被黑格尔所发挥的内容和形式的辩证统一。赵宪章，张辉，王雄. 西方形式美学[M]. 南京：南京大学出版社，2008：10-11。

图1-18　西方古典时代所树立的古典美标准（来源：*Architecture and democracy*）

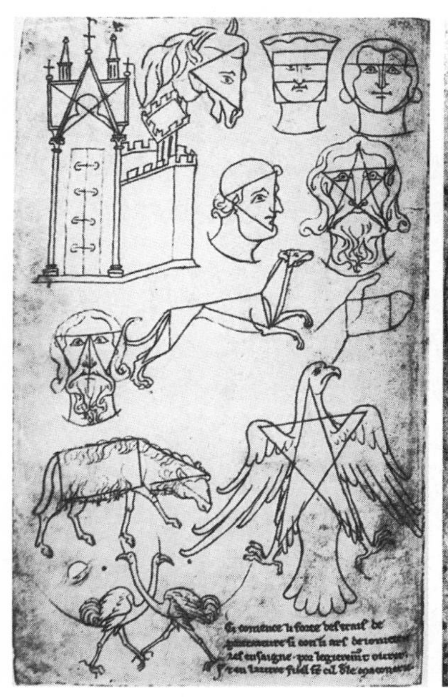

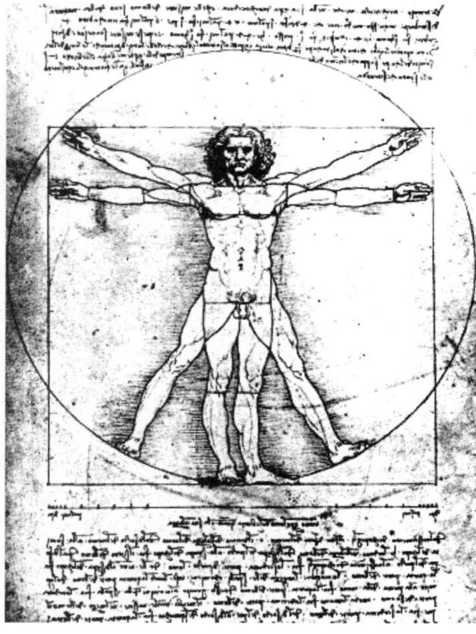

图1-19　中世纪维拉尔·德洪内库尔（Villard de Honnecourt）有关制图的手稿，从中看出当时人们意识中的自然几何化特征（来源：*Idea and Image*）

图1-20　达·芬奇《维特鲁威人》

所谓“式”，就是美的普遍标准与典型理想。基于美是有内在逻辑与普遍原则的认识，古典时代的人们总是在为美寻找普遍有效的典型参照，为“形”找到相应的“式”。这种追求形式美与理念美相和谐的观念在古典时代成为主导思想，并随着社会发展而产生了一些变化，这也导致了“式”在古典时代的差异。

最开始自然是“式”的来源，“形”与“式”的内涵是相统一的。有学者以“房子：宇宙的模型”为题来说明，在人们建造房子之初，必然是以外在世界作为基本的范例与摹本的，自然就是“式”的来源。在古希腊学者看来，房子作为人们的栖息地，与当时人们所能感知的、自然的宇宙模型是一致的。自然就是美的来源与典型所在。作为对自然规律的呈现与挖掘，当时数学与建筑学的本质是相符合的，有关宇宙的观念是建立在建

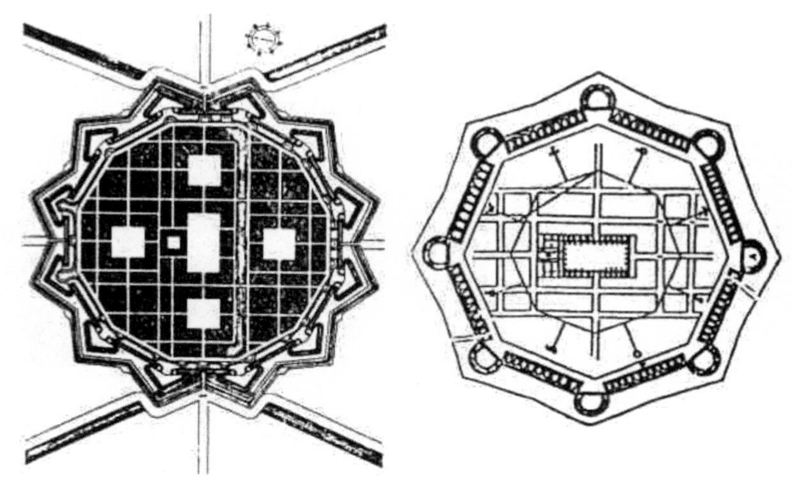

图1–21 文艺复兴时期的理想城市模式（来源：《建筑理论史——从维特鲁威到现在》）

筑经验之上的。[①]波普尔提出米利都派思想家将宇宙看成是一所房子，[②]与这种认识相一致，维特鲁威提出第一座房屋，是对于自然构成物的一种模仿。[③]

为了与自然相协调，人们不断探求自然规律，数学成为研究与解释自然规律的主要技术手段，美也蕴藏在数的统一和谐之中。受自然界的启发，当时人们认为自然世界是由各种和谐的数所组成的，因此，建筑也必须具有同样的规律，才能和周围世界相统一与和谐。

罗马时代的美学家贺拉斯强调模仿古典，提出符合古典的基本条件是“合式”。“合式”就是要求一切都要恰到好处，要使作品成为一个有机整体。这里的“合式”强调的是一致性，这种一致也是基于普遍永恒理性的假定。“式”就是美的普遍标准，美的创造需要“合式”。“式”是固定的，不可改变的，是通过向古典继承学习得来的，并且有普遍永恒的标准。强调“合式”的古典主义观在罗马时代开始形成，经过中世纪后，文艺复兴时代又再次流行，进而发展成后来的新古典主义。在建筑审美中，“合式”必须“得体”，“得体”这一概念的提出就涉及建筑形与式适应协调的问题。

在古希腊与古罗马之后，美的“式”也就是形式美标准就建立了起来，成为后世不断学习借鉴的典范。

实际上，在以古典为“式”的主导思想之下，内部也存在着一些差异，有强调理性的遵从既定规则的，即美的创造需要重视法则或规范的运

① （英）理查德·帕多万. 比例——科学·哲学·建筑[M]. 周玉鹏，刘耀辉译. 北京：中国建筑工业出版社，2005：57。

② （英）卡尔·波普尔. 猜想与反驳：科学知识的增长[M]. 傅季. 杭州：中国美术学院出版社，2003：180。

③ （德）汉诺—沃尔特·克鲁夫特. 建筑理论史——从维特鲁威到现在[M]. 王贵祥译. 北京：中国建筑工业出版社，2005：3。

用，西方古典所定的标准成为创作中技巧规律的来源；另外，也有人认为应从重视教条的法则到追求古典精神的实质。朗吉努斯在《论崇高》中指出希腊罗马古典作品的“崇高”品质，引导人们学习古典。他强调不仅从古典中得出法则，同时要注重从古典作品中体会古人的思想，要注意崇高思想的培养，这样才能感受到古人的伟大，受到古典的影响。这种观点也意味着人们思想方式的转变，理智之外情感因素开始出现，学习古典不只是重视规范法则的学习，还要重视精神气质的潜移默化，这就逐渐由重视符合规则的现实主义倾向转到要求精神气魄宏伟的浪漫主义倾向。①

到了中世纪，这种理想变成了反映神的光辉，美成为表达上帝的属性。圣奥古斯丁认为美就是和谐，建筑中严格的数与比例都是按照宗教原则确立的。当时的人们将上帝描述为“宇宙的最高建筑师”和“宇宙艺术家”。哥特教堂就是作为“中世纪世界的模型”来建造的。②

文艺复兴时期，为了反对宗教对人的压制，高举人性解放的大旗，古典建筑形式又再次成为新的时代理想的反映。当时的人们将亚里士多德的“普遍性”与柏拉图的“理式”概念相联系，寻找美的普遍甚至是绝对标准。这种对于古典建筑美的欣赏与当时社会对新文化的需求密不可分，为了从中世纪的神权中走出来，他们要通过继承古典来建立属于当时的建筑美标准。阿尔伯蒂认为美在于整体与局部的和谐，建筑美应该是一个有机的整体，应具有某种属于它自身的力量与精神。威特科尔在论述文艺复兴建筑时，认为阿尔伯蒂这些建筑师们仍在追求精神力量的获得，建筑形式的和谐是对于外在世界和谐的一种回应。③帕拉第奥同样认为建筑是“对自然的模仿”，任何违反理性的事物，也都是和自然，同时也是和“艺术的普遍与必需的原则”背道而驰的。④这里的“艺术的普遍与必需的原则”可以看作是对于“式”的解读。

西方古典建筑美的“式”的确立，树立了西方建筑审美的标准，在很长的时间跨度内影响了西方建筑的发展，甚至到了现代主义初期，仍然有大量以古典建筑为标准、模仿古典风格的复古主义的建筑。在理性主义引导下，只有数学能够保证形式的“准确性”，除此之外，还需要有一种对于古代希腊与罗马建筑的权威性地位的深信不疑，并且只有通过对于古代建筑的模仿，才能够创作出完美而伟大的作品。⑤

---

① 朱光潜. 西方美学史[M]. 北京：人民文学出版社，1963：106-107，113。

② （德）汉诺—沃尔特·克鲁夫特. 建筑理论史——从维特鲁威到现在[M]. 王贵祥译. 北京：中国建筑工业出版社，2005：14。

③ Rudolf Wittkower. Architectural principles in the age of humanism[M]. New York: St. Martin's Press，1988: 16-19.

④ （德）汉诺—沃尔特·克鲁夫特. 建筑理论史——从维特鲁威到现在[M]. 王贵祥译. 北京：中国建筑工业出版社，2005：59。

⑤ （德）汉诺—沃尔特·克鲁夫特. 建筑理论史——从维特鲁威到现在[M]. 王贵祥译. 北京：中国建筑工业出版社，2005：93。

图1-22 17世纪有关柱式的书的扉页，图中女神座下的台基上刻着碑铭——“理性高于一切”（来源：《建筑理论史——从维特鲁威到现在》）

除了对于建筑古典样式的模仿之外，“式”同时还表现在对人的自我关怀与认识以及对于外在理想模式的探寻。从维特鲁威的“维特鲁威人”、达·芬奇的人体比例图再到勒·柯布西耶的人体模度图，对人体的认识与关注成为标准典范的来源之一。一直以来人们对外在理想生活模式不断追寻，从柏拉图的《理想国》，到康帕内拉的《太阳之城》，再到后来的乌托邦思想以及空想社会主义，这些思想的联系与一贯可以反映西方思想文化中对美的理想和标准即“式”的持续关注。

“式”的确立使得西方古典建筑树立了基本规范，建筑设计成为按既定规则进行建房这样简单的一项工作。但人们往往并不满足于这种“简单”，正是对原有规则的质疑促使了后来者不断创新，寻求突破，这也造成了后来西方创新与复古两者之间的背反。从18世纪开始，在人们对大量复古开始厌烦之后，对创新的渴望促成了西方现代建筑美的发展。当时“现代建筑”这一名词字义上最流行的概念之一，就是它意味着战胜复古主义，或者换句话说，战胜先前“模仿过去风格”的做法。①

---

①（英）彼得·柯林斯. 现代建筑设计思想的演变[M]. 英若聪译. 北京：中国建筑工业出版社，2003：51。

到了近现代，黑格尔强调主体与客体的同一，认为存在着一种“绝对精神”可以指导人们的实践，这种“绝对精神”仍然可以看作是另一种“上帝的意志”，也可以被认为是“式”的演化。黑格尔根据精神与物质、内容与形式之间关系的变化对艺术历史类型进行了划分，提出精神性的理念内容与体现理念的物质形式之间的关系构成了艺术发展的标准，他认为理想的艺术是精神内容与物质形式、“意义与形象的联系和密切吻合”[①]，这种形式的艺术可以称之为古典型艺术。而在物质形式压倒精神内容、意义还不能完全把握形象的情况下，只能出现象征型艺术；当精神超出物质形式，意义把形象降为无关轻重的外在因素时，就形成了浪漫型艺术。象征型艺术在摸索内在意义与外在形象的完满的统一，古典型艺术在把具有实体内容的个性表现为感性观照的对象之中，找到了这种统一，而浪漫型艺术在突出精神性之中又越出了这种统一。黑格尔说，艺术的发展经历了象征型、古典型、浪漫型的演变过程，而实际上“每一门艺术也有类似的进化过程”，即“都有它在艺术上达到了完满发展的繁荣期，前此有一个准备期，后此有一个衰落期”，都“要经过开始、进展、完成和终结，要经过抽苗、开花和枯谢”[②]。

黑格尔对建筑艺术与建筑美的发展及基本特点提出了自己的看法，结合他对象征型、古典型、浪漫型艺术形式的划分，他对中世纪前各个时期建筑艺术的特点进行了总结。黑格尔认为，建筑艺术的特点是“它的形式是些外在自然的形体结构，有规律地和平衡对称地结合在一起，来形成精神的一种纯然外在的反映和一件艺术作品的整体”[③]；“建筑首先要适应一种需要，而且是一种与艺术无关的需要”，即实用的需要，“单为满足这种需要，还不必产生艺术作品”，可见人类的实用需要先于审美需要而产生，因此，建筑一开始并不是艺术，直到“日常生活、宗教仪式或政治生活方面的某种具体需要的建筑目的已获得满足了，还出现另一种动机，要求艺术形象和美时”[④]，作为艺术的建筑才出现。他特别强调建筑艺术的象征性，指出“建筑是与象征型艺术形式相对应的，它最适宜于实现象征型艺术的原则”[⑤]，因为它“并不创造出本身就具有的精神性和主体性的意义，而且本身也不就能完全表现出这种精神意义的形象，而是创造出一种外在形状只能以象征方式去暗示意义的作品”[⑥]，所以无论就内容还是形式看，建筑都是象征型艺术。建筑艺术本身又经历了象征、古典、浪漫三个发展

---

① （德）黑格尔．美学（第2卷）[M]．朱光潜译．北京：商务印书馆，1979：10。
② （德）黑格尔．美学（第3卷 上）[M]．朱光潜译．北京：商务印书馆，1979：45。
③ （德）黑格尔．美学（第3卷 上）[M]．朱光潜译．北京：商务印书馆，1979：17。
④ （德）黑格尔．美学（第3卷 上）[M]．朱光潜译．北京：商务印书馆，1979：29。
⑤ （德）黑格尔．美学（第3卷 上）[M]．朱光潜译．北京：商务印书馆，1979：29。
⑥ （德）黑格尔．美学（第3卷 上）[M]．朱光潜译．北京：商务印书馆，1979：30。

阶段。[①]

黑格尔试图把物质与精神的基本关系作为划分艺术类型的标准，并强化了作为“式”的精神内核的“绝对精神”的重要作用。与此同时，与“绝对精神”相对应的是，人的丰富个性和自立精神开始被重视。伴随着科学技术的发展，近代西方从解析入手，将各种问题细化分析解决。[②]一系列具有现代意义的艺术形式出现。于是，如何把握绝对与相对、共性与个性成为理论层面的一大难题。

在对典型的“式”的追寻过程中，秉承否定之否定的方法论，西方的建筑设计发展也在不断扬弃与重拾。在树立了对“式”的追求之后，最开始希望能将研究对象明确，并给出了基本的概念定义。随着认识的发展，人们发现对原有对象研究的不完善，于是又希望将原有框架打破，并通过这种变化来获得突破性发展。在这一过程中对于“式”的理解也越来越多元，形式背后的意义思想也越来越丰富。

1.2.2 中国传统建筑的整体意境

正如贝尔称艺术是有意味的形式，中国传统建筑艺术更是如此。建筑之美需要具有“形式”之外的内涵意蕴，在形式审美的同时还需要能给人回味思考的余地，梁思成先生与林徽因先生在《平郊建筑杂录》中创造性地提出了“建筑意”这一概念。[③]形式的完善是为了突显、强化背后丰富的意，抽象的建筑造型、色彩、空间都有着一定的意蕴与价值判断。而在

① 独立的象征型建筑主要是东方古巴比伦、埃及、印度等民族的建筑，他们“主要靠建筑去表达他们的宗教观念和最深刻的需要”。这些建筑单凭本身就能唤起某种普遍意义的思考和观念而起象征作用，并不是直接服务于某种明确的精神性目的。随着有独立意义的象征型建筑向应用建筑发展，要求建筑把诉诸知解力的形式如直线形、直角形、平滑的表面、对称、和谐等形式整齐律的机械性同生物的有机性结合起来，以使建筑“现出有机、具体、本身完满和变化多方的性质”，从而把崇高提升到美，把象征型推进到古典型。古典型建筑，主要是希腊建筑。它不像象征型建筑本身包含独立意义，而是有为精神内容服务的目的性，成为“一种无机的环绕物，一个按照重力规律来安排和建造起来的整体，这个整体和各种形式都要形成严格的整齐一律”，它虽然是应用的，但自身完整统一，从而把符合精神性事物的目的性“提高到美”。古典型建筑的基本特点是，精神性目的“是统治一切的因素，它支配着全部作品，决定着作品的基本形状和轮廓”。浪漫型建筑，主要是中世纪哥特式教堂建筑。这种宏伟的教堂“既符合基督教崇拜的目的，而建筑的形体结构又与基督教的内在精神协调一致”。高耸的尖顶使整个建筑自由地腾空直上，显出“整体的伟大气象”，“它具有而且显示出一种确定的目的，但是在它的雄伟与崇高的静穆之中，它把自己提高到越出单纯的目的而显出它本身的无限。这种对有限的超越和简单而坚定的气象就形成高惕式建筑的唯一的特征”。表现出力求超脱一切有限事物而“远举高飞的庄严崇高气象”。朱立元. 宏伟辉煌的美学大厦：黑格尔《美学》导引[M]. 南京：江苏教育出版社，1998：164-166。

② 笛卡尔在讨论方法论时提出：“把我所考察的每一个难题，都尽可能地分成细小的部分，直到可以而且适于加以圆满解决的程度为止。”张志伟. 西方哲学十五讲[M]. 北京：北京大学出版社，2004：200。

③ 梁思成，林徽因. 平郊建筑杂录[J]. 中国营造学社汇刊，1932，3（4）。摘自：杨永生编. 建筑百家杂识录[M]. 北京：中国建筑工业出版社，2004：4。

具体的创造中，包括建筑、环境、家具陈设等多种人居环境要素共同构成了人们可感的形式统一体，形式背后深远的意义也由此得以表现，因此，意的获得是一个多元素整体创造的过程。

如前所述，现代之前的西方建筑设计更偏重于对形式“确定性”（纯形）的追求与欣赏，理式与典型是在“彼岸”所树立的理想追求，实体的地标原型则成为在“此岸”所展现的形式表现；与这种思维方式相对应，中国传统更偏重于对空间整体“模糊性”（意蕴）的追求与欣赏，所谓“得意”而“忘形”。①

中国传统建筑空间的“模糊性”是指对于空间意蕴的追求与欣赏，建筑空间的美是流动的、气韵生动的，时空是融为一体的，空间不是静止、封闭、孤立的。空间流动性也导致了不确定性的产生，在空间的转换中，空间的意象不断变化，空间的各个部分相互连通，在起承转合之间，形成步移景异之美。与此同时，多种因素被纳入到建筑美的创造过程中，人、建筑、自然浑然一体，同时又相得益彰。因此，中国传统建筑美学对待建筑形、意之间关系的处理有着独到之处。

西方传统文化认为客观世界是可以被认知的，世界的基本规律可通过各种工具、概念系统表达出来，并且具有清晰明确的逻辑，比如形式美的规律可以通过其他技术手段如数与几何加以限定。在对形式美的定义与追求过程中，蕴藏在形式背后的意义是与各种形式符号对应的。反观中国传统的美，其中所蕴含的意与表面的符号体系并不完全是一一对应的，所谓“指者所以在月，望月而忘指，言者所以在意，得意而忘言”。西方的文化传统中，语言占有着极为重要的地位，而中国传统则讲求感受与体悟，语言只是实现意的表达的具体手段而已，形式语言背后的意是无法明确限定的，是需要“心领神会”的。“得意”而“忘形”，可以成为对于中国传统建筑美学对意境追求的概括，这也意味着建筑空间创造的首要目的并不是外在的形式，而是形式背后“意”的获得。

在传统强调统一辩证、注重二元中和的机制作用下，“意”可以理解为情与理、情与景、情与境、内容与形式的内在统一。“意”的获得离不开“境”，将“意”与“境”相联系，便组合成了中国传统美学中的一个

① 需要说明的是，之所以用“得意忘形”，是想强调中国传统建筑之美对意境追求的这一特点，但强化“意”的重要性并不是想完全弱化“形”在中国传统建筑美学的重要性。一方面，传统建筑美学中“形”不可能独立存在，“形”的创造必然是寄托了创作主体主观精神的产物，成为主体主观情绪的客观对应物；另一方面，要获得丰富的“意”，就必然离不开“形”，只有使有限的形式传达出无限的意蕴了，并经过欣赏者的凝神观照与细细品味，美的意境才算创造了出来。因此，对于“意”的追求并不意味着完全放弃“形”。“形”是外在的客体形态，而“意”则是指内在的内涵、气质与意蕴，两者并不是割裂的，而是以“意”为主强调两者的和谐共生。

重要范畴意境，曾有众多学者试图对意境这一范畴加以解释。[①]唐代王昌龄在《诗格》中把诗的境界分为物境、情境和意境这三种；清代笪重光在《画筌》中指出“其天怀意境之合，笔墨气韵之微”，他把画境分为实境、空境、真境、神境，认为“空本难图，实景清而空景现；神无可绘，真境逼而神境生。位置相戾，有画处多属赘疣；虚实相生，无画处皆成妙境”。《人间词话·乙稿》序中提到：“文学之事，其内足以摅已，而外足以感人者，意与境二者而已。上焉者，意与境浑，其次或以境深，或以意深。苟缺其一，不足以言文学。原夫文学之所以有意境者，以其能观也。出于观我者，意余于境；而出于观物者，境多于意。然非物无以见我，而观我之时又自有我在，故二者常互相错综，能有所偏重而不能有所偏废也。”[②]

宗白华先生提出艺术境界是“化实景为虚境，创形象以为象征，使人类最高的心灵具体化、肉身化”[③]。可以认为“化实为虚”“虚实相关”是“意境”创构方法；探究生命节奏核心，深入发掘人类心灵的至动是“意境”的深度；说尽人间一切事，发别人不能发之言语，吐他人不能吐之情怀，便是“意境”的高度。[④]另有学者将意境分成了不同的层次：物境最低，“无意味之可言”；“略高一筹的是事境”；“比事境再高一筹的是情境”；“驾于情境之上，而求超出，便是理境”；“最后是无言之境，非但情景交融，兼且物我两忘”。[⑤]王国维先生认为：“言气质，言神韵，不如言境界。有境界，本也。气质、神韵，末也，有境界而二者随之矣。”[⑥]

在建筑中，建筑的美同样需要“意境”。陈从周先生也曾提出园林建筑具有意境之美：“园林之诗情画意即诗与画之境界在实际景物中出现之，统命之曰意境。”[⑦]与“妙不可言”描绘的状态相似，建筑之美的意境是较为模糊的、不容易说清楚，甚至在一定程度上是无法明确加以限定的，但可以确定的是，建筑在形式之外还存在着更为深层的“意”之美。我们可以将“意”理解为一种心理上的感受，而“境”可以理解为对于环境即自然环境与文化环境的营造，只有当两者高度呼应、实现意与境浑，并且

---

① 如宗白华《中国艺术意境之诞生》、刘九洲《艺术意境概论》、林衡勋《中国艺术意境论》、浦震元《中国艺术意境论》、夏昭炎《意境——中国古代文艺美学范畴研究》、蓝华增《意境论》、薛富兴《东方神韵——意境论》、古风《意境探微》等著作。

② 引自：周锡山编校. 王国维文学美学论著集[M]. 太原：北岳文艺出版社，1987。

③ 宗白华. 中国艺术意境之诞生[M]//宗白华. 美学与意境. 北京：人民出版社，2009：190。

④ 王德胜. 意境的创构与人格生命的自觉[J]. 厦门大学学报（哲学社会科学版），2004（3）：49-54。

⑤ “诗的境界，下不落于单纯的事境，上不及于单纯的理境，其本身必需是情景不二的中和。而一切物态，事相，都必需透过感情而为表现；一切理境，亦必需不脱离感情，所以感情是文学的根本。”“情景交融，便是最高之境，再加以寄托深远，便是诗境的极则了。”详见：罗庸. 鸭池十讲[M]. 沈阳：辽宁教育出版社，1997：45-48。

⑥ 王国维. 王国维文集[M]. 观堂集林. 北京：北京燕山出版社，1997：14。

⑦ 陈从周. 说园[M]. 北京：书目文献出版社，1984：35。

需要通过凝神观照与细细品味，欣赏者才有可能获得美的意。意与境必须相统一，才能获得对于对象的整体审美，这可以被理解为，建筑的内在精神与外在环境需要完美统一。意与形、意与境之间的这种联系将形式与内容融合到了一起。这也就是说，中国传统建筑美的营造试图将人与自然、欣赏的主体与被观赏的客体等要素的界限模糊处理，达到情景和谐契合、物我两忘的审美境界，从情景营造升华为审美意境的获得。

中国传统建筑形式是获取意的手段，意才是建筑创作的目的，在一定程度上，中国传统对美之意的追求并不讲究获得完善的形。以中国传统绘画为例，中国传统绘画中出现的形式并不一定完善具体，而恰恰是通过离形、变形的抽象形式获得了审美的神似与气韵。对于意的追求并不意味着不重视形式。形是外在的客体形态，而意则是指内在的内涵、气质与意蕴。中国传统建筑美的核心在于获得生动的气韵与意味，形式是实现这一目的的手段，在中国传统统一辩证的理念之下，目的与手段是不能被割裂的。因此，通过创作者的处理，手段与目的被统一在了一起，形与意两者和谐统一、相互共生。在中国传统美学中，与“形”与“意”这二元范畴相似的还有如“形与神”“境与意”“境与情”“言与意”等，从人们对于这些范畴的论述也可以看出，形与意并不是割裂的，在美的处理过程中人们是将形式与意义融合在一起进行综合考虑。[①]

对意的追求导致了中国传统空间美的独特意蕴，建筑美的表达并不是直白的，而是含蓄的，需要观者细细琢磨品味。创作者以有限的空间因素对美的意蕴进行暗示，试图传达美的不尽之意，并激发观者的联想，从而实现对于整体空间意象的知觉与理解。这就将形式背后的意义引向极致，使有形中寓无形、有限中见无限。在具体空间的处理中，空间“无形”的部分即空间中的“虚”被加以关注，这种关注塑造出了中国传统空间意境的空灵与深远。中国传统艺术如中国画所追求的“计白当黑”正是这种模糊美的意蕴的表现。而西方格式塔美学通过形式和视知觉的实验揭示了“隧道效应”的原理[②]，从而给艺术中的“空白”和“空灵”以解释，这种阐释在一定程度上也会有助于理解中国传统建筑空间意境美的特点。

---

① 对于这两者之间的关系也有着各种描述，如“意象俱足”（薛雪《一瓢诗话》）、“形神无间”（陆时雍《诗境总论》）、“辞约而旨丰”（《文心雕龙·宗经》）、“意与境浑”（王国维《人间词话》）等。有关这两者的描述还有：“形者神之质，神者形之用”（范缜《神灭论》）、“形神毕出”（徐大椿《乐府传声·顿挫》）、“形神俱似”（贺裳《皱水轩词筌》）、“形神无间”（陆时雍《诗镜总论》）、“意得神传，笔精形似”（张九龄《宋使君写真图赞并序》）等。

② 即使只是看到局部的形象，凭借知识与经验，我们仍然能够对对象有一个完整的理解。“隧道效应”原理是格式塔心理学所主张的“整体性”原则的重要依据之一。“隧道效应”原理说明，作为知觉种类之一的视知觉，并不是一种与思维、理性绝缘的“初级认识”，视知觉与思维是一个统一的整体，“观看”的同时必然有思维的介入，人的知识、经验与知觉、感性，总是以共时的方式作用于认识的对象，二者不可能截然分开，也不可能有先有后。赵宪章. 形式的诱惑[M]. 济南：山东友谊出版社，2007：220。

从这里再回溯西方的古典建筑，我们可以发现，中国传统建筑之美追求意境的特色表现得更为明显。西方古典建筑美学以“形式”为主体，通过“数理”关系加以限定，中国传统建筑美学以“意境”为主体，通过“情理”和谐加以整合。西方注重建筑实体的形式美，对于建筑美的探讨往往注重解析形式美问题，从某一方面入手并深入挖掘形式要素如比例、尺度等方面问题，并以此寻求形式的完整与形式背后的合理解释；而从意境出发，中国传统建筑美讲求意蕴的提升与凝练，实现建筑与环境等多要素综合的整体创造，包括建筑、环境、家具陈设等多种人居环境要素共同构成了人们可感的形式统一体，形式背后深远的意义也由此得以表现。为了获得美的意境，创作者用一定的手段表达情绪与精神，通过具体形式的创造来传达形式背后的深厚意蕴，而欣赏者则在深入理解情、景、境的基础上，通过感悟使心物交融，并物我两忘。意境是内在的，是通过多种要素的系统整合而实现的，不仅如此，意境的实现还有赖于空间动态地呈现，即观者在欣赏过程中对于空间形式本身的理解与解读。

为了使有限的形式传达无尽的意蕴，使空间具有广阔而深邃、含蓄而空灵的意境，同时在形式之外创造出更为深远的精神空间引人回味，创作者需要通过最少的艺术手段传达尽量多的精神意蕴。艺术是“有意味的形式”，其形式符号体系与背后的意蕴并不能完全一一对应，也就是说，符号的能指与所指并不是能完全对号入座的。意境的形成必须要将客体符号导向主体的精神活动，需要观者主观的联想、想象等心理活动来补充、完善符号之后蕴含的意。具体的形式符号只是为观者的主观心理活动提供了一个起点，具有意境的形式之美必然会引发人们对于形式与意蕴的再思考，越是简洁的形式就越为观者主体的想象或是再创造预留出了足够宽阔自由的审美空间，这样才实现了由有限的形向无限的意的过渡。中国传统建筑之美是追求整体的，强调群体组织与序列安排，单体建筑尤其是官式建筑形式是非常简单甚至是单调的，梁思成先生就曾将这种“简单”概括为“千篇一律”，但正是这些有限的建筑形式创造出了一种简洁的整体化的“完形”。在精心推敲讲究之下，各个单体与局部统率于这一整体，这些“简单重复”的形式相互配合，营造出了具有象征性的深远含义。

图1-23　明代唐寅所作《事茗图》，人与自然、欣赏的主体与被观赏的客体浑然一体，达到情景和谐契合、物我两忘的审美境界，从情景营造升华为审美意境

图1-24 狮子林园林中的“探幽”意境

中国传统建筑美学中，具体的建筑形式是为形式背后的情感传递、思想教化等意义表达服务的。而在意义传达过程中，每一个个体对空间或形式的审美把握都会有一些不同的感受，因此，中国传统审美强调意会与体悟，希望个体通过直观感受与理性知觉等个人主观情绪进行对空间形式的审美体验。

与西方重视逻辑思维不同，对于中国传统建筑空间的审美过程并不需要也难以用明确清晰的概念或语言进行表述。中国传统将“言、象、意”相区分，美的创造是以较为具体简约的形式表达深奥、抽象的理与意，创造与审美讲求“悟”，认为“言有尽而意无穷”。具体的形式可以“羚羊挂角”，如“空中之音、相中之色、水中之月、镜中之象”一般，甚至“无

图1-25 清代王翚《夏五吟梅图》，体现了建筑与环境多要素融合整体创造出的意之美

图1-26　正是屋檐下这些不断重复的形式创造出了一种简洁的整体化的大屋顶“完形”，在精心推敲之下，各个单体与局部统率于这一整体，这些“简单重复”的形式相互配合，营造出了具有象征性的深远含义

迹可求”。[①]简而言之，形式的创造与完善主要为的是表达在形式之后的意蕴与道理。意义的表达方式是含蓄的，不一定“一语道破”，也就是不直接点破道理本身或也根本无从点破。所谓“道可道，非常道”，形式之后的意蕴需要靠接受者自身的领悟能力去感悟体会。

“悟”的思维方式意味着创作者对结果的把握有着一定的不确定性与偶然性，并不是简单通过线性的理性思维就能得来的，很可能就是“妙手偶得”而出的结果。创作者必须要将自己的主观情绪进行物化，找到与自己感性精神相对应的具体形象。创作者从具体的“形”出发再形成主观的“象”，将主体与客体相联系，同时并不完全依托主体的理性知觉将形式语言明晰，而是通过直觉性的智慧，将形、象、意相联系。这种贯通形象意、融合理性与直觉思维方式可以认为是对“悟”的一种阐释。而作为最终客观结果的形，也只是创作者脑袋中一闪而过的对应物，为何选取这一对应物，可能创作者自己也很难解释得清楚。不过，正是由于创作主体不

① 严沧浪《诗话》曰：“盛唐诸公，唯在兴趣，羚羊挂角，无迹可求。故其妙处透彻玲珑，不可凑泊。如空中之音、相中之色、水中之月、镜中之象，言有尽而意无穷。”

图1-27　苏州狮子林中各种门的处理，巧妙而又具有引人“入胜”之意蕴

断地积累，对于环境、生活本身有了深入的了解，才有可能在外在环境激发之下找到与“境”相契合的“形”，进而表达深远的“意”，这种艺术思维形式也可以称为“妙悟”。①

总体来看，意境是中国传统审美文化中的重要范畴之一，是对于中国传统美学精神的积淀与凝练。中国传统建筑美学同样追求意境的获得，意境是主客观的统一体，它既是内在的，又是外在的；它与创作者或欣赏者个人的内在精神气质、感情风骨、品格修养相联系，同时又与个体之外的文化习俗密切相关；它是“意”与“境”的统一体，意与境浑然交融才能获得美的意境。它蕴含了深远的意蕴，能引发人们对建筑审美无尽的想象与联想；它以形式为载体，同时又不限于形式本身的完善，而是追求形式之后境界的获得，达至无言妙境。

① 钱钟书先生认为：“夫‘悟’而曰‘妙’，未必一蹴即至也；乃博采而有所通，力索而有所入也。”钱钟书. 谈艺录[M]. 北京：中华书局，1984：98。

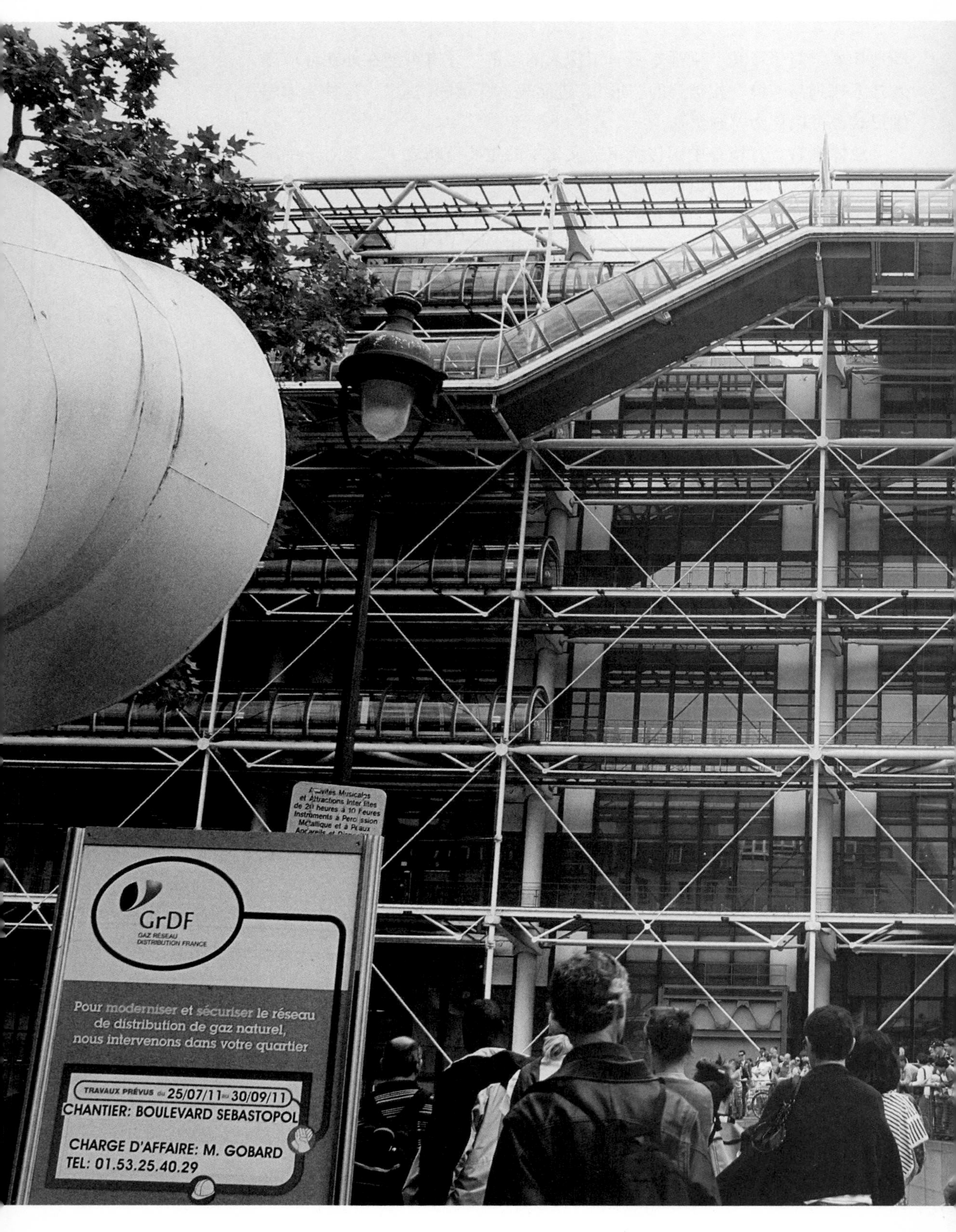
GrDF
GAZ RÉSEAU DISTRIBUTION FRANCE
Pour moderniser et sécuriser le réseau de distribution de gaz naturel, nous intervenons dans votre quartier
TRAVAUX PRÉVUS du 25/07/11 au 30/09/11
CHANTIER: BOULEVARD SEBASTOPOL
CHARGE D'AFFAIRE: M. GOBARD
TEL: 01.53.25.40.29

第2章

现代之后——当代的多维发展

在进入现代社会之后，建筑设计思维与审美中的二律背反现象持续发展。在美学研究方面，黑格尔认为绝对精神在近代浪漫艺术的形态中的表现，已经呈现出理念与感性形式、理念与现实之间的分裂。[①]另一些思想家则看到工业文明蓬勃发展的科学实证基础。[②]到了当代，美的主体与客体、此岸与彼岸、终极与过程间的差别都不是那么重要，有关美的判断标准越来越多元。由于信息时代的到来，视觉文化与消费文化的勃兴，结构主义提出的"深层结构"不再被深究，形而上学的规定也不复存在，而当代建筑设计发展在科技与人文等多种因素影响下也开始变得越发多元。

为了尝试梳理出现代之后建筑设计思维与审美的特征与脉络，剖析其中的种种现象与问题，本章首先从现代主义建筑思潮说起，进而对现代之后当代建筑设计发展的基本要素与展开维度进行论述。

2.1 现代建筑与"现代性"思维

为了阐述从古典到现代的这种变化，我们可以引入"现代性"概念来进行说明。现代作为现时代的代名词，有着十分丰富的含义，西方现代性的发生发展也不是一蹴而就的，而是经历了一个漫长的过程。早在17世纪，早期文艺复兴的建筑师们，就被称为"现代的"以区别于古代建筑师；在现代主义建筑之前，有很多人认为它的渊源要早得多。[③]

"现代性"不仅可以作为西方现代社会基本特征的一种描述，同时也可作为西方现代建筑美学主要精神的一种描述。在建筑美学中，现代性意味着有关美的绝对性标准的丧失，以及美的相对性理念的确立。为了寻找当前时代的特征，人们对以往的经典产生怀疑，美究竟是绝对的还是相对的成为人们思考的主要问题。越来越多的人开始追求新奇与浪漫，个人与主观代替了经典与客观，古典的"绝对"美也开始向现代的"相对"美过渡。

---

① （德）黑格尔. 美学（第1卷）[M]. 朱光潜译. 北京：商务印书馆，2009：95-100。

② 李斯托威尔在评述美学的新走向时说："实验的方法……标志了美学史上的一个重大的转折点。从此以后，这一哲学部门中占支配地位的方法，已是自然科学和心理科学的方法，是'从下而上'的方法，是一切人所共有的经验分析的方法。"（英）李斯托威尔. 近代美学史评述[M]. 蒋孔阳译. 上海市：上海译文出版社，1980：143。科学的力量正在拓展着人们的知识世界，"科学要使我们相信它关于事物所说的一切……任何知识、描述、说明的唯一内容就是探索对象的联系，而当世界对于人的理智来说成为有联系的整体时，目的就达到了"。（美）雷德编. 现代美学文论选[M]. 孙越生等译. 北京：文化艺术出版社，1988：410。

③ 有些权威人士（如尼古拉·佩夫斯纳）将现代建筑追溯到威廉·莫里斯的作品，而其他人（诸如亨利-拉塞尔·希契科克、西格弗雷德·吉迪恩等）则追溯到更早一个世纪。（英）彼得·柯林斯. 现代建筑设计思想的演变[M]. 英若聪译. 北京市：中国建筑工业出版社，2003：3。

作为描述西方现代社会的一项基本指标，“现代性”包含着丰富的内涵，蕴含着种种矛盾与张力，[①]其中包含了种种两相排斥又相互依存并印证说明的思想，[②]正如波德莱尔所说：“现代性就是过渡、短暂、偶然，就是艺术的一半，另一半是永恒与不变。”[③]这也成为西方现代建筑美学“二律背反”现象的一个有力注解，其中，理性与感性、现实与浪漫等种种思维不断背反。在这种相互背反的过程中，科学主义与人本主义成为“现代性”思潮演化的两条基本线索。[④]所谓人本主义即以人为本的哲学理论，其根本特点是把人当作哲学研究的核心、出发点和归宿，通过对人本身的研究来探寻哲学问题；科学主义即以自然科学眼光、原则和方法来研究世界的哲学理论，它把精神文化现象的认识论根源都归结为数理科学，强调研究的客观性、精确性和科学性。[⑤]与社会发展密切相关的建筑也受到了这两种思潮分野的影响，人本主义与科学主义也成了西方现代建筑美学发展的线索，演化出了种种新的现象。

西方古典建筑“形式”的美深入人心，成了后代不断模仿同时又极力加以超越的目标。正像古希腊毕达哥拉斯与赫拉克利特的观点不同一样，在有人认为美是绝对的、具有明确标准与规范的同时，也会有人提出美是相对的、不断随时代而变化。有关美是相对还是绝对的分歧一直存在，尤其在文艺复兴时代之后，相对美与相对标准的看法蓬勃发展。美的相对性这一认识引发了对古典建筑美的背反，在古典时代把建筑形式加以绝对化和固定化的同时，基于世界在不断变动和更新的认识，人们不断寻求适合新时代的新建筑形式。实际上，19世纪的西方，有关美的原则或规范已经淡化，大量的考古、模仿、折中出现，公认的理想形式已经消失，人们急于寻求符合当时时代特征、技术发展的新形式。借用古典进行改造、重新组合的现象已十分明显，在经历了一系列探索之后，新的“现代”建筑形式标准开始登上舞台。

---

① 马克斯·韦伯以“理性化”切入研究现代性，认为其核心是“祛魅”，是使世界理性化、使世俗与宗教相分离的过程；尼采提出“偶像的黄昏”和“重估一切价值”；海德格尔认为现代性中技术的作用十分突出，甚至使人的存在被遗忘；哈贝马斯坚持现代性的合法性，认为需要构建生活世界的交往理性；利奥德塔认为现代性意味着宏大叙事与总体性；等。

② “现代性”既包括强调启蒙时代的主体理性，重视利用新科学技术，同时也意味着对传统经典的反思与批判。

③ （法）波德莱尔．波德莱尔美学论文选[M]．郭宏安译．北京：人民文学出版社，1987：485。

④ 人本主义与科学主义的分野是在工业文明加速进步，世界矛盾日趋激化的背景中发生的。人本主义的美学认为，现代文明的压力造成了人的本质的分裂，希望从回归到人的本质和美的本质出发寻求精神的舒张；科学主义的美学，则吸收工业文明和科技进步的思想成果，致力于推动美学向自然科学趋近。吴予敏．美学与现代性[M]．北京：人民出版社，2001：4–5。

⑤ 朱立元．现代西方美学二十讲[M]．武汉：武汉出版社，2006：1–2。

2.1.1 绝对与相对

“绝对”与“相对”成为西方现代建筑美学观念演化的一条线索，西方古典时代有关美具有绝对标准这一认识到了近现代发生了变化，美的相对性观念出现并蓬勃发展。在肯定美的相对性、否定美的绝对性之后，西方现代建筑美学自相对性开始，有关建筑美的认识经历了从绝对到相对再到绝对这一过程，至现代主义建筑止，又再次确定了一系列有关建筑创作与审美的标准，形成符合现代“相对”性精神的“绝对”规则。

1. 从绝对到相对

西方现代美的“相对性”观念出现及发展有其必然性。首先，由于近现代科学技术的不断发展，人们观察、认识世界的能力不断提升，通过新的科技手段所描述和解释的世界与个人主观的感知之间逐渐脱离，古典时代规则的客观性与普遍有效性逐渐丧失。人们开始对古典时代所确定的那些经典原则产生怀疑，美是绝对的这一理念也开始动摇，古典时代的普适与绝对逐渐转变为新奇与相对。鲁道夫·威特科尔认为，科学新发现导致了“永恒价值”观的崩溃，同时还导致了毕达哥拉斯–柏拉图传统的崩溃，“美和比例转变为生成和存在于艺术家头脑中的心理现象”[①]。

时代“进化”观念的出现激发了大家寻求自己时代特征的热情，一些人热衷于找到与新时代相适应、符合时代特点的建筑形式，并对过往时代的经典原则产生了怀疑。“现代性”意味着当下的一切都在变化，没什么保持不变，因此必须时时更新，所谓创新就是使它成为当下的东西，要能跟随潮流不断变化。[②]“现代性”就是需要有现时代的特征，也就是古典时代有古典的美，而现代则有当前时代的美，人们必须对当前时代的特征进行探寻，这种探寻同时伴随对古典建筑的关注与研究。实际上，西方学者对古典建筑的研究持续了很长时间，为各阶段的设计“复古”提供了大量素材，这些研究也在一定程度上激发了人们对于自己所处时代特征的疑惑。人们关注的视野不断扩展，不同时代、不同民族与地域的文化都成为关注与研究的对象。为了追求现时代的美，有关美的观念认识也因此而转变。到了17世纪，法兰西建筑学会还围绕建筑审美究竟是主观的还是客观的，展开了一场大讨论，由此而生发了美学与心理学中有关“移情作用”，以及哲学中有关感觉、感知等问题的讨论与研究。[③]

伴随着相对性观念的逐渐成形，人们对于建筑以及建筑美的本质开始

---

① Rudolf Wittkower. ‘The changing concept of proportion’, Idea and image: studies in the Italian Renaissance[M]. New York: Thames and Hudson, 1978: 117.

② Mark C. Taylor. Disfiguring: Art, Architecture, Religion[M]. Chicago: University of Chicago Press, 1994: 144.

③ （德）汉诺–沃尔特·克鲁夫特. 建筑理论史——从维特鲁威到现在[M]. 王贵祥译. 北京：中国建筑工业出版社，2005：12。

图2-1　埃舍尔作品《相对性》，绝对向相对的转变

图2-2　罗丹雕塑作品“地狱之门”从形式到内容均不同于古典雕塑作品，采用现实主义手法表达了浓厚的人文关怀，体现了当时人们对未来的思考与不确定

图2-3　高层建筑开始逐渐出现，图为1932年人们对于当时纽约高层建筑天际线的戏仿（来源：*Styles, schools and movements : an encyclopaedic guide to modern art*）

了种种探讨，这不仅对建筑形式美的认识产生影响，同时也对“现代建筑思想史造成了最大的影响”①。在相对性观念的指引之下，西方古典时代建筑美的古典原理，如规则的形体与数学比例似乎都不是那么重要了，折中的、随意的手法开始出现。原先被视为经典的古典建筑标准在逐渐丧失，究竟什么才是美，有没有经典的、永久不变的美成了疑问。

2. 相对的绝对化

在原有确定规则消失之后，新的规则必将出现。古典时期的西方建筑提供了基本规则，确定而不容置疑，有关建筑美的定义是明确的。但是一

① （英）彼得·柯林斯. 现代建筑设计思想的演变[M]. 英若聪译. 北京：中国建筑工业出版社，2003：26。

图2-4 朗香教堂室外空间，提供了不同于传统教堂空间处理的可能性

旦西方古代经典的规则消失，则必须引入新的规则来代替，在相对性之下人们开始新的探寻。现代的审美可以是相对而主观的，也就是说，普遍标准开始被个人的主观意趣所取代。

美的创造需要规则，在当时的人们看来，现时代美的规则的定义是多样的，既可能是绝对的抽象推理，同时也可能是个人的直觉。人们开始思考建筑的决定因素是什么，什么决定了建筑的美，建筑的本质又是什么，形式与功能等因素的关系开始被探讨。这些思考也说明了当时规则的不确定，而对新的能主宰建筑美乃至建筑发展的规则探寻正是引发后来现代主义运动的内在动力。

在审美方面，美的相对性意识的出现导致了新的决定因素与思维方式，个人的主观情绪代替了经典标准，新奇与浪漫成了主要目标。人们不再愿意遵从古典严谨的形式规则，人人都可以有自己的喜好，各种新颖的建筑形式开始出现。同时，由于时空观念的突破，对于不同时代和地域文化的关注与研究蓬勃发展，这也引发了人们对异国情调的审美兴趣，中世纪建筑所代表的浪漫新奇的建筑形式也被重新审视。

回顾西方有关建筑美学发展的历史可以发现，有关美的相对性认识并不是近现代才开始出现的。早在古希腊时期，赫拉克利特就曾提出美是相对的这一观点，古典时期建筑理论家为建筑做出绝对的定义之时，有关美的相对性认识并未完全消失。维特鲁威曾提出过“建筑的规则”，但他的“规则”在很大程度上是由经验得出的，这也导致后来有关“武断的美”

的争辩；[①]阿尔伯蒂深知将建筑的标准作僵化理解的危险，针对这一问题，他提出了变化的概念，他认识到“美”的相对性，认为古典主义的美也并不是完美无缺，并希望“创造某种属于我们自己（时代）的东西”；在法兰西建筑学会成立之后的很长一段时间内，有关美的标准尤其是受相对性观念影响的新标准的讨论持续了很长时间。[②]学会曾对“口味”问题加以讨论，这就涉及审美品位与鉴赏力的问题。当时讨论的结论之一是美的作品需要受到大多数人的认可，也就是说美的判断需要符合公众集体经验的判断，具有某些普遍公认的标准。

受相对性观念影响，当时对美的新标准探索持续发展，公众的集体品味或标准问题被暂时搁置，各种新思潮不断出现，人们不断摸索符合时代特征、满足人们个体主观审美需求的新建筑形式。按照一些理论家的观点，艺术上的不断探索正是为了树立较为普遍的规范与标准，以确定可以抛弃的无关要素。美国艺评家格林伯格认为现代主义艺术理论源于康德“自我批评”说，他将康德视为第一个真正的现代主义者。在他看来，艺术需要有自己的规律与标准，需要自我定义，以使艺术变得更为纯粹，这就导致了现代艺术形式主义的趋向，即强调艺术的自律及形状、线条、色

图2-5　包豪斯为现代主义建筑树立了标准，包豪斯学校建筑同样体现了这种标准，有人这样描述这座建筑：“透过建筑的大玻璃往里看，你们可以看到努力工作或独自休闲的人。每个物体展示着自己的构造，没有构件被隐藏，没有遮掩功能性材料的装饰。”（来源：*Bauhaus*122）

① （德）汉诺—沃尔特·克鲁夫特．建筑理论史——从维特鲁威到现在[M]．王贵祥译．北京：中国建筑工业出版社，2005：3。

② 法兰西建筑学会的任务就是通过一些决议，这些决议最终形成了一些建筑美学方面的标准，在1671年学会开幕仪式上，弗朗索瓦·布隆代尔就建议，要在下一次的会议上讨论建筑中的“美感”问题，这也成为启蒙运动时期美学讨论的重点之一。（德）汉诺—沃尔特·克鲁夫特．建筑理论史——从维特鲁威到现在[M]．王贵祥译．北京：中国建筑工业出版社，2005：93。

图2-6 20世纪20年代包豪斯学校雕塑课程中采用实体模型对于形式构图与光影的研究（来源：*Bauhaus*，1919–1933）

图2-7 密斯在20世纪20年代初期设计的全玻璃摩天楼概念方案（来源：《图解西方近现代建筑史》）

彩的运用与重要作用。[①]这些观念也影响了现代建筑的发展，人们不断探索追求纯粹的、能自我定义的建筑形式。

这些探索在当时的技术条件下并不一定能实现，但是却具有开创性以及反叛的革命意义，体现了后来“现代主义”的发端。一些建筑师从感性的浪漫主义角度出发，对于建筑的艺术效果，尤其是雕刻与绘画效果进行了探索，以获得新颖的造型与构图。他们重视光影，执着于对建筑体量的处理，通过建筑形体组合与处理，创造出了出人意料、丰富又充满感染力的建筑之美。另有一些建筑师注意到了人们需求的变化与技术条件的发展，从理性的现实主义角度出发，对建筑功能与形式的关系以及现有技术条件下形式的可能性进行探讨。他们预先假定了建筑变形的程序，充分利用简洁的基本形体，将复杂的结构变为简单单元、将现代功能与形式相融合，使建筑形式能得以理性与标准化，同样创造出了与古典建筑形式完全不同的新建筑形式。

不管是哪一种探讨，都是从相对性理念出发，关注到新时代下各种因素对建筑发展的影响，并试图发现、制定新的审美标准。这些探索与实践创造出了全新的建筑形式，促成了后来现代主义建筑的发生、发展与成熟，实现了相对到绝对的转换，使建筑的艺术与技术、形式与功能的统一成为可能。在新建筑中技术与艺术、精神与功能要素走的越来越近并逐渐统一，就像格罗皮乌斯在强调建筑需要经济节约之时，仍然坚持对于乌托邦理想的追寻。[②]他认为标准化并不是文明发展的阻碍，相反，是发展的

---

① 他认为现代主义绘画就是按照绘画的二维逻辑不断平面化的过程。Clement Greenberg. Modernist painting[M]//Gregory Battcock（Ed.）. The New Art: A Critical Anthology. New York: E. P. Dutton and Co., 1966: 101, 102.

② Mark C. Taylor. Disfiguring: Art, Architecture, Religion[M]. Chicago: University of Chicago Press, 1994: 37–38.

先决条件。[①]伴随着标准化原则的再次确立，古典时代确立的“根据公认的原则去评论单幢建筑物的能力”又再次恢复了，那些“同代人应该普遍接受的”原则似乎又再次建立了起来，“我们可以像1750年以前的古典主义建筑师们那样，肯定我们的原则了”[②]。

2.1.2　科学与人本

在西方现代美学中，存在科学主义与人本主义的分野，在古典时期，为了追求统一与和谐，科学与人本之间的界限并不明晰，到了现代，两者逐渐分离，并分别对美的认识和研究产生了影响。人本主义美学强调主体的直觉对美的把握，科学主义美学则更注重理性分析方法的运用，从科学主义与人本主义的差异出发来理解现代性，还可以将现代性从启蒙现代性和审美现代性、理性与感性相分离的角度进行解读。[③]

在建筑美学中，作为现代性精神的一部分，科学与人本的分野同样存在。与美学研究不尽相同的是，这里的科学主义涉及对建筑的客观条件的利用，而人本主义则涉及对主观的审美感受的判断。启蒙时代，佩罗对古典时代的维特鲁威及其后继者的建筑美学原则进行了贬低，他区分了两种美学评价的基本原则，即客观性与主观性，客观性基础来自于对建筑的使用，以及建筑物的最终目的，涵盖了坚固、健康和适用，主观性的基础就是“审美感觉”。[④]与佩罗有关建筑美学评价客观性与主观性的判断相一致，建筑美学现代性中的科学精神意味着客观、理性与现实主义，人本精神意味着主观、感性与浪漫主义，本书分别从科学理性及人本感性两方面进行讨论。

1. 科学理性

在西方传统的美学体系中，理性的特征是十分鲜明和一贯的，从而构成为基本的信念。理性一直是西方古典建筑美学的主要思路，当时的理性是综合的，既是思考方法，又涉及价值判断，甚至还涵盖了人的主观感受。在近代启蒙文化影响下，理性有了新的发展，形成了现代的科学理性精神。18世纪的启蒙思想家们不仅将“理性”作为一种认识能力，而且将

---

① 理性化伴随着品质的均匀化，使得差异被忽视，普遍的品质与标准得以确定。这种变化对于城镇的整体品质是有利的，能在总体上提升人们的社会生活水平。Walter Gropius. The New architecture and the Bauhaus[M]. trans. P. Morton Shand. Cambridge: MIT Press, 1986.

② （英）彼得·柯林斯. 现代建筑设计思想的演变[M]. 英若聪译. 北京：中国建筑工业出版社，2003：262-263。

③ 周宪. 审美现代性批判[M]. 北京：商务印书馆，2005：138-143。所谓启蒙现代性，就是强调科学的能动作用，注重理性尤其是工具理性的运用，而审美现代性则是强调感性的力量。

④ （德）汉诺—沃尔特·克鲁夫特. 建筑理论史——从维特鲁威到现在[M]. 王贵祥译. 北京：中国建筑工业出版社，2005：96。

它当作衡量社会生活内容的最高准则。[①]在古典美学传统中，人的价值要在更高的理念形式如“理式”之下才能体现出来，而文艺复兴和启蒙运动之后，人被置于主体位置。启蒙时代推崇崇高的美，崇高意味着人的主体性的充分高扬，通过理性的把握能力和实践的物质力量突破自然的必然性的限制。这种将理性的价值放到感性体验之上的观念是早期现代性的特点。[②]

随着科学技术手段的不断发展，人们对于科学理性的信心也越发膨胀，从古典时期延续至文艺复兴时期的传统理性被完全的绝对确定与准确所取代。人们开始利用科学技术发展带来的成果，对人类心理和审美现象进行探究，将科学分析的方法与美学研究相结合。[③]在人们越来越重视采用科学实证的方法切入美学研究之后，频繁甚至过度的解析方法开始出现，这种方法取代了古典理性时期抽象思辨的方法。新的理性精神是对于时代发展的回应，反映了人们探索能力加强后，对探寻未知世界的渴望与信心。

以科学技术作为基本手段，为人们探求新的建筑形式奠定了基础。在这种理性精神指引下，建筑师们纷纷努力将各种新技术运用到建筑设计

图2-8 水晶宫室内场景（来源：《图解西方近现代建筑史》）

图2-9 19世纪60年代建成的巴黎圣热内维埃夫图书馆

① 康德提出启蒙就是要敢于认知，敢于运用自己的理性，主张“人为自然立法”。康德. 答复这个问题：“什么是启蒙运动?”[M]//历史理性批判文集. 何兆武译。北京：商务印书馆，1991：22-31。

② 吴予敏. 美学与现代性[M]. 北京：人民出版社，2001：143-144。

③ 在自然科学不断发展背景下，文艺复兴时代的达·芬奇、启蒙运动时代百科全书派与浪漫运动时期的歌德，都不仅是文艺创作者而且是自然科学家。自然科学对文艺不仅在创作工具和技巧方面有所贡献，而且对世界观和创作方法也产生了有益的影响。首先，从英国经验主义盛行以后，心理学日渐成为美学的主要支柱；其次，生物学和人类学对美学也发生了一些影响。朱光潜. 西方美学史[M]. 北京：人民文学出版社，1963：6。

图2-10　1914年陶特设计的玻璃展览馆（来源：*Styles, schools and movements : an encyclopaedic guide to modern art*）

图2-11　1919年陶特绘制的玻璃建筑设想的草图（来源：*Disfiguring : art, architecture, religion*）

中，探索新的、与时代发展相适应的建筑形式，这些建筑形式理性、实用，体现了当时的科学技术水平。工程技术快速发展为建筑的创新提供了可能，新的建筑形式与建筑审美不断出现，玻璃、混凝土等技术手段的大量使用，使现实、透明成为新建筑形式的主要特征。

柯林斯将1750—1950年这200年现代建筑思想分为了五个主要阶段，在其中的功能主义、理性主义这两个阶段中，人们以科学理性为出发点，将当时科学技术的进步以及对世界的新认识运用到建筑中，这也促使了建筑审美的发展，产生了一系列新的审美范畴。以功能主义中的“比拟于生物”为例，人们将有关生物学的进展加以引证来支持当时的建筑风尚，有学者提出生命无非是一种“形的制造力”，认为结晶体和有机体的增长都属于同一现象范畴，这些说法对弗兰克·劳埃德·赖特颇有影响。“形态学”的建立又促使形式追随功能还是功能追随形式这一问题的辩论。即使当涉及审美品位与鉴赏力时，在当时很长的一段的时间内，鉴赏力被认为必须根据某些普遍公认的标准去培养，18世纪法国建筑理论家布隆代尔给鉴赏力下定义为“推理的成果”。①

在《走向新建筑》里，建筑又被比拟于机械，勒·柯布西耶提出了“房子是居住的机器”，但这并不是说合乎功能或从功能出发的形式就一定是美的，只不过说明新时代新型机器的出现启发了建筑的创作，这些引起了有关新的建筑创作与审美标准的讨论；同时，他号召人们去想象一个由巨

① “生物学”（或生命之科学）这个词是拉马克在1800年左右创造的。同一时期，“形态学”（或形式之科学）这个词是歌德创造的。（英）彼得·柯林斯. 现代建筑设计思想的演变[M]. 英若聪译. 北京：中国建筑工业出版社，2003：144-145, 147-149, 165。

大透明的水晶玻璃建筑所组成的新世界。[①]

工程科学的发展进一步激发了科学理性在建筑创作中的主导作用，真与美被联系到了一起，建筑师相信建筑形式本质上就是结构形式，希望将建筑与现代工程技术相一致。新工程科学的发展与新材料如钢筋混凝土、玻璃的大量使用极大地促进了新的建筑形式的出现。玻璃等新材料的应用非常适合当时的对新形式的探索，一些建筑师认为正是玻璃带来了建筑的新时代。[②]作为“工业社会组织的有序标志”，玻璃等新材料使渴望绝对秩序的理性原则成了可能。[③]

需要注意的是，如果仅仅是从科学理性出发，在当时可能不会得到如此多的新颖形式。现代性中的科学理性的不断发展与强势，逐渐使原有传统理性中工具与价值相脱节，科学与人本逐渐分离，这也直接导致了与科学理性相对的人本感性的迅速发展。随着传统理性的分化，感性也获得了独立于理性之外的价值，美学这一学科正是基于对感性的研究而出现的，这也为新建筑形式寻找到了切入点。正如有学者提出，理性主义纯粹是一种过渡的办法，因为一旦建筑与理性间的结合完成，现代建筑与现代科学和工业相一致了，就只有一种前进的可能，就是“建筑与感情的结合”。[④]

2. 人本感性

当人们对严谨、单调的科学理性感到厌倦的时候，为了摆脱科学技术对于人的束缚，作为科学理性精神的对立面，人本感性精神就出现了。片面的科学理性受到质疑，人的非理性特征被关注。现代性的人本感性精神，是作为对启蒙运动以来以理性为基本特征的背反，从批判片面理性、强调人的感性的重要作用为主，逐渐演变为后来的非理性，甚至是反理性。美学研究中，人本感性意味着人们的关注对象从客体向主体转移，注重研究审美经验，尤其对直觉、本能等主体非理性因素加以关注。

在启蒙时代，感性并未取得脱离理性而独立存在的价值地位，人仍然被表述为感性与理性的结合体。[⑤]近现代以来，虽然科学的发展使人们对于世界认识逐渐加深，但同时也导致了科学技术描绘的世界与人们直观感受的脱离。与古典时代相比，当时的科学家对世界做出了新的解释，科学技术中的世界似乎已经变得陌生了。牛顿在《自然哲学的数学原理》中所描述的宇宙，是一个被数学支配的宇宙，如此抽象和精确的世界与人的感

① Robert Hughes. The shock of the new[M]. New York: Alfred Knopf, 1967: 188.

② Robert Hughes. The shock of the new[M]. New York: Alfred Knopf, 1967: 178–80.

③ Manfred Tafuri. Modern Architecture, vol. 1 and 2[M]. New York: Rizzoli, 1976: 83–84. 格罗皮乌斯提出，作为空间比实体优势越来越明显的直接结果，玻璃在建筑结构中的作用越来越重要，它透明如空气般悬浮在墙与墙之间，增加了现代房子的活力。Walter Gropius. The New architecture and the Bauhaus[M]. trans. P. Morton Shand. Cambridge: MIT Press, 1986. 29.

④ （英）彼得·柯林斯. 英若聪译. 现代建筑设计思想的演变[M]. 北京：中国建筑工业出版社，2003：194–195。

⑤ 吴予敏. 美学与现代性[M]. 北京：人民出版社，2001：146。

图2-12　1897年摄影作品《火车出轨》，体现人们对于当时工业革命与先进技术的反思

图2-13　1919年塔特林设计的第三国际纪念碑(来源：*Styles, schools and movements: an encyclopaedic guide to modern art*)

图2-14　20世纪20年代初期包豪斯中有关方的构成作品(来源：*Bauhaus*，1919-1933)

受和经验之间出现了偏离。可以认为，伽利略、牛顿所描述的抽象的、无限的宇宙与房子、宫殿以及任何类型的建筑物毫无相似之处。①

威特科尔断定，大约在1700年左右，科学与艺术之间、理性与创造性之间的联系不可避免地被切断了，自然界的秩序与艺术中的秩序并不能共通。人们的关注点开始转移，从外在的物质世界向内在的心理世界的转移。随着科学的发展，自然科学的研究方法开始运用于心理过程的研究。人们开始越来越关注人们怎样认识外在的世界，怎样去获得外在的信息。美转变为心理现象，依赖于人们主观标准，休谟等众多学者对人类感性的研究导致了“非理性的滋长”，这也成为创造建筑美的主要手段之一。

现代性精神中对新形式的追求与人本感性密不可分。在人本的感性精神指引下，为了追求美的形式，对“新”的执着追求越加被鼓励。由于有了新的技术手段的支持，新的建筑形式不断出现，个人主观的想象得以实现。感性的充满个人色彩的主观情绪成为对于尊重客观现实的理性严谨技术的背反，引领着审美的不断发展。“美观”这一有关建筑美的核心概念再一次演化发展，出现了个性、画境、浪漫等一系列审美观念。

与科学理性追求真实相对，人本感性更注重个人的真诚。真诚意味着创作者主观情绪的表达，由个体自己对作品给出定义而不是大众的集体选择，这也意味着当时对于“风格”尤其是传统风格的怀疑。在个人主观情绪的影响之下，原有的相关美学标准被否定，这也成为后来现代主义建筑新抽象形式得以发展的前提。对于新的渴望，促使了当时建筑师们大胆试验新形式以及与之相匹配的材料和构造方法。在开始将现代工程技术运用到建筑设计中的时候，为了强调建筑的艺术性与建筑形式的自律，以及建

① （英）理查德·帕多万．比例——科学·哲学·建筑[M]．周玉鹏，刘耀辉译．北京市：中国建筑工业出版社，2005：264。

筑与其他学科尤其是纯工程学科的不同，一些建筑师不断探索建筑形式的异质性与陌生化。他们强调为艺术而艺术，尝试构建与传统古典建筑艺术不同的全新建筑形式。

从人本感性出发，当时其他相关艺术对建筑美学产生了很大影响。从工业设计、工艺美术运动、到风格派都对建筑形式产生了影响。后来的抽象的雕塑与绘画逐渐成了人们获取新形式的手段。当时的艺术家作品与建筑有着一定的联系，立体主义、构成主义、表现主义这些在现代艺术史上极为重要的流派，在建筑形式中都能找到相似的影子。在建筑中，立体主义意味着有棱角的形式，构成主义意味着结构的形式，表现主义意味着弯曲的形式。①

一些艺术家把各种自然形态简化并分裂成抽象的、通常为几何形状的结构形式。这些艺术家的作品对于建筑形式的发展产生了很大影响，马列维奇强调通过至上主义的模式再造世界，并实验了由二维到三维模型的可能性。②密斯坚持没有装饰的形式，在一定程度上也受到了当时艺术发展的影响，他的1924年住宅方案就像一副现代派绘画的建筑解读。③

在对未来的设想中，新的艺术形式带来了新的观念意识，即有关个人及普遍、日常生活与永恒标准的平衡。④蒙德里安在1922年的一篇文章中提出，美学、科学还有其他专业都是整体环境的组成部分，建造、雕塑、绘画与工艺品都会融入建筑中，那就是到我们的生存环境中去。当时的艺术“已经不再是与现实生活相对立割裂的幻想了，必须是对能促进人类进步的创造力的真实表达”⑤。

在《走向新建筑》一书中，勒·柯布西耶提出的机器美学仍然是试图建立个人与外在世界之间的一种和谐秩序，他认为建筑应与外在世界和谐，是有关精神的创造。⑥为了创造新的秩序，人们从人本感性出发，对“旧”不断批判，但在新秩序彻底建立成为固化的标准之后，人本的感性又必将导致对新秩序的批判。到了后期，针对现代主义建筑的扩

---

① 蒙德里安画过许多命名为“立面”的绘画；马莱维奇绘制抽象矩形的体量，题名为“建筑术”；范通杰路雕刻和制作抽象的雕像也用了同样的题名；博奇翌尼宣称未来派雕塑的基础是“构造的”。（英）彼得·柯林斯. 现代建筑设计思想的演变[M]. 英若聪译. 北京：中国建筑工业出版社，2003：273-274。

② Mark C. Taylor. Disfiguring: Art, Architecture, Religion[M]. Chicago: University Of Chicago Press, 1994: 119.

③ Mark C. Taylor. Disfiguring: Art, Architecture, Religion[M]. Chicago: University Of Chicago Press, 1994: 136.

④ Hans L. C. Jaffe（Ed.）. De Stijl, 1917-1931: Visions of Utopia[M]. New York: Abbeville Press, 1982: 12.

⑤ Hans L. C. Jaffe（Ed.）. De Stijl, 1917-1931: Visions of Utopia[M]. New York: Abbeville Press, 1982: 92-93, 106.

⑥ Le Corbusier. Towards a new architecture[M]. Trans. F. Etchells. London: Architectural Press, 1987: 19.

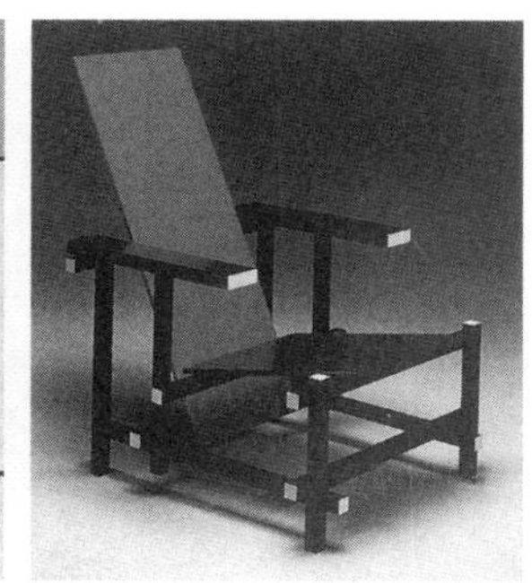

图2-15　1922-1925年马列维奇作品《建筑术》（来源：*Disfiguring: art, architecture, religion*）

图2-16　蒙德里安在自己的构成绘画作品中体现了对于原色及直线的控制

图2-17　里特维德设计的椅子同样体现了对原色及直线的控制（来源：*Styles, schools and movements : an encyclopaedic guide to modern art*）

图2-18　荷兰画家范杜斯堡画作（左）与密斯设计的住宅方案（右）有着异曲同工之妙

图2-19　勒·柯布西耶设计的马赛公寓体现着技术与艺术的统一

图2-20　勒·柯布西耶与绘画作品（来源：《图解西方近现代建筑史》）

图2-21 勒·柯布西耶画作*Nature morte*，体现了他对于雕塑体塑造与构图游戏的热情

图2-22 有关埃菲尔铁塔漫画（来源：《图解西方近现代建筑史》）

图2-23 埃菲尔铁塔夜景

张，人本批判的意味越来越浓，尤其当国际风格的建筑在全球蔓延的时候，建筑师们纷纷采用人本的批判视角对原有的现代主义建筑风格进行批判，提出审美价值的多元。但是过分的批判必然带来新的困扰，那就是会形成有关形式主义与极端个人化、主观化的困境，这也必将对“现代”之后建筑的发展产生影响。

1889年，巴黎埃菲尔铁塔建成，这也成为新时代来临的标志之一。当时的人们对于这一标志建筑物带有着复杂的感情，认为正是“最终还是对旧世界厌倦了”的情绪导致了铁塔形式的出现，有人提出铁塔设计意味深远、富有预见性。[①]其实，早在之前很长的一段时间内，建筑的现代性就已萌芽。柯林斯将现代的起点定在1750年，他认为从那时期开始，“建筑师们就被许多想法所推动。这些新的想法，并非循序渐进，简单的一个接替一个；而是在以后整个两世纪中，它们用不同的组合与不同的表现，总在不断地出现”[②]。在这200年中，有关建筑美学的思想不断发展，相对与绝对、理性与感性、主观与客观、技术与艺术不断背反，相互交织，对西方现代建筑美学的发展与成形起了很大作用。同时，当“现代主义”成为指代20世纪特有建筑类型的专属名词、成功树立了“现代性”标准之后，通过对“现代性”精神的继承与发展，新时代的人们必将寻求变化以突破“现代主义”，探索新的建筑美学标准。

2.2　当代的多元维度与影响因素

与原来古典或现代主义时期个别思潮占主流不同，到了当代，标新立异、令人眼花缭乱的新鲜思潮不断涌现。在现代性所确定的人本主义与科学主义这两大主要思潮基础上，当代建筑设计的发展出现了错综复杂的交流与融合趋势，呈现出丰富多元的面貌。

建筑与人的生活紧密相关，建筑设计就是创造性地并综合地解决问题，其中涉及的因素众多，而当代社会发展的多元状况也更加放大了建筑设计思维与审美的多元状况，这也使得当代建筑出现多个维度发展的现象，各个不同的维度都有着自己对于建筑设计思维与审美的解读。

笔者曾对建筑美学研究的理论框架与构成要素进行了总结，当时的一个出发点就是既要与建筑的多元属性相适应，将研究视野拓展，充分关注

---

① Mark C. Taylor. Disfiguring: Art, Architecture, Religion[M]. Chicago: University Of Chicago Press, 1994: 11-12.

② （英）彼得·柯林斯. 现代建筑设计思想的演变[M]. 英若聪译. 北京：中国建筑工业出版社，2003：3。

建筑“美”的丰富内涵，同时在此基础上还要将建筑美的研究体系化与系统化。

根据这种体系化的研究探索可以得出，建筑“美”是核心，有“形式”“环境”“技术”“心理”四个元素，它们是建筑美研究所必然涉及的四个维度，是建筑美学研究的构成要素。如果以“建筑美”为中心向四面辐射，就会产生不同性质的形式研究。向下，指向“形式”，是建筑形式规律的研究，即建筑美学内部规律的研究；向上，指向“环境”，是自然和人文环境与美的关系，即建筑美学外部规律的研究。向左，指向“技术”，是物理形态的建筑美研究，即关于支撑建筑的技术以及与建筑之间关系的物理技术手段研究；向右，是精神、心理形态的建筑美研究，即关于审美与心理知觉研究。上述这四个方面，即建筑形式美规律、环境与建筑美关系、技术条件研究、审美心理研究，就是建筑美学的构成要素。如果我们从其“周边元素”出发研究建筑美，例如，由“形式”出发研究建筑美，就是美学上的形式美学；由“环境”出发研究建筑美，就是环境美学；由“技术”出发研究，就是技术美学；由“心理”出发研究，就是审美心理学。这四个方面共同组成了建筑美学的学科形态。

结合当时对于建筑美学的体系梳理，我们也尝试从四个维度来梳理当代建筑设计思维与审美的多元发展状况。参考当时“形式”“心理”“环境”“技术”这四个具体维度的划分，我们将从本体、主体、环境、技术这四个维度出发进行论述。需要说明的是，本书希望将当代建筑设计思维与审美的多元状况进行思考和梳理，而四个维度的分类方法只是希望能在多元状况之下系统化的一种尝试，建筑设计的发展还有更多维度的可能性。因此，这只是研究的一种切入手段，这种研究手段的选用也只是为了引起更广泛的讨论。

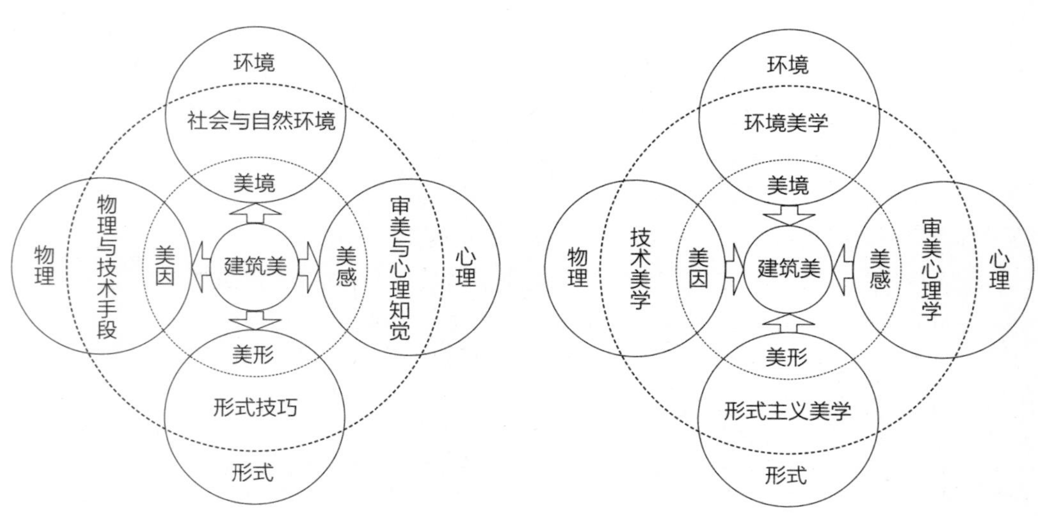

图2-24 建筑美学研究的构成要素

图2-25 建筑美学的学科形态

2.2.1　维度一：本体维度

从探讨建筑本体出发的建筑理论研究在西方已经存在了很长历史。到了现代之后，这种总结建筑内在规律的建筑理论研究被一些学者概括为一个在20世纪60年代开始的特定的运动，当时的这些探索希望努力重构建筑学科的思想体系，并在与其他学科交叉联系的同时梳理自身的本体和边界。

基于这些探索，20世纪末出现了一系列探讨西方建筑理论的论著，而在有关建筑本体讨论的多元化与冲突之中，建筑师与建筑理论家们对于当代的各种思想有着或多或少的借鉴。在进入后工业社会阶段后，社会转型促使审美潮流不断更替，受消费文化与传媒文化影响，审美趋势与思潮不断变化。在新的趋势之下，受种种具有当代色彩的哲学思想影响，后结构、现象学等新流派对建筑设计中的思维与审美产生了极大影响。在这些新的思想范式纷纷成熟并发生转向之后，解构、存在、意识等范畴开始成为研究的新重点。这些新的思想和观念也同时成为建筑理论家与设计者在新的时期探讨建筑本体的有力工具。除了这些对于建筑本体理论的探索尝试之外，当代一些建筑师同样在通过自己的实践来传达对于建筑内在美学价值的挖掘。这些建筑建筑理论家或建筑师对于建筑的自主性逻辑与深层结构进行探索，希望能从建筑语言内部挖掘出属于建筑学自身的规律。

在当代的美学语境中美的绝对性已经丧失，人们不再追求代表整体性的终极真理。在借助于最理性的方法观察世界之后，人们发现世界并不是

图2-26　戴维·齐普菲尔德设计的伦敦公寓，通过内敛的空间表达了对建筑内在特性的探索

图2-27　利布斯·伍兹通过富有想象力的建筑形式对传统建筑规则进行反叛（来源：http://lebbeuswoods.net）

图2-28　乔治·德·契里柯画作《一条街的神秘与忧郁》，借用建筑与城市空间对空间的内在可能性进行了探讨

那么清晰，很难甚至不可能找到唯一解。即使在这样的思想认识之下，人们也在尽量尝试寻求纷乱现象背后的普遍规则。与此同时，经过了现代性精神的洗礼，同时秉承现代性精神中的批判意识，当代建筑设计的本体思维和审美呈现出了与过往时代完全不同的特征。现代性精神中的反传统倾向到了当代愈演愈烈，反叛与超越成了当代建筑设计美学的基本精神之一，建筑师们对现代主义在内的种种传统与经典进行反叛和超越。而在这些纷繁复杂的因素影响之下，建筑学发展的步伐不断加快，各种建筑思潮尚未得以广泛传播就可能已经过时。

有学者提出，西方现代美学的发展伴随着三个根本性转向，即“非理性转向”“语言学转向”和“文化研究转向”；[①]从非理性、语言与文化这三个方面切入，当代西方美学从语言理论转向话语理论，转而对特定的交流情境、语境给以关注，其次从非理性转向超理性，从文化批判转向文化整合。[②]而哲学与现代艺术等人文科学的发展对于建筑理论和建筑审美产生了极大的影响，其中一些新潮的当代哲学思想直接成为一些建筑流派的理论后盾。当代建筑本体理论与当代哲学关系之密切，已经远超过古典或现代建筑美学。很多人认为当代艺术的欣赏离不开理论的支持，如果缺乏了理论，人们根本就看不懂当代艺术了，[③]这一现象在当代建筑的本体探讨中也很常见。

当代建筑设计中的本体思维与审美在受到当代人文学科影响之后，带有了浓厚的经验主义色彩。传统思辨性的哲学注重对本质的探索，到了当代，本质问题已经暂时被搁置，美学研究更加注重从某一视角切入描述与解释美的规律，符号学、心理学等研究都被建筑理论借鉴来分析研究建筑

① 朱立元. 现代西方美学二十讲[M]. 武汉：武汉出版社，2006：2。
② 潘知常. 中西比较美学论稿[M]. 南昌：百花洲文艺出版社，2000：53。
③ Tom Wolfe. The Painted Word[M]. New York: Bantam Books, 1975: 4–5.

美。与此同时，一些人本主义流派如现象学思潮都开始重视对创作与审美心理及经验的研究，并将理论建立在这种经验性研究的基础之上。正如德里达的解构、利奥塔的后现代等思想所折射出来的反叛精神一样，当代的一些建筑师们希望超越传统与经典。人们不断地求新求异，对其他学科思想和成果的借鉴与转译越来越普遍，以此获得对传统建筑本体思想的超越。

2.2.2　维度二：主体维度

建筑由人创造、为人所使用，建筑的美必须能被使用者和欣赏者所感知，不同的人对于建筑美也会有着不同的心理感受。形式各异的建筑美能唤起人们不同的情感，比如庄严、雄伟、明快的建筑能分别使人产生崇敬、自豪、欢快等情绪。作为社会文化和个人生活的物质载体，建筑空间一直与人的主体状态有着密切的联系，其中既有作为个体的创作者与欣赏者角度，同时也有作为群体而言的社会认知的角度。

伴随着社会思潮的不断变异，这种从主体角度出发对于社会现象的考察与挖掘对于建筑设计和审美也产生了很大影响。作为社会文化和个人生活的物质载体，建筑空间一直可以反映社会、个体、空间三者之间的互动关系，当代的一些学者对于这三者互动的命题也有很多论述。这些讨论在建筑师主体状态与社会认知两个方面都产生了较大影响，并由此形成了新的有关建筑审美的多元趋势。

其中，对传统理性思维的反叛仍然是主要的方向，人们以更加放松的态度为出发点，实现着对传统建筑设计思维与审美的超越。基于对现代工业与技术理性的反思，非理性成了新的主体思维方式与价值判断标准。这种现象在一定程度上也是现代性精神中人本主义传统的延续。人本主义关注主体，强调直观感受，把个人的主观情绪看作创作与审美的重要因素。① 人们认为传统的理性精神不足以把握现代建筑美的规律，尤其是人的精神世界，强调应该从非科学、非逻辑的角度重新去理解美。到了当代，这种强调非理性的反叛精神愈加猛烈。

从过去的理性到当代主体的新状态，人们关注的重点不断向主体意识的可能性这一命题转移。不管是以人本主义视角（强调非理性）切入，还是以科学主义视角（强调理性地深入探究感性）切入，当代的建筑设计思维与审美体现了对人的主体意识的关注，主观情绪成了人们创作与审美的

① 存在主义重视主体的想象功能，现象学也偏重对主体的审美知觉和经验作现象学描述。科学主义美学虽有偏重逻辑分析与偏重经验描述之分，但其共同特点是研究的重心和基点都是主体的审美经验。蒋孔阳，朱立元. 西方美学通史 第7卷 二十世纪美学（下）[M]. 上海：上海文艺出版社，1999：944-945。

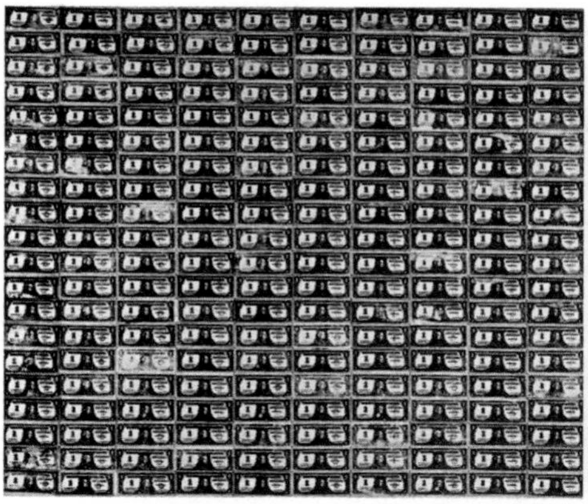

图2-29　安迪·沃霍尔作品《200张一元美钞》，宣告着“消费时代的自由与诚实”

图2-30　巴黎街头传统建筑立面被艺术家用各种生活中常见要素重新装饰，形成了全新的建筑形象

来源。建筑美的创作与欣赏离不开人们的主观体验，当代的人们不断深入到主体审美心理、生理研究，其中非理性因素如直觉、本能等因素被加以关注。

主体状态的变化也使得当代建筑设计更为广泛地涵盖了社会生活的各个方面，建筑美与人们的日常生活之间联系越来越紧密。这种转变将建筑形式要素的范围扩展到整个社会生活，当代建筑形式成了生活的载体与反映，是有关社会生活多种要素的综合作用与构成。格罗皮乌斯就曾认为未来艺术的发展方向将反映社会生活，与日常生活点滴相联系，[①]而当代建筑艺术与生活相结合的步伐可能已远超过他的想象。与社会生活联系趋势导致当代建筑美学的实用化倾向，这在一定程度上为建筑美学发展开拓了新领域，增添了建筑形式创新的活力。

2.2.3　维度三：环境维度

建筑美与环境相关，这里的环境既包括地理、气候、生态等自然环境，同时也包含历史、文化、民族、地域等社会人文环境。建筑美要与周边环境相协调，统一于所处的自然环境中，同时建筑的美也是一定意识观念与文化背景的反映，不同时代、文化、民族、地域的建筑往往有着不同的风貌体现。

从环境出发也一直是建筑创作的原则之一，这一原则在当代更加引发了人们的重视。随着人们对于世界认识的深入，环境这一概念便有了更为广泛而细腻的内涵。在科学技术的进步以及思想认识的深入推动之下，原

---

① Walter Gropius. Address to the Students of the Staatliche Bauhaus, Held on the Occasion of the Yearly Exhibition of Student Work in July 1919[M]//Hans M.Wingler（Ed.）. The Bauhaus. Cambridge: MIT Press, 1986: 36.

先作为远方客体存在的环境开始成为与主体交融的整体系统，这个环境的大系统容纳了主体与客体、物质与社会等因素，人与环境被联系在一起，共同形成了一个复杂联系的系统。

因此，环境指涉的对象在日益扩大，研究的对象从自然的环境拓展到整个人类生存的环境，包括自然、地域、社会、城乡等。首先，自然环境一直以来都是建筑设计中最为关注的环境要素。进入当代，伴随着对于人类所处自然环境的持续关注，环境可持续理念已逐渐深入人心，对于自然资源的关注保护以及自然环境的可持续发展也更加成为建筑与城市设计中的重要原则。

另外，不只是传统的自然环境，当代建筑设计对于社会文化维度的环境观也越发关注，这也是对于当前全球化发展之下的一种现实考虑。正是在全球化这样的大背景下，针对各地社会文化环境的研究越发加强。“文化研究”是20世纪六七十年代后美学研究中一股新的潮流，针对全球化背景下各个地域文化身份的问题，同时关注到了大众文化、媒体以及与主流文化相对的边缘文化、亚文化的研究，这为美学发展打开了新的方向。① 在全球化影响下，不同地区与文化背景下的交流日趋频繁，相互影响越加广泛。与现代主义后期国际化形式的泛滥不同，当代建筑设计在注重全球化交流的同时尊重了各自的地域与文化特色，地区化成为建筑设计思维与审美的一大方向。现代主义建筑一度从形式出发，为了对形式本身进行分析，隔断了历史与传统文化，进而创造出了新的建筑形式；后现代则看到了现代主义所蕴含的危机，提出要重视建筑的多义性，对建筑文化与历史加以重视；到了当代，人们进一步认识到文化的重要性，对历史上的种种思潮如古典、现代、后现代等一视同仁，并且充分尊重地域文化的差异性。在这一背景之下，结合建筑领域已有的地区化方向，有关社会文化环境研究与探索成了当代建筑设计又一重要发展趋势。

在自然环境与社会文化环境这两大维度影响之下，建筑设计思维与审美涉及的环境对象在日益扩大，从传统自然的环境拓展到了人类生存环境的各个方面。这种从环境出发的整体思维观对于建筑设计提出了更高的要求，设计者需要从更为广泛的环境角度出发，为建筑与自然、社会文化环境的联系，建筑空间客体与使用审美主体的融合提供更多的可能性。

---

① “文化研究转向”发轫于20世纪六七十年代英国伯明翰大学的文化研究。文化研究是伴随着种种后现代主义思潮的发展、交叉、渗透、分化而兴起的．是目前西方包括美学界在内的最具活力、最有影响的学术思潮，以英美两国为重镇，具有鲜明的跨学科性。这一转向是全球化趋势日渐拓展、文化身份问题引起普遍重视的必然表现，其每每着力于意识形态分析和对大众文化、大众媒体及与主流文化相对的边缘文化、亚文化的研究。朱立元．现代西方美学二十讲[M]．武汉：武汉出版社，2006：3。

图2-31　建筑与自然环境的融合

图2-32　诺曼·福斯特的德国议会大厦设计，对历史环境、高技、生态、文化等多种命题进行了尝试（来源：http://www.fosterandpartners.com）

2.2.4 维度四：技术维度

建筑美与技术相关。建筑不能只停留在设计图纸上，它必须要能被实施建造，因此建筑必须遵从建筑建造的技术条件，建筑的美需要符合建筑技术规范；而技术的重要性也使建筑技术本身成为建筑审美的一大环节，建筑构件本身的特征与发展变化在一定程度上也体现出了建筑美的技术性特点。

与以往技术在建筑设计中所起作用不同的是，当代以数字技术、绿色技术等为代表的新技术手段已深刻地影响了建筑设计思维与审美的发展。这种发展甚至使现代技术自身成为艺术与审美的一个重要部分。因此，当代建筑设计思维与审美必然涉及最新的技术方法与手段。不仅如此，在新科学技术不断发展的趋势之下，众多建筑师与学者对于建筑设计的跨学科交流和借鉴越来越重视。他们均对建筑学未来发展趋势提出了自己的见解，很多人认为建筑学需要将视野拓展，在与其他学科发展借鉴和融合中寻求突破。

20世纪以来的大量新的科学发现以及计算机技术的蓬勃发展，都让人们看到了科学研究对于美的研究的启发性。建筑学同样受到科学研究发展的影响，各领域的新发现、观念与方法，都极大地影响了当代西方建筑美学，建筑形式得以与各学科新发现进行对接，建筑创作手段日趋科学化和现代化。

科学技术层面的新发现对于建筑设计、建造与审美都造成了极大的影

图2-33 巴黎拉维莱特公园内的球幕影院建筑虚无的、反射外环境的表皮，体现了新技术对建筑形式的影响

图2-34 让·努维尔设计的位于巴黎的盖布朗利博物馆，底层架空引入自然要素，并采用光纤材料等新技术创造出了全新的建筑形象

响。从现代主义重视研究新的建造技术开始，到后来的高技派建筑以及生态与节能技术在建筑中的运用，再到信息技术在建筑设计与建造中的大量使用，新的科学技术对于建筑学产生的影响从未中断。当前，建筑创作追求科学技术化趋势越来越明显，除了绿色、节能、高技等理念外，非线性、参数化、智能化等观念对建筑设计中新技术的利用提供了新的理论支持。当代信息科学技术的发展，推动了学科高度交叉综合的进程，也促成了美学与认知心理学的联姻，产生了审美认知这一崭新的研究领域，这对于建筑审美心理研究也将产生重要影响。①

当代西方建筑创作与审美在充分借鉴其他学科发展成果基础上，又进行了渗透融合，原来现代性中的科学与人本这两大主潮也在不断交流、互相渗透。随着人们对未来自己命运的关注加剧，为了应对能源危机、气候变化等宏大命题，可持续、低碳等新科学理念的影响必将越发深远。作为人们生活的直接载体，建筑的发展必须对此要有所应答。

可以预见的是，顺应这种趋势，借鉴新的科学观念与方法，建筑形式与内容相统一的状况可能又将再次回归。这种从技术创新出发的应对可能会模糊未来建筑美学的流派之争，这也可以看作是人们对人类自身以及所在环境认识不断深化的结果。未来建筑的建筑设计在新技术的不断影响之下可能会从更广的背景中开展，加强与其他各种科技领域的交叉和联系。

① 当代审美认知研究发源于19 世纪后期盛行的实验美学，它借助自然科学的实验方法来探讨审美心理现象。20世纪80年代以后，随着科学技术的发展和进步，许多用来记录人类大脑活动的技术相继出现，比如事件相关电位（event-related brain potentials, ERPs）、功能磁共振成像（functional magnetic resonance imaging, FMRI），脑磁图（magneto-encephalography, MEG）等。认知心理学家们将来自各项技术的信息综合起来，对“某些认知过程何时在哪发生”给出了较好的回答。近年来，认知心理学的研究方法更加多元化，心理学家们逐渐开始看到方法整合的力量。心理物理学、计算建模和脑成像技术等方法相互结合，可以帮助我们更好地回答行为、认知加工过程和神经机制之间的关系问题。20世纪以来，西方发达国家便一直试图借助自然科学的实验方法来探讨审美心理现象，并取得了大量研究成果。美国美学学会创建者托马斯·门罗（Thomas Munro）的《走向科学的美学》，极力推崇包括实验在内的更多适宜于审美经验的实证。美国数学家、实验心理学家伯克霍夫（Birkhoff）的《审美测量》根据实验提出了审美程度公式。英国心理学家瓦伦丁（Charis Wilfrid Valentine）的《美的实验心理学》，涵盖了色彩、图画、音乐等艺术形式方面的各种实证研究，区分了客观、心理、联想、性格等基本心理类型的审美感知特点，揭示了审美愉悦产生的一般心理原则。

第3章 当代建筑设计的本体维度

进入20世纪之后，人们对于美的本质不断挖掘，开始从不同的角度切入研究美的本质问题。在20世纪初期，有研究从心理学角度切入，认为美的本质可以在审美心理及美感中获得，有关审美心理的范畴如直觉、距离、孤立、移情、抽象等开始出现；也有研究试图重建艺术的本体，从形式这一主要范畴展开研究，这些研究以俄国形式主义为代表，认为形式自身即艺术的本体。其后各种学说又开始从各自的出发点来建立体系性的美学理论。如格式塔美学、符号学美学等。总体来看，20世纪前半叶的研究还是在承认美的本质存在基础上开展的。进入20世纪下半叶，有关美的研究呈现出了多元化的特征，不同的研究者从各自的角度切入对于美进行了各自的解读，这些解读消解了原有从深度上对于美的本质的规定。

这种从根本上解构本质但又试图对本质加以解读的思维模式体现了当代文化的矛盾性，一方面本质已不存在，有的只是不同的切入视角；但另一方面对于确定性的追求本能导致了在实在本体之外对于新的可能本质的追求。在当代语言学、现象学、精神分析学这些新的研究范式纷纷成熟并发生转向之后，解构、存在、意识等范畴开始成为研究的新重点。在这些研究中，既有针对以现象为代表的客体世界的研究，也有针对以意识为代表的主体的心灵的研究，还有针对以语言为代表的联系主客体世界的介质的研究。在当代的西方研究语境中，之前的稳固与确定的辩证关系已不再确定，研究者在进行深层结构解析中将表层现象与介质进行了重新界定。基于这些解读，不管是人的存在与意识已经无法轻易用科学逻辑来表述了。于是，存在者与存在、语言与话语的关系被进行了重新梳理，这些新的思想和观念也同时成了建筑理论家与设计者在新的时期探讨建筑本体的有力工具。

从探讨建筑本体出发的建筑理论研究在西方已经存在了很长历史，这些研究被认为是源自于公元前1世纪的维特鲁威；到了现代之后，这种总结建筑发展规律的建筑理论研究被一些学者概括为一个在20世纪60年代开始的特定的运动，当时的建筑理论家们通过借鉴源于哲学、语言学、心理学、人类学等领域的思想方法努力重构建筑学科的思想体系，并在与其他学科交叉联系的同时梳理自身的本体和边界。20世纪末则出现了一系列探讨西方建筑理论的论著[①]，在这些理论家看来，现代主义之后的建筑理论本身包含了许多重叠和冲突的倾向（例如符号学、结构主义、现象学），这反过来又产生了更近的历史主义和解构主义阵营，所以当代的特征就是主

① 这些理论著作包括1996年Kate Nesbitt的*Theorizing a New Agenda for Architecture, An Anthology of Architectural Theory, 1965—1995*, 以及1998年K. Michael Hays的*Architecture Theory Since 1968*等。

导观点的缺乏或是多元化的发展。[①]而在有关建筑本体讨论的多元化与冲突之中，过去一段时间里建筑师与建筑理论家们对于当代思想有着或多或少的借鉴。可以认为，从哲学等人文思想角度对建筑设计理论进行深入思考是现代主义之后对于建筑深度进行反思的必然要求，而现代之后的当代思想的各种进展也为这种探究提供了可能。正如前文所述，一些新的思想与观念也成了他们在新的时期探讨建筑本体的有力工具，而对于建筑本体思维的多元探索都争先恐后地与当代思想体系如后结构主义、现象学相关联，这也成了新时期建筑本体理论体系的基本形式。

不管是从哪个角度出发，这些对于建筑本体边界的梳理挖掘在对语言的关注方面都是共同的。有学者提出，20世纪的西方哲学和美学对语言问题的关注可以说是空前的，无论哪个哲学派别都从不同的方面涉及语言；而从西方哲学的发展史角度，则甚至可以归纳为三个阶段：即本体论—认识论—语言。笛卡尔实现了从本体论向认识论的转变，而20世纪则是从认识论向语言研究的转向。[②]因此，从现象、语言与意识等方面出发对建筑本体的探索，也都在一定程度上与当代西方语言研究的关联，语言这一方面指的是较为具体的真实语言研究，特别是关注到了与语言学中句法研究的关联度；现象这方面则主要从现象学思辨角度探索现象世界、人的存在以及语言的联系与意义，语言成了存在的家园；而意识这方面研究则从主体认知角度探索内心状态、符号象征与审美经验之间的内在关系，其中涉及了语言学中语义研究方面的内容。这几个方面的研究探索也反映了传统理论研究以基本观念为思考中心的思维方式在向着更为广阔的维度发展深化。另外也有人提出，人文哲学的问题通常是由互相转换的概念作用来表现的，这些相互作用的概念即语言、世界、意识。[③]借用这些划分方式，本章从建筑的本体出发，从现象、结构这两个大的方面对建筑设计的本体理论进行探讨，其中就涉及了之前提及的种种概念和维度。

3.1　现象：存在 / 存在者

现象学（phenomenology）作为20世纪哲学的主要流派之一，在建筑和其他许多领域都有着重要的影响。西方古典思想一直在追求确定性的本质，概念先于现象，规律决定特殊。进入20世纪以来，在当代哲学特别

① Sykes A. Krista, Hays K. Michael. Constructing a New Agenda: Architectural Theory, 1993–2009[M]. New York, NY, USA: Princeton Architectural Press, 2010. Introduction: 14.
② 周宪. 世纪西方美学[M]. 南京大学出版社，1997. 18–19。
③ 方汉文. 后现代主义文化心理：拉康研究[M]. 上海：上海三联书店，2000：20。

是现象学思想的语境里，由个体的具体体验形成的认识不是由抽象的概念或规律所能决定的，这种思潮对于存在、身体这些原本隐退于抽象概念之后的范畴进行了重新挖掘与讨论。正是基于这些认识，现象学试图研究人类的经验以及事物如何在这样的经验中向我们呈现，[①]同时开始重新探讨人的存在以及与外在世界的联系。1962年两部重要的现象学作品马丁·海德格尔（Martin Heidegger）的《存在与时间》（*Being and Time*）和梅洛–庞蒂（Maurice Merleau–Ponty）的《知觉现象学》（*Phenomenology of Perception*）第一次被翻译成英语，[②]自20世纪60年代后现象学思想开始在建筑设计中产生影响，而海德格尔与梅洛–庞蒂也是现象学领域内对建筑学产生重要影响的代表人物。

受现象学思想启发，一些建筑师和理论家开始挖掘建筑与世界的内在联系，同时探索新时代建筑的本质和内涵。本书试图以现象的意义为题探讨现象学思想对于当代建筑设计思维的内在影响。需要说明的是，与现有的现象学对建筑学影响的相关研究不同，本书并没有将海德格尔、梅洛–庞蒂这两位现象学重要人物对建筑的影响分开进行讨论，而是以建筑设计为出发点将两人的思想进行一定程度的综合，从存在与知觉、世界与肉身、真理与观相、诗意与氛围这四个方面对于现象学和建筑设计思维的关联性进行讨论。

3.1.1 存在·知觉：具身认知

现象学要解决的一个长期问题是西方一直以来的精神与物理、身与心相分裂的认知问题，这种割裂也导致了两种相对立的认识与理解世界的方式。一种是经验主义式的由被动主体对外在世界的感觉形成认知的方式，另一种则是理智主义式的将预设的主观认知投射到被动世界而形成认知的方式。[③]

相比于上述两种二元分割的认知方式，海德格尔强调通过个人的经验展开对世界的理解，人们应该尝试重新建立与存在的联系。事物必须要在存在中显现，这就必然与日常生活经验的复杂性相对应。另外，海德格尔提出了“事物”（thing）与“对象”（object）的区别。他认为在西方哲学的对象概念中，个人都被作为一个独立的观察员而存在，人们往往从一个理智的与世界相分离的位置来观察周围世界，这种超然的观察者身份会从更

---

① （美）罗伯特·索科拉夫斯基. 现象学导论[M]. 高秉江，张建华译. 武汉：武汉大学出版社，2009：2。

② Jonathan Hale. Merleau–Ponty for Architects[M]. Oxford: Routledge, 2010: 3–4.

③ Jonathan Hale. Merleau–Ponty for Architects[M]. Oxford: 11–12. 梅洛–庞蒂在《知觉现象学》引论部分以“传统的偏见和重返现象”为题对于这两种切入方式进行了深入分析。见：（法）莫里斯·梅洛–庞蒂. 知觉现象学[M]. 姜志辉译. 北京：商务印书馆，2001：35–60。

抽象的层面思考问题，而将事物认识为对象减少了存在的重要性。[①]海德格尔认为人是一个在世界中存在（being in the world）的活动者，人们需要通过自身存在的活动来认知世界。[②]而现代社会的人们普遍依赖于视觉观察和抽象概念的认知方法，这就容易将建筑视为客体的对象，实际上对于空间进行数学测量只是一种基本的工具与方法，人类的感情应该在建筑空间的创造中占据更重要的地位。[③]

现象学的另一代表人物梅洛-庞蒂则基于他对身体的知觉现象学分析，提出知觉作为整个身体参与的行为，是我们对世界体验和理解的核心。梅洛-庞蒂认识到知识是由身体的认知体验开始，而通过不断发展的身体技能和行为模式人们才可能去探索和发现这个世界。[④]在梅洛-庞蒂看来，身体是知觉的主体："当我们在以这种方式重新与身体和世界建立联系时，我们将重新发现我们自己，因为如果我们用我们的身体感知，那么身体就是一个自然的我和知觉的主体。"[⑤]可以认为，主体对周围世界的认知是从身体接触的过程开始的，这种感知甚至早于用智力对事物进行各种概念划分之前。

不管是海德格尔的存在主义现象学，还是梅洛-庞蒂的知觉现象学，都为主体认知的具身化提供了理论基础。所谓具身认知（embodied cognition）

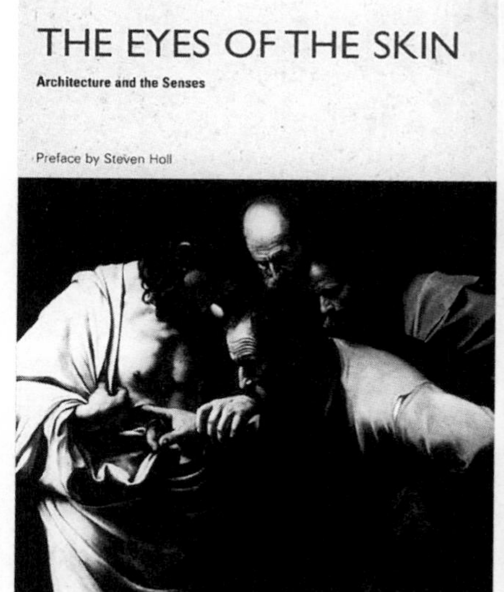

图3-1《肌肤之目》（*The Eyes of the Skin*）封面

图3-2　赫尔佐格和德梅隆设计的多明纳斯酒庄立面细部（来源：*Herzog & de Meuron 1978-2007.*）

---

① 海德格尔. 海德格尔选集（下）[M]. 北京：生活·读书·新知三联书店，1996：1167-1169。

② Charles Taylor. Overcoming Epistemology[M]//Kenneth Baynes, James Bohman, Thomas McCarthy（Eds.）. After Philosophy: End or Transformation? [M]. Cambridge: MIT Press, 1986: 432 - 433.

③ Adam Sharr. Heidegger for Architects[M]. Oxford: Routledge. 2007: 58.

④（法）莫里斯·梅洛-庞蒂. 知觉现象学[M]. 姜志辉译. 北京：商务印书馆，2001。

⑤（法）莫里斯·梅洛-庞蒂. 知觉现象学[M]. 姜志辉译. 北京：商务印书馆，2001：265。

就是指身体在认知中发挥着关键作用，身体被作为各种形式认知活动的基础，这一思想被一些研究者联系到了其他相关研究之中，包括认知科学、人工智能和神经科学等领域。[①]对建筑师而言，具身认知思想提供了对于经常被认为是无意识审美感知的一种解读，身体可以作为人们认知体验世界的一个框架。在这种具身认知的现象学语境下，对于空间的认知理解也开始有了全新的可能性。不同于传统意义上的物质空间，具身化的空间不只是位置的空间性，而是身体体验的空间性或情境的空间性。正如梅洛-庞蒂所说，身体的空间性并不像外在物体的空间或空间感觉一样是一个位置的空间性；相反，它是一种情境空间。[②]

自现象学开始对建筑产生影响起，身体就又逐渐成为建筑领域中一个重要的话题。实际上，身体与建筑的联系由来已久，有学者在探讨梅洛-庞蒂对建筑设计的影响时总结了历史上三种建筑与身体相联系的类型关系：第一种是传统的整体和谐观，即建筑形式与人身体比例有着内在的联系；第二种是关于“建筑就是身体”的隐喻关系，即通过某种移情过程把身体投入到表达性的形式构图之中；第三种就是具身化的空间，这种切入方式将建筑作为一种全新的以身体探索体验世界的方式与渠道，由此建立身体与外在世界的联系。[③]

图3-3 斯蒂文·霍尔设计的赫尔辛基当代艺术博物馆室内空间

① Raymond W. Gibbs, Jr. Embodiment and Cognitive Science, Cambridge: Cambridge University Press, 2005.
② （法）莫里斯·梅洛-庞蒂. 知觉现象学[M]. 姜志辉译. 北京：商务印书馆，2001：137-138。
③ Jonathan Hale. Merleau-Ponty for Architects[M]. Oxford: Routledge. 2010: 59-60.

具身化体验空间的方式也意味着身体认知的全方位和整体性，使用者可以用自己的身体感官去感受空间的品质与特色，这种方式必然是多种认知方式综合体验的结果。因此，不光是传统意义上的视觉体验，触觉等多方位体验都成为空间认知的新的可能方式。芬兰建筑师尤哈尼·帕拉斯玛（Juhani Pallasmaa）在即将进入21世纪时出版著作《肌肤之目》（*The Eyes of the Skin*），他在书中就提出人们应当关注视觉之外的其他感官。[①] 与这些思想相匹配，当代一些著名建筑设计师如斯蒂文·霍尔（Steven Holl）、彼得·卒姆托（Peter Zumthor）、赫尔佐格和德梅隆（Herzog & De Meuron）等都试图强调引发身体的各种体验，以此去发掘形式、空间和材料潜在的力量。他们专注于主体在建筑空间感知中的核心作用，光、声音和其他各种感官品质为空间设计提供了新的可能性。

除了身体的多种方式认知之外，对于身体体验的强调带来了对于行动过程的关注。行动是认知的必要条件，而认知也可以看作是身体行动的结果，这也带来了建筑设计中空间深度与时间厚度的加深。2015年的《建筑与移动》（*Architecture and movement*）一书对于建筑设计如何被人们的运动所激发进行了解读；[②]而斯蒂文·霍尔也经常引用梅洛–庞蒂的论述来说明运动的体验是他设计中的关键因素："在身体穿过空间所形成的重叠透视时，身体的运动是我们和建筑之间的基本联系……如果没有穿越空间的体验我们的判断将不完整，身体的变向和扭转关乎着长或短的视角，还有上下的运动，开与闭或明与暗的几何节奏，这些都是建筑空间的核心。"[③]

不管是全方位的身体感知方式，还是对于主体行动的关注，具身认知在提醒人们抽象的概念或想法不能被设定为设计的理想标准，设计者和使用者都需要通过自身的体验与经验去探索建筑的可能性。这种认知依托于身体全方位的感知方式，而无论何种方式都是通过直接的体验而不是通过抽象观测进行的。在直接的身体认知基础上，人们可以与周围的环境互动，同时根据他们自身独特的经验进行创造性的解读。

3.1.2 世界·肉身：场所精神

具身认知思想可能会使人认为现象学支持完全依靠个体意识就能进行独立的创造，实际上海德格尔、梅洛–庞蒂他们认为个人是依赖并且离不开周边的自然和人文环境的。在现象学的研究框架中，人通过自己的存在与世界联系在了一起，而现象学的基本课题就是作为显现、作为"现象"

---

① Juhani Pallasmaa. The Eyes of the Skin: Architecture and the Senses[M]. 2nd Edition. Chichester: John Wiley & Sons, 2005.

② Peter Blundell Jones, Mark Meagher (Eds.) . Architecture and movement[M]. New York: Routledge, 2015.

③ Steven Holl. Parallax[M]. New York: Princeton Architectural Press, 2000: 26.

的世界。[①]胡塞尔（E. Edmund Husserl）提出了“生活世界”这一概念，海德格尔则对于人的存在和世界之间的关系进行了论述，而梅洛-庞蒂提出的复杂概念世界的“肉身”（flesh）也试图表明身体与世界之间具有潜在的连续性。这些思想为当代人们去深入思考人、建筑与环境的关系提供了新的视角。

以海德格尔关于世界的论述为例，他认为世界并不是熟悉或陌生之物的简单聚合，“世界也并非由我们的表象加在这些给定事物总和之上的一个单纯想象的框架”[②]。人在世界之中必须要通过与周边事物的联系才能展示自己的存在，而在世界中就意味着人们居住在特定的环境之中。因此，海德格尔认为空间和场所之间是有区别的，即空间是通过数理关系加以确认，而“场所”则是通过人类的经验才能得以实现，他认为我们更应该强调场所而非空间。[③]通过与世界相联系的思想，场所的建构主要存在于心灵的归属而不仅是物质的简单建造与选址依据，其中需要依赖于每个人的个体意识、身体状况和想象。[④]海德格尔以桥梁为例来说明场所的营造，他认为横跨在水面上的桥梁不只将两岸连起来，而且将周围的各种要素聚集为有意义的环境：“桥梁飞架于溪水之上，‘轻盈而刚劲’。它并非仅仅把已存在那里的两岸连接起来。……桥以它自己的方式把天、地、神、人聚集到自身中来。聚集和召集在我们的古语中就称作‘物’。桥梁是一物，这种物就是对我们前面描述的四重性的聚集。”[⑤]可以认为，桥梁的建造就形成了将天、地、神、人聚集的场所。

在身体知觉的基础上，梅洛-庞蒂提出了“世界之肉身”（the flesh of the world）的概念，表明在身体与世界之间具有潜在的连续性。人的身体与其他物质世界分享基本的特点，构成人身体的元素和构成世界中事物的元素都是由相同的“肉身”（flesh）构成的[⑥]。这也提醒人们应该更加注意周边的环境，同时需要在自身和周围环境的相互关系上做出回应。梅洛-庞蒂同意海德格尔有关“在世的存在”的论述，但他显然更为强调身体与环境之间连续性的原始状态，这种连续性也明显优先于主体与客体人工的概念划分。[⑦]他用“肉身”来表达人们最初的具身体验，同时试图将其反

---

① （德）埃德蒙德·胡塞尔. 生活世界现象学[M]. 倪梁康，张廷国译. 上海：上海译文出版社，2005：3。

② （德）海德格尔. 人，诗意地安居：海德格尔语要[M]. 郜元宝译. 桂林：广西师范大学出版社，2000：82。

③ Adam Sharr. Heidegger for Architects[M]. New York:Routledge, 2007: 51.

④ Christian Norberg-Schulz. Heidegger's Thinking on Architecture[J]. Perspecta, 1983, 20. 58.

⑤ （德）海德格尔. 人，诗意地安居：海德格尔语要[M]. 郜元宝译. 桂林：广西师范大学出版社，2000：97。

⑥ M. Merlau-Ponty. The visible and the Invisible[M]//Followed by Working Notes. Trans. alphonso Lingis. Evanston: Northwestern University Press, 1968.

⑦ Jonathan Hale. Merleau-Ponty for Architects[M]. Oxford:Routledge, 2010: 23.

图3-4　安藤忠雄为伦敦城市中的一个场所环境设计的喷泉景观

转用于周围的世界，用“世界之肉身”来说明人与世界之间的依赖性与相互性。

与传统个体、理性、抽象、分离的思维方式相反，世界与肉身这一对概念都在强调主体与环境的不可分割，突出整体环境的情境性、综合性、具体性与互动性，而其中对于场所的重视对于建筑学也产生了重要影响。有关于场所的建筑学论述主要来自于克里斯蒂安·诺伯格-舒尔茨（Christian Norberg-Schulz），实际上现象学与建筑之间的重要早期联系就是通过舒尔茨的工作，他从海德格尔的论述如文章《筑居思》（Building Dwelling Thinking）中获得启发，形成了著名的“场所精神”思想。[①]海德格尔第一次提出《筑居思》时是作为一篇会议论文，他在标题中并未使用逗号，希望以此强调建筑、居住和思考这三个概念的紧密联系。[②]海德格尔认为建筑和居住紧密联系，同时这些活动都是通过人们对场所营造的参与以及对地方意义的探索来进行的。

受这些思想的启发，舒尔茨20世纪70年代连续发表《存在·空间·建筑》与《场所精神》等著作，在现象学框架中对人与世界、场所、建筑等命题进行了探讨。他以“场所精神”为题从精神的高度挖掘建筑创造背后的本质，希望在科学理性的世界里找到人与世界之间存在的微妙联系，进而帮助人们把握建筑与场所的本质和内涵。在《存在·空间·建筑》一书中，舒尔茨提出了“存在空间”这一概念，希望能将人的存在同建筑空间

① （德）海德格尔. 诗·语言·思[M]. 彭富春译. 北京：文化艺术出版社，1991：131−145。
② Adam Sharr. Heidegger for Architects[M]. New York: Routledge, 2007: 36.

图3-5 海天场所之间的沙尔克生物研究中心

联系在一起。[①]在《场所精神》中，他提出场所是由自然环境和人造环境结合的有意义的整体，场所是具有清晰特性的空间，同时具有精神上的意义。建筑意味着场所精神的形象化，而建筑师的任务是创造有意义的场所，帮助人们实现定居。[②]

与这些思想相关的建筑学领域中的另一个主题应该就是对于地域的讨论了。美国哲学家艾尔伯特·鲍尔格曼（Albert Borgmann）曾提出，海德格尔作品中存在地方主义与世界主义（provincialism and cosmopolitanism）的区别，其中地方主义强调的是自我的完善，依赖于浪漫的神话；而世界主义与时尚和系统相绑定，取决于以专家为代表的敬业精神和专业知识。[③]这种划分显然在肯尼斯·弗兰姆普敦（Kenneth Frampton）、亚历山大·佐尼斯（Alexander Tzonis）等人对于地域主义建筑的讨论中找到了共鸣。

现象学通过挖掘隐藏于人们熟悉的现代语言背后的含义，探索居住活动、环境与人的存在之间的关系，对于世界、肉身和场所的追问可以被看作在物质世界中挖掘存在与建筑、人与环境的基本状态与潜在联系。这显然对于习惯于将世界划分为物理、社会、精神等不同层面的人们具有启发意义，我们的日常生活世界是由具体事物组成的，而不仅是由科学的抽象或系统所能概括的。有关居住的世界是一个肉身般的整体，场所在世界中

① （挪）诺伯格·舒尔兹．存在空间建筑[M]．尹培桐译．北京：中国建筑工业出版社，1990。
② （挪）诺伯舒兹．场所精神：迈向建筑现象学[M]．武汉：华中科技大学出版社，2010。
③ Albert Borgmann. Cosmopolitanism and Provincialism: On Heidegger's Errors and Insights[J]. Philosophy Today, 1992，36（2）: 131.

开辟了一个领域，将本属于一起的东西聚集了起来，其中的建筑将取决于与相关的人及周围世界的互动关系。因此，建筑活动需要去发现场所的精神，通过深入的体验去挖掘隐含在具体环境背后的内涵特质，将人的具体生活与整体世界相联系。这种精神也将通过建筑得以保存和重新诠释，并由此延伸到未来。

3.1.3 真理·观相：建构文化

从具身认知到场所精神，现象学思想引发了建筑学领域对于主体认知与整体场所的讨论。这些讨论表明建筑需要克服纯物的封闭性，通过自身建立建筑、人与世界的联系，成为一种反映这种潜在关系的中介物。也正是从这个角度，现象学思想家们给出了自己对于建筑客体的理解。

海德格尔在《筑居思》中说关于筑造的思考并不能发明建筑理念，更别说给建筑制定规则了。[①]建筑艺术有其特定的专业问题，海德格尔的目标是不提供任何解释，而是帮助人回到真实的住所，使世界只是呈现于原本的样子。[②]他认为建筑不应该被理解为一个被赞美的对象或者一个建筑管理过程的产品，相反它是一个正在进行的人类筑居经验的一部分。他用一个“建成的事物”来形容建筑，这就意味着建筑凝聚了人们的体验和使用，而不是作为遥远的抽象系统一部分的观察对象。[③]另外，海德格尔提出作品的存在是真理的一种发生方式。[④]他认为：“艺术品以它自己的方式开启了存在者的存在；这一开启，亦即揭示，亦即在者的真理（the truth of beings）就在作品中发生。在艺术品中，存在者的真理已经自行置入作品中；艺术就是真理自行置入作品；”[⑤]“神殿矗立于它所在之处，其中就有真理的发生。因此，在作品中起作用的是真理……鞋和喷泉越单纯、真实、纯洁、朴实地化为各自的本质，众在者就越直接而吸引人地与它们的本质同在……美是无蔽性真理的一种呈现方式。”[⑥]真理就是关于存在的显露，美也正是这种显露方式之一。

海德格尔的这些思想虽然并未直接给出建筑的规则，但“真理”概念实际上对于建筑的建构活动给出了自己的想法。舒尔茨在20世纪80年代写作文章对海德格尔关于建筑学的思想进行了论述，并以海德格尔在《诗语

---

① 海德格尔. 海德格尔选集（下）[M]. 北京：生活·读书·新知三联书店，1996：1188。

② Christian Norberg-Schulz. Heidegger's Thinking on Architecture[J]. Perspecta. 1983, 20: 61-68.

③ Adam Sharr. Heidegger for Architects[M]. New York: Routledge, 2007: 46.

④ （德）海德格尔. 人，诗意地安居：海德格尔语要[M]. 郜元宝译. 桂林：广西师范大学出版社，2000：86。

⑤ （德）海德格尔. 人，诗意地安居：海德格尔语要[M]. 郜元宝译. 桂林：广西师范大学出版社，2000：80。

⑥ （德）海德格尔. 人，诗意地安居：海德格尔语要[M]. 郜元宝译. 桂林：广西师范大学出版社，2000：86-87。

图3-6 矗立在大地上的希腊神庙（来源：《西方建筑的意义》）

思》中对于希腊神庙的大段描述作为案例进行分析。他提出艺术作品是不能“表现”的，而是“呈现”的，它会使得一些东西呈现出来，而海德格尔则将这些呈现出的东西定义为“真理”，并认为建筑作为一个艺术作品“保护了真理”。舒尔茨在此基础上认为希腊神庙建筑呈现的事物包括：“首先，神庙使神存在；其次，它符合人类的命运；最后，神庙使大地所有的东西可见，岩石、海洋、空气、植物、动物，甚至是白天的光以及夜晚的黑暗。总的来说，神庙‘开辟了一个世界，同时又将这个世界重新设定在大地上’。”[①]而在解释如何使得这些得以呈现的时候，舒尔茨提出神庙“立在那里”（standing there）中的这两个词很重要，这表明神庙是建立在特定的突出地方，而正是建筑的建造使得这个场所得到了呈现。也就是说这个场所拥有一个能被希腊神庙所揭示的隐藏含义；而希腊神庙矗立在大地上、朝向天空也使得大地得以呈现。并且海德格尔还强调希腊神庙没有添加什么到已经存在的地方，而是通过自己的建造使得事物呈现它们本来的样子。

在梅洛-庞蒂的眼中，从身体的知觉开始，“肉体”这一概念意味着人的身体与其他物质世界有着相似的基本特点，在人们和周围环境进行互动时需要具有反转性（reversibility），人们在感知世界的同时也是在被感知的。这种相互性也就意味着身体的物质性和世界的物质性之间的联系，即

① Christian Norberg-Schulz. Heidegger's Thinking on Architecture[J]. Perspecta. 1983, 20: 61-68.

图3-7　由卡洛·斯卡帕设计的威尼斯小院子中的建构细节

建构活动的敏感性，这种敏感性的发展包括了对于物体的移情，即可以称之为物体的“观相”(physiognomy)；[①]他提出：“使物体恢复其具体的外貌，使机体恢复其固有的对待世界的方式……重新发现他人和物体得以首先向我们呈现的活生生的体验层，处于初始状态的‘我–他人–物体’系统”。[②]梅洛–庞蒂通过这些论述想提醒我们不能忽略日常事物更为本质与基础的一面，以此来帮助人们摆脱自上而下的主观控制与科学范式的概念化结构。所谓“观相”的反转性同时也是指体验与表达之间的反转和互惠关系，正如梅洛–庞蒂在研究塞尚时认为画家通过自己的体验与内在经验，综合了所见的事物才得以产生作品。因此，艺术家要通过制造艺术的行动去学习感知世界，而不是简单地学习如何画画。

当从绘画的经验延展到建筑的建构时，建筑师自身对于材料的经验与理解成了建造过程中的重要出发点。就像绘画笔触能记录艺术家与画之间的互动过程，建筑材料以及建造的过程同样能记录建筑师与建筑物之间的互动关系。建造的过程既是了解与挑战材料的可能性和限制，同时也可以以此理解建筑师自己的能力和局限。因此，建筑师们在意识到建筑材料自身特性呈现重要性的同时，也需要在材料和建构的表达中融入自己的理解与身体参与。弗兰姆普敦在《建构文化研究》中以路易斯·康、斯卡帕等建筑师为例，来叙述建筑师是如何考虑建筑建造的过程和细节的，他在书中还特别以建构与身体的隐喻为题对两者的关系进行了论述。[③]

而早期工作在斯卡帕事务所的建筑理论家马可·弗拉斯卡里（Marco Frascari）从另一个角度论述了建构的特殊价值，他的论文描述了视觉和触

---

① Jonathan Hale. Merleau–Ponty for Architects[M]. Oxford: Routledge, 2010: 50. 又见: M. Merlau–Ponty. The visible and the Invisible[M]// Followed by Working Notes. Trans. alphonso Lingis. Evanston: Northwestern University Press, 1968: 20.

② （法）莫里斯·梅洛–庞蒂. 知觉现象学[M]. 姜志辉译. 北京：商务印书馆，2001：87。

③ （美）肯尼思·弗兰姆普敦. 建构文化研究：论19世纪和20世纪建筑中的建造诗学[M]. 王骏阳译. 北京：中国建筑工业出版社，2007。

图3-8 卡洛·斯卡帕设计的古堡博物馆

图3-9 古堡博物馆中的建筑细节

图3-10 赫尔佐格和德梅隆设计的巴塞罗那论坛大厦建筑空间

图3-11 巴塞罗那论坛大厦建筑空间表皮细部

觉体验的联系，即一些建构的细节能有助于帮助人们在空间中的体验；他在文中对于建构技术进行了定义，认为其中包括两层相关含义，一方面是"技艺的理性"（logos of techné），即建构技术作为建筑建造的一种手段方法；而另一方面则是"理性的技艺"（techné of logos），即在建造的过程中想法和概念逐渐显现形成。①这些对建造过程、方法以及内容的论述都在阐述着建筑建构的重要作用与文化价值，正如霍尔评价《建构文化研究》一书时所说的："材料、细部和建筑结构是一种绝对的条件，而建构正是我们感知的中心。"②

海德格尔的真理与梅洛-庞蒂的观相思想都在提醒事物自身的价值在营造世界中的重要作用。可以认为，作为人们的生活载体，建筑的建构就

① M.Frascari. The tell-the-tale detail[J]. The Building of Architecture, 1984, 7: 23-37.
② （美）肯尼思·弗兰姆普敦. 建构文化研究：论19世纪和20世纪建筑中的建造诗学[M]. 王骏阳译. 北京：中国建筑工业出版社，2007。

是对于人的生活世界的建构，因此建构活动本身有其特定的价值和目的。建筑能在日常生活中帮助人们实现自己的世界，它以本真的面貌揭示了人们的生活状态以及人与世界之间的联系。建筑的建构并不仅是纯粹的技术活动，其中蕴含了很丰富的内涵与文化价值。正如舒尔茨所概括的，为了给世界即时的存在，人类必须将真理置入实践，建筑的主要目的是为了让世界变得可见，而它所呈现的世界是由它自身来提供。[①]

3.1.4　诗意・氛围：意义追寻

除了上述三方面之外，现象学对于建筑设计的启发还体现在对于建筑意义的追寻上。在以往的以形而上学为代表的思想中，抽象的普遍概念构成了对于事物的定义，而建筑无非是物质在空间上的扩展。这一理论基础导致了有关建筑经验感受的不受重视，同时使得蕴含在建筑中的意义和感性品质的损失。源自于对这种思想的批判，现象学思想家们认为现代科学技术在推动社会进步的同时，却又遮蔽了一个世界，他们质疑现代以来形成的专业实践程序，试图从一个更广泛的视角批判西方世界中的技术理性至上思想。受现象学启发的建筑理论家与设计师认为现代主义建筑不能带来有意义的栖居，而现代之后的各类型建筑也不能完全解决建筑本质意义逐渐丧失的问题。他们并不认可一些特定思潮如符号学、语言学等做出的探索，相比于特意赋予建筑的外在意义，他们认为建筑的意义应该来自于自身。于是，作为人们诗意栖居的物质载体，建筑自身的意义与人的存在联系在了一起。

海德格尔认为建筑环境的营造应该以人类经验为中心，人们获得有意义的生活需要通过他们营造的居住环境。在他关于场所营造将天、地、神、人汇聚的论述中，神就是指世界种种现象之后的神秘源泉，因此人们要对神圣的意义保持敬意。从这个角度而言，建筑师的主要任务就是根据人们的经验与体验营造居住环境，并以此挖掘每一个建筑的特殊精神。他将房子与栖居相联系，提出应当实现诗意的栖居。诗意栖居取自德国诗人弗里德里希・荷尔德林的诗，海德格尔认为建筑和住宅总是试图使存在具有意义，因此是具有诗意的。[②]这种诗意并不是通过抽象的概念或科学的方法得来的，关于诗意的体验在于每个主体身体和心灵的感受。海德格尔认为，人们通过细致分析得出的有条理结果并不一定能获得意义。对他来说，意义不是一个清晰的时刻，他最喜欢的比喻是森林中的小路。意义意味着自我开放、自我体验的可能性，而诗意则意味着通过思想和洞察力去

① Christian Norberg-Schulz. Heidegger's Thinking on Architecture[J]. Perspecta, 1983, 20: 61-68.
② （德）海德格尔．诗・语言・思[M]．彭富春译．北京：文化艺术出版社，1991:185-200。

发现一个统一的世界。①

而梅洛-庞蒂则以“氛围”（atmosphere）形容巴黎城市给予他的印象：“对于我而言，巴黎并不是一系列认知的集合。”②氛围一词可以说明他对事物最初的整体把握，同时也是他对于复杂的城市建筑背后意义内涵的一种概括。梅洛-庞蒂认为我们对于空间意义的最初感受来自于它使用的潜力，其中呈现出的是一种物质的生命活力，这也就是梅洛-庞蒂在后期“肉身”的本体论中提出的内涵意义。所谓肉体的反转性意味着身体和物体都应被看作生命体，至少能意识到彼此。③因此，建筑也可以被看作是生命的有机体，人们需要去寻找建筑物内在的生命力与意义。

与海德格尔不太类似的地方是，梅洛-庞蒂并不完全是想去寻找失去的体验、场所或意义。相反，梅洛-庞蒂是希望尝试解释意义是如何动态地呈现出来，在我们逐渐展开的身体体验进程之中意义将被发现，他为我们提供了一种向前看的意义发现方法。在梅洛-庞蒂看来，艺术家将画作为一种看世界的方法，也就是说艺术家通过绘画的活动去重新体验世界。对于观者来说，我们不是将作品视为物体，而是“根据它来看”。因此，我们可以通过体验建筑时的身体回应与直观感受去发现建筑的内在意义。

这种动态的通过体验去发现或表达内在意义的方法对于创作者而言十

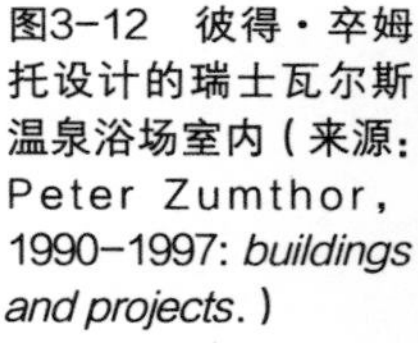

图3-12 彼得·卒姆托设计的瑞士瓦尔斯温泉浴场室内（来源：Peter Zumthor, 1990-1997: *buildings and projects*.）

① Adam Sharr. Heidegger for Architects[M]. Routledge. 2007. 86.
② Jonathan, Hale. Merleau-Ponty for Architects[M]. Oxford: Routledge. 2010: 53.
③ Jonathan, Hale. Merleau-Ponty for Architects[M]. Oxford: Routledge. 2010: 83.

分重要。思想必须要形成于表达之前是一般的认识，而梅洛-庞蒂认为事实上语言自身能将思想带入到头脑中。他在后期的著作中定义了两种语言，其中“被言说的语言”是指常规的、用于事实信息的交流，而“能言说的语言”则是指模糊信息的交流、诗意的表达以及能指与所指之间的模糊关系。[①]所谓“能言说”就为人们描绘出了一个更为抽象和模糊的形式表达方式，而通过体验去找寻自身的原始状态才有可能去表达更为潜在的与全新的意义。因此，建筑师也需要和画家一样，用身体去体验理解同样是肉体的外在事物，这样才能创造出具有内在意义与精神的建筑。

不论是海德格尔还是梅洛-庞蒂，他们的思想都在帮助我们去思考与寻找建筑的根本出发点与内在意义。现代主义以来有关建筑的意义讨论一直并未终止，舒尔茨在《西方建筑的意义》(*Meaning in Western Architecture*)一书中提出建筑使得人们的存在具有意义，建筑应该被理解为富有意义的形式。[②]美国哲学家卡斯腾·哈里斯（Karsten Harries）认为现代主义消除了建筑为人们提供场所感的那些元素与精神。[③]而坚持现象学的建筑理论家们也以意义为题坚持认为空间从开始之初就具有社会的、文化的以及语言的意义。[④]在理论家的探索之外，一些建筑师也试图通过“现象学经验”去寻找建筑设计背后的内在隐藏线索。除了霍尔之外，卒姆托也曾以“氛围”为题探索了空间和材料的潜力。[⑤]这些探索在某种程度上都是对现象学所强调的内在意义追寻的回应，他们希望人们能走出抽象与概念的僵局，回到具体的事物本身并通过主客体的相互作用去重新找寻建筑本来的意义。

近年来建筑设计的发展越来越多元化，社会批判理论、后结构主义等新的理论思潮不断出现并发挥影响；[⑥]与此同时，科技的进步使得新技术的使用在建筑设计中越来越重要。一些人对于现象学中的神秘主义倾向也提出了自己的看法。[⑦]但不可否认的是，正是在这种复杂多元的社会背景下，希望挖掘建筑本体内涵的建筑师们仍然能从现象学思想中找到现象思维独特的意义价值。

现象学思想唤起了人们运用个体经验并直接面对事物本身去挖掘建筑

---

① Jonathan, Hale. Merleau-Ponty for Architects[M]. Oxford: Routledge. 2010: 90-94.

② （挪）克里斯蒂安·诺伯格—舒尔茨．西方建筑的意义[M]．李路珂，欧阳恬之译．北京：中国建筑工业出版社，2005。

③ Karsten Harries. The Ethical Function of Architecture[M]. Cambridge: MIT Press, 1998.

④ Steven Holl, Juhani Pallasmaa, Alberto Perez-Gomez. Questions of Perception: Phenomenology of Architecture[M]. William K Stout Pub., 2007.

⑤ Peter Zumthor. Atmospheres: Architectural Environments Surrounding Objects[M]. Basel: Birkhauser, 2006.

⑥ A. Krista, Sykes, and K. Michael, Hays. Constructing a New Agenda: Architectural Theory, 1993-2009[M]. New York, NY: Princeton Architectural Press, 2010: 14.

⑦ Adam Sharr. Heidegger for Architects[M]. New York: Routledge. 2007: 23.

图3-13 彼得·卒姆托设计的德国科隆柯伦巴艺术博物馆的诗意氛围（来源：Peter Zumthor，1990-1997: *buildings and projects*）

图3-14 安藤忠雄设计的巴黎联合国教科文组织内院冥想空间的独特氛围

本体意义的意识，同时它还提供了一种将意识与事物、主观与客观世界两者相联系的思维方法。不仅如此，现象学思想与中国传统文化中的一些论述如“心物”“意境”“妙悟”等有着或多或少的联系，这无疑对于当代中国建筑实践与理论研究具有重要的意义。因此，建筑设计与现象学的结合虽未完全给出建筑发展明确的答案，但却在不断启发我们对于建筑意义、思维、方法甚至中国建筑文化的再认识，我们可以在这一研究框架中持续去探索根植于当代建筑设计中的现象意义。

3.2 结构：语言／话语

语言学对西方现代美学产生了很大影响，[①]现代之后的思想家们对语言问题的关注是空前的。20世纪60年代，美国哲学家理查德·罗蒂（Richard Rorty）明确提出“语言学转向”观点，“我们如何表述我们所知晓的世界的本质”成了哲学的新主题[②]，于是以语言学为载体的新思潮迅速蔓延到了各个思想领域。

与现象学角度探索相比，语言维度的研究更多的是从与当代语言学的借鉴和关联出发，对于建筑语言的特征与模式进行解析，其中特别体现在与结构主义思想的关联之上。起源于索绪尔的结构主义以揭示抽象的语言规则为目的，而这种语言学转向将人们从观念出发的传统方法转向了一种新的思维方式。

实际上，建筑设计理论界对不同语境中的建筑与语言的相似性问题关注也由来已久。这些建筑理论家认为，建筑与语言相类似，正如不同文化形成的语言是独特的，不同语境的建筑语言也不相同、具有特殊性。彼得·科林斯在《现代建筑设计的思想》中用“语言的比拟”为题对西方现代主义前期即18、19世纪建筑与语言之间的比拟进行了阐述。[③]彼得·科林斯认为，在18—19世纪，以语言来比拟是一个有益的向导，能实现与时代和谐并相互协调的良好建筑物；到19世纪中叶，当文学与建筑创作越来越强调个人内心感情流露时，语言的比拟再也不能作为创造一种新建筑的向导，语言比拟也不能激起与新建筑的创造了。[④] 而进入现代，从建筑语言角度切入形式美探讨在现代主义前期就已开始，如形式主义、构成主义等思潮。这些思潮在当代也得到了延续，受语言学转向的影响，一些建筑理论家再次从文本本身出发，对建筑背后的结构与逻辑进行研究。

---

① 笛卡尔开创“认识论转向”，人们不再执着于对本质的探询，继而转向人认识世界何以可能的探询。从19世纪末开始，受到索绪尔语言理论的启发，西方哲学逐渐由认识论轴心转到了语言学轴心。从形式主义、结构主义、符号学到解构主义，虽然具体观点不一，但都从不同方面突出了语言学的中心地位。海德格尔把语言视为人生存的家园，伽达默尔同样把语言置于解释学美学的中心地位。朱立元．现代西方美学二十讲[M]．武汉：武汉出版社，2006：3。

② Richard M. Rorty（Ed.）. The Linguistic Turn: Recent Essays in Philosophical Method[M]. Chicago: University of Chicago Press, 1967.

③ 彼得·科林斯认为，和当时热衷于将建筑与生物或机械相比不同，将建筑比拟于语言正是因为语言具有独特性，包含了人类感情、承载了不同的文化。建筑风格的形成不在于特殊的组成部分，而在于各部分之间的巧妙组合。在与语言的具体比拟中，有西方学者将建筑的组织性与语言文学如诗歌相比、将建筑的乡土特征与口头语言相比拟，并提出“写作”可被用来表明装配这些组件成为一个建筑整体的手段。（英）柯林斯．现代建筑设计思想的演变[M]．英若聪译．北京：中国建筑工业出版社，2003：168−175。

④ （英）柯林斯．现代建筑设计思想的演变[M]．英若聪译．北京：中国建筑工业出版社，2003：176−177。

当代实现了从语言到话语的突破，这也意味着对所谓“语境”的关注。形式语言之外的建筑创作主体与创作语境开始被关注，形式语言与创作者主观意志相联系，这就使人们对创作者直觉、情感等因素在美的创作中的重要作用有了认识。从语言到话语，意味着原先具有明确意义的形式语言变得不再确定，同时也意味着美的客体与主体之间、创作者与观赏者之间开始整合，建筑美的创作、欣赏出现了综合整体化趋势。①这一趋势可以避免建筑形式与内容的割裂，重新整合种种与形式相关的要素，为建筑形式发展找到充分的逻辑，使人们能充分理解、欣赏建筑形式。哈贝马斯曾提出通过理性的交往行为达到理解形成共识，用话语代替语言，也就是充分关注语言背后的种种要素，这为当代建筑创作与审美提供了一种思路。在搁置对美的本质问题直接探寻之后，可能这一稍显间接、较为迂回的解决方案更能接近美的核心。

始于结构化的语言，而发展至更加注重话语情境的种种思想，注重本体挖掘的理论家与设计者们在这一对概念中进行了种种尝试，本节就将从句法、语义、后结构与超现实这几个方面对这一维度进行介绍。

3.2.1 句法：深层机制

早期语言学的研究成果主要着重于描述性的作用，阐述语言与思想、生物和语言结构的因果关系。当时结构主义语言学的代表人物索绪尔主张研究语言学首先是研究语言的系统结构，他对语言学的研究范围进行限定，将语义（semantic）与句法（syntactic）分离开，从而使语言学成为一个独立的，主要关注句法的领域。他以语言和言语的区分为基础，剔除了非语言的复杂因素对于语言研究的干扰，提出语言学要就语言而研究语言。②

另一位研究者艾弗拉姆·诺姆·乔姆斯基（Avram Noam Chomsky）则坚持探索语言的深层结构，并试图构建具有可验证性的规则与模型，他认为这种探索显然比原先强调即时语境的研究提供了一个更柔韧、跨学科跨多领域的方案，这也可能会为许多其他问题自动提供解决方案。他在20世纪50年代出版了《句法结构》一书，提出以“深层结构”为基础表达人们的思想，而任何“表层结构”都是某种“深层结构”的表现。乔姆斯基这种结构化的探索深层语言规律的尝试显然给建筑与城市研究者们以启发。正是因为与结构相联系，一些具体的变化可以被忽略，这也让人们更多地

---

① 不少美学流派都注意了对研究对象（包括作品、创作主体和鉴赏主体）作综合的、统一的把握，而防止把三者割裂开来进行孤立的研究。蒋孔阳，朱立元．西方美学通史 第7卷 二十世纪美学（下）[M]．上海：上海文艺出版社，1999：951-952。

② 语言分共时和历时，索绪尔认为能指与所指之间的关系是任意的，没有必然的对应性。（瑞士）费尔迪南·德·索绪尔．普通语言学教程[M]．北京：商务印书馆，2009。

去关注语言的基本结构与组织方式。这种思维方式也使得建筑可以在与语言的比拟中获得了新的自主性。

这一思想体现出了强烈的结构主义色彩，结构主义是20世纪西方哲学的重要潮流，认为深层的稳定结构是决定事物属性的基础。结构是一个包容着各种关系的总体，这些关系由可以变化的元素构成，深层的结构与变化的要素共同构成了结构的整体。当时多个新兴学科如语言学、心理学、符号学、人类学等都不同程度地接受并使用了结构主义的理论与方法。在语言学研究中，索绪尔提出语言是一个完整的体系或系统，而构成这一系统的元素是各自独立又相互制约的实体。也就是说，结构主义强调的是事物的整体性，希望能找寻现象背后的逻辑关系与深层结构。

结构主义语言学思潮对西方建筑设计理论产生了较大影响，在20世纪后半段以来的建筑理论探索中，出现了大量与结构主义以及语言学有关的概念定义，如“类型学”“句法”“结构”等。同一时期也出现了大量以语言为题的建筑理论方面的研究著作，在1977年这一年就出版了三部相关的建筑理论经典之作，包括克里斯托弗·亚历山大（Christopher Alexander）的《模式语言》（*A Pattern Language*）、查尔斯·詹克斯（Charles Jencks）的《后现代建筑语言》（*The Language of Post-Modern Architecture*）以及布鲁诺·赛维（Bruno Zevi）的《建筑的现代语言》（*The Modern Language of Architecture*）。而曼夫雷多·塔夫里（Manfredo Tafuri）对于这种语言学倾向的建筑思考进行了论述，并发表《卧室中的建筑》（*L'Architecture dans le boudoir*）一文，文章的副标题就是“批评的语言和语言的批评”（The Language of Criticism and the Criticism of Language）。需要说明的是，这些著作虽然都涉及了建筑与语言的相关性内容，但实际切入点各有不同。如果还是从结构主义式的特别是句法这一维度进行建筑和语言关系探索的话，就不能不提到其中最为知名的代表人物罗西与埃森曼。

阿尔多·罗西（Aldo Rossi）在1966年出版《城市建筑》（*The Architecture of City*），他提出了类似性城市（Analogous city）的思想，关注普遍和永恒的建设方式之后的基本规则。他试图从建筑内在的特质出发，在建筑自身的形式类型中寻求创造形式的源泉。类型这种结构化的思维方式将建筑对象分解为各个组成部分，然后重新组合以形成新的整体。同时类型也是一种设计观念与设计方法，它提醒人们关注自身生存的环境，从环境与文化中提取设计语言，寻求自身语境中的合适空间语言表达。当然，类型也只是建筑深层结构的一种解读，同时也是建筑可能的变换与发展的一种媒介。

另一位代表人物彼得·埃森曼（Peter Eisenman）联系了诺姆·乔姆斯基（Noam Chomsky）的深层结构理论，强调了建筑的抽象性和概念基础；他在20世纪70年代发表文章《从物体到关系》（*From Object to Relationship*），

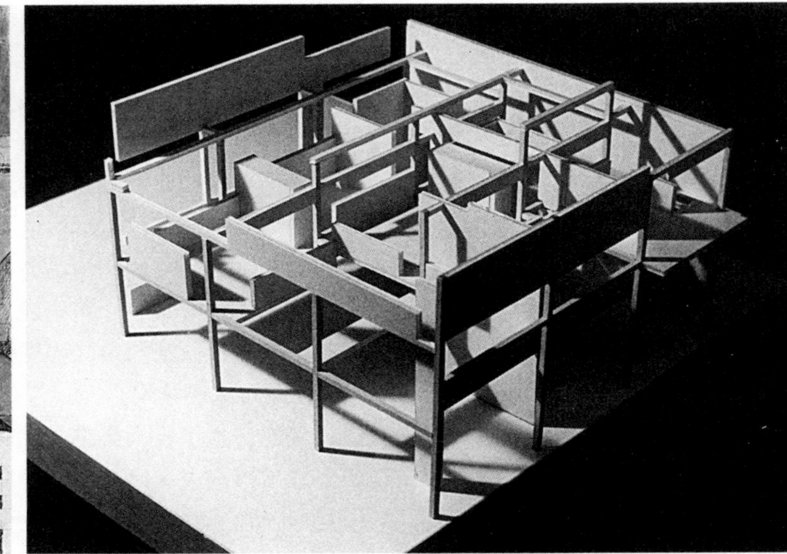

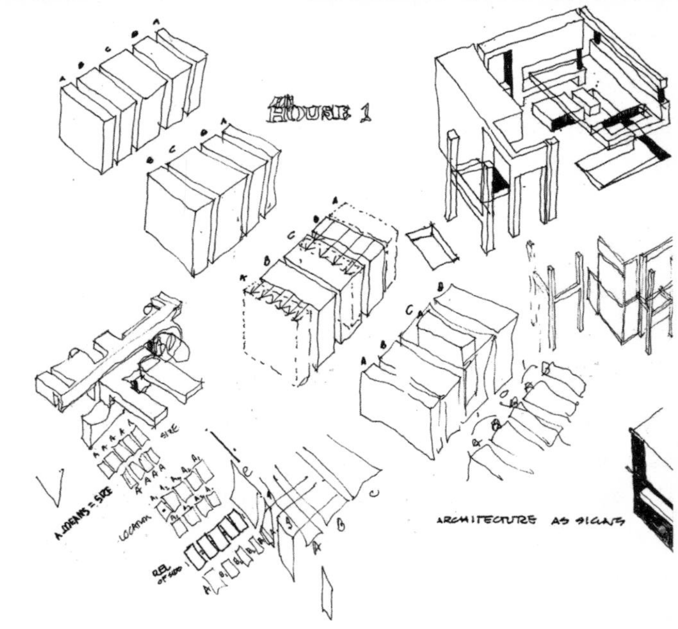

图3-15 阿尔多·罗西的设计草图（来源：https://www.metalocus.es/en/news/italian-tendenza-centre-pompidou）

图3-16 彼得·艾森曼的建筑设计作品模型（来源：https://www.an-onymous.com/peter-eisenman/）

图3-17 彼得·艾森曼的设计草图（来源：同上）

里面推崇了乔姆斯基针对语言学的研究成果，文章的标题与主要观点实际上也体现了语言学自身研究的进展。他在文中提到："表皮的一方面主要关心的是对象的感觉品质，即表皮、纹理、颜色、形状等方面，这些造成的是感性知觉的反应；还有深层次的一方面即概念的关系，这不是能通过感官感知的；例如正面性、倾斜度、后退、延长、压缩和剪切，这些是被头脑理解的。这些属性带来的对象之间的关系，而不是物品本身的物理存在。……在这里，语言的类比或更具体地说是与乔姆斯基的工作的类比是重要的……本文将首先关注的是，在建筑的表面和深层面之间的关系的特性。如果这些深层次的方面都可以得到，然后有需要开发从具体形式到形式的共性派生与关联的转换方法。这些转换设置方法可以将形式规律转化为特定形式。”[①]他将建筑形式语言视作为与外在世界无关的独立语言体系，剥离了这些语言的语义部分，去探索语言之间组织与联系的深层结构以及生成过程。

这种以建筑语言特别是句法为主题的研究，都倾向形成自己最小的、生成性的逻辑概念，当然这些所谓的“普遍主义”又因为每个研究者各自的角度而有着鲜明的个人特质。而对于构成建筑与城市整体结构体系的关注，强调了在了解基本元素的基础上对元素相互关系挖掘的重要性。这一思想采用了结构主义的切入视角与研究方法，讲究对整体的强调，认为通过对元素及其相互关系的深入挖掘才能解释整体。他们认为只有抽象和综合提取出结构，才能使得特殊情况和掩盖本质的那些现象消失，也才能够弄清外在表现完全不同的形式之间的深刻联系，进而解析建筑形式之后深刻的统一性。

不过对于建筑设计中“语言的转向”的评价并不都是正面的。塔夫里认为语言的转向并不成功，[②]同时他认为罗西的类型学并不能重建建筑学而是相反。[③]这些反对意见认为从语言角度的尝试都是在从真实中提取出重复的可操作语言，实现了相对自洽、结构化的系统。但与此同时，建筑中所需要体现的对于社会需求的应答，以及对于真实的复杂状况的回应都有所损失。有学者在对俄罗斯建构主义的研究中提出，当时的一些尝试与20世纪末期的探索有相似之处。[④]也正是从这个角度出发，有人认为埃森曼的一系列工作被看作是借用新的术语如乔姆斯基的语言学研究来打扮旧的启蒙主义。[⑤]

即使如此，正如埃森曼所说的，他在努力建立一个“(通用)的建筑形式，可以作为沟通的基础术语，无论是在老师和学生之间，建筑师和业主之间，还是在评论家和公众之间”[⑥]。因此，这些尝试是希望通过挖掘与建构内在结构说明事物自身的逻辑规律，同时还要能将这一结构清晰化并

---

① Peter Eisenman, From Object to Relationship II: Casa Giuliani Frigerio: Giuseppe Terragni's Casa Del Fascio[J]. Perspecta, 1971, 13/14: 38-40.

② K. Michael Hays. Architecture Theory Since 1968[M]. Cambridge: MIT Press, 1998: 146.

③ K. Michael Hays. Architecture's Desire: Reading the Late Avant-Garde[M]. Cambridge: MIT Press. 2009: 9.

④ Catherine Cooke. Fantasy and Construction—Iakov Chernikhov[J]. Architectural Design, 1989, 59 (7-8).

⑤ Arindam Dutta (Ed.).A Second Modernism: MIT, Architecture, and the 'Techno-Social' Moment[M]. Cambridge: MIT Press, 2012: 48.

⑥ Peter Eisenman. The Formal Basis of Modern Architecture[M]. Donauwörth: Lars Müller Publishers, 2006.

成为可以转换或生成的一套基本法则。这些建筑理论家与设计师试图挖掘建筑现象背后的深层机制，他们用句法等结构主义语言学思想来重新阐释建筑的逻辑与审美，正如语言后面有一套标准与系统，建筑形式背后也存在着一套标准。他们希望寻求建筑语言的基本结构与组合原则，以此理性地限定空间组合的可能性，这种执着于深层机制的探索确实为建筑本体的挖掘提供了有益的启示，同时也为建筑设计自身逻辑的梳理与建构提供了一种可能。

3.2.2 语义：符号意义

20世纪60年代以来，伴随着对于现代主义建筑模式的反思，众多建筑理论家与设计师从符号学角度对建筑设计与审美的内涵进行了探索，这种探索恰好与之前纯粹地从句法角度进行研究建筑语言形成了对照，更多反映的是从建筑的语义角度去阐释建筑的符号意义。这种鲜明的对比也正好可以由两派鲜明的论战反映出来。1969年，罗伯特·斯特恩（Robert A. M. Stern）在《美国建筑的新方向》（*New directions in American Architecture*）一书中提出，现代之后的新一代建筑师出现了，包括文丘里、查尔斯·摩尔等人[①]。1972年，《建筑五师》（*Five Architects*）出版，之后斯特恩等人又写文章《五对五》（*Five on Five*）进行回应，这也宣告了现代之后两派理论思想争锋的开始。这两派分别是以“纽约五”为代表的白派和以文丘里为代表的灰派，两派都集中在美国东海岸，白派人物在康奈尔、库伯联盟和普林斯顿等大学教学，而灰派则在宾夕法尼亚、耶鲁、哥伦比亚等大学教学。两派的思想都源自于对于建筑本质的再思考，都试图追寻新时代下的建筑内涵与意义，同时均与语言学有着很深的联系，不过白派更多的与句法挖掘相联系，而灰派则更多地考虑建筑语义的问题，并且灰派的建筑思维与西方符号学研究有着莫大的联系。

20世纪初，索绪尔提出了符号学学说，并定义了符号的能指与所指，能指是指符号的形象；所指则是指符号所代表的意义；美国学者莫里斯也将符号学分成了三个部分，即符用学、符构学和符义学。卡希尔则从文化象征的角度来看待符号，文化是符号的形式，人类活动本质上是一种符号或象征的活动。苏珊·朗格在这一方面进一步发展，将符号分为了自然符号与人工符号，其中的人工符号又可分为理智符号和情感符号。

受这些符号研究思想的启发，现代主义之后的一些建筑师与理论家试图把建筑再次纳入到历史与文化的历时背景中，将建筑语言和符号作为扎根于具体语境和社会文化的实践，而不仅仅是满足于句法自洽的共时结

---

① Robert A. M. Stern. New Directions in American Architecture[M]. New York: George Braziller, 1969.

图3-18　新奥尔良市意大利喷泉广场对传统古典建筑符号的使用（来源：*Styles, schools and movements: an encyclopaedic guide to modern art*）

图3-19　伦敦保得利大厦将传统建筑符号与现代相结合

构。罗伯特·斯特恩在20世纪70年代继续发表有关灰派建筑的文章，杰弗里·勃罗德彭特（Geoffrey Broadbent）在1977年也发表关于建筑符号理论的文章，[1]这些都强调了建筑不可避免的语义维度。

实际上，这一派的思维还是源自于对现代主义运动导致的建筑象征意义丧失的思考，灰派的代表人物之一查尔斯·摩尔在1965—1970年之间担任耶鲁大学建筑学院院长，在2001年出版的论文集中收录了他1965年的文章《公共生活的代价》（*You Have to Pay for the Public Life*），文中他批判了传统城市公共生活在现代城市中的缺失[2]；而文丘里则是在1966年完成了《建筑的复杂性和矛盾性》，希望能以此找回建筑的意义，他更是直接点明自己的观点，认为混杂多元比纯净简洁更为重要。在对建筑形式探索和意义追寻之后，有关建筑的象征意义和美学品质越来越被重视。在查尔斯·詹克斯看来，这种趋势可以用后现代建筑加以概括总结；1977年，他的《后现代建筑语言》（*The language of post-modern architecture*）一书出版，明确提出了后现代建筑这一概念。查尔斯·詹克斯在《后现代建筑语言》中将建筑与语言相联系，并且从隐喻、句法与词汇这三个方面进行了论述。

从语义角度探索建筑符号的意义，也是希望能实现超越个别的普遍形式。符号可以被看作人们认知世界的一种手段，它可以把历史、活动、情绪等转化为实体的符号。与从句法角度出发对于建筑语言进行探讨相比，

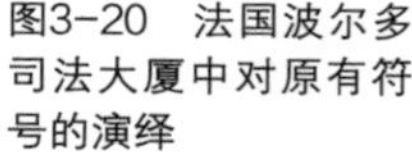

图3-20 法国波尔多司法大厦中对原有符号的演绎

① Geoffrey Broadbent. A Plain Man's Guide to the Theory of Signs in Architecture[J]. Architectural Design, 1977（7）: 474-482.

② Kevin Kein（Ed.）. You have to pay for the public life: selected essays of Charles W. Moore [M]. Cambridge: MIT Press, 2001.

这一维度更关注指示物与所指之间的关系，希望去探索建筑语义的规律与机制，以此去重新构建建筑的意义。但不管是那种切入方式，这些研究都在试图找寻建筑语言内在的结构逻辑，并以此作为建筑设计与创新的依据和出发点。

有学者曾深入分析语言学给予其他学科启发的七个原因：一是语言学提供了较为实用的分析模型，使得现象的形态部分可以被解析成更简单的一套规则组件；二是提供了语言组件的顺序以及相应的各种不同功能；三是语言学模型的“结构主义”倾向，在实体之间析取任意和主观的关系（例如能指和所指之间），从而使现象合成，并易于控制并重建新的实体；四是以语言、思想、行为等的“陌生化”方法论前提，提供给专家所需要的认识权威；五是还原机制，从而提供语言学的一个额外的权威优势，通过其专业技术可以建立通过计划生成的框架，从中最小的一组规则会产生一种语言的总体性。这也会成为专家的重要工具，无论多么复杂的现象，由语言学类比形成的专门知识就可以通过一些确定的规则以及有限集合进行解释；六是“转换”规则的建立，从而可以使用系统思维来解释并改变语言自身；七是语言使用的要求为专家提供了合法性的无限研究可能。①

语言的类比确实为建筑设计的本体探索提供了新的可能性，但也需要看到，这些研究试图将建筑设计演变为结构化的方法，这种尝试在一些设计师与理论家看来还并不能包含建筑的所有方面，这种从内而外、追求整体性的方案并不是追求建筑本质的唯一方式。②不仅如此，进入当代之后，在各种新的思潮冲击之下，句法和语义这两种都有着结构主义语言学色彩的追求建筑本体的切入方式实际上都日渐式微了。但作为现代主义之后对于建筑本体追寻尝试的重要代表，句法或语义思维还是能在当代多维的语境之下，启发着我们对于建筑深层逻辑的思考。

3.2.3　后结构：差异视角

从语言出发追寻建筑本体思维的愿望在现代之后的一段时间被大量研究者认可，他们希望在建筑与语言之间的类比中寻求建筑设计的发展。但是，这种强调结构的研究的缺陷又是显而易见的，如此结构化的抽象语言并不能说明复杂的语言现象与生活情境。于是，越来越多的人开始相信，作为一种活动的语言，必须在一种交流情境或语境中加以分析。这样一

---

① Arindam Dutta（Ed.）. A Second Modernism: MIT, Architecture, and the ‘Techno-Social’ Moment[M]. Cambridge: MIT Press, 2012: 44-45.

② 在塔夫里看来，这种对于语言学的参考只不过是“唯我论”。对于一个程式化的现代主义而言，语言和系统的分析是在现代之后非常重要的获得新的专业化的手段。Arindam Dutta（Ed.）. A Second Modernism: MIT, Architecture, and the ‘Techno-Social’ Moment[M]. Cambridge: MIT Press, 2012: 47-48.

来，结构化的语言理论便转向相对解构的话语理论。在结构主义的层面，人们强调的是对于作为本体的语言的关注以及对于语言背后深层逻辑的挖掘；而到了解构主义的层面，则是从存在的高度对语言的对话机制进行了界定，强调的是多元异质的话语情境与差异化的视角。

于是，在结构主义思潮之后，更有颠覆意义、更具冲击力的解构主义登上了舞台。这一思潮强调对于原有整体结构关系的解构，更具有反传统的性质，这一思潮也成了当代西方思想的代表之一。

这一思潮对传统语言学结构主义的视角进行了反思与突破，反对结构主义片面强调结构化、中心化和二元对立而无视相对性和差异性，这就为多元的、非中心化的解构思想建立了基础。这种思维观反对结构的稳定性、能指与所指的统一性，而是提倡非中心化与多元化，更加强调语言的对话情境。这就使得人们从传统的工具式的语言本体论中摆脱出来，同时强调对话也是与当代社会多元和鼓励差异特色的精神是相对应的。于是结构主义的整体性、公式化与深层机制被解构主义的片段性、差异化与多元理解所代替。在结构主义看来，结构是不变的、永恒的，是可以作为评判与生成的基本规则的，而解构则是对于结构的不变性的否定，对于世界的理解本身就意味着重新地建构，原有结构可以作为再次建构的参照而非范本。

从结构到解构的这种变化可以从罗兰·巴特（Roland Barthes）思想变化中解读出。罗兰·巴特早期信奉结构主义思想，他借鉴索绪尔关于语言与言语的论述，认为语言结构是文学作品结构的基础，将索绪尔的语言符号理论运用于各种文化现象的研究上。罗兰·巴特后期则转向了解构主义，认为结构主义所认为的整体性与不变性已经瓦解，结构具有了开放与变化发展的意义。他提出了惊世骇俗的作者之死的观点，认为当代的写作方式是一种“不及物的”方式，即需要指向写作自身，强调语言的随机性与多义性；他希望能打破创作主体对意义的控制，使得文本和写作更加开放和多元，并认为读者不是被动地接受文本，而是主动地在阅读中介入作品的再创造，达到审美和个人主观享受的融合与统一，并以此实现将写作、作品和阅读从独断论中摆脱出来。[①]于是，作品的意义不再是单一的，也不是由创作者预先设定的，而是一个不断变化的过程，需要创作者与接受者共同完善。

而解构主义重要代表人物雅克·德里达（Jacques Derrida）认为索绪尔的语言学与结构主义都并未超出中心化的叙事方式，他反对这种在场的形而上学，认为作品应该保持开放的状态，甚至受众的欣赏也是创造的过程，因此文本的解读总是未完成的、不确定的。他通过将本体分裂与消

① 汪民安. 罗兰·巴特[M]. 长沙：湖南教育出版社，1999：314-317。

解，揭示文本内在包含的问题与矛盾。他提出颠倒语言顺序，以此表明语言没有超验中心的本质，任何中心式的存在都应被否定。在德里达看来，意指活动与痕迹有关："正是在这种印记和痕迹的特殊领域中，在既不属于现实世界，也不属于另一个无声无光，既不存在于时间也不存在于空间的世界的活的经验的时间化过程中，各种因素之间的差别表现出来。"①痕迹意味着差异，而差异正是解构的内在价值基础。但德里达为了表达对于多元差异的重视与解读，使用了他自己创造出的"延异"（différance）这一概念，而"延异"中延迟与差异的潜在含义也成了理解他解构思想的可能路径。"延异"这一复杂概念的一种阐释是："延异使意义的运作及运行变得可能，但条件是，每一项'在场'的元素都要跟它自身以外的其他事物产生关系，从而令它自身保存着过去的元素所留下来的标记，而它自身已经被它与未来的元素的关系所标记和玷污；这玷污的痕迹，与被称为未来的事物有关，但也与所谓的过去有关，最后更因着现在与非现在，及其绝对他者的关系，构成了所谓的现在。"②除此之外，他也认为符号与意义并不存在对应的关系，唯一并确定的意义也不存在，读者可以根据自己的阅读得出不同的意义。

这些新的思想理论直接成为寻求突破的建筑理论家和设计师的思想后盾，为新建筑理论的形成提供了支持。在解构了传统的意义体系之后，一切变得不确定与混杂。与此同时，一些人则对多样化的复杂形式展开了试验。1988年，在MOMA举办的解构建筑展就呈现了这些建筑师的工作，这些建筑师包括弗兰克·盖里（Frank Gehry）、丹尼尔·里勃斯金（Daniel Libeskind）、雷姆·库哈斯（Rem Koolhaas）、彼得·埃森曼、扎哈·哈迪

图3-21　彼得·艾森曼在哈佛做的建筑实验（来源：*Instigations Engaging Architecture Landscape and The City*）

① （法）德里达. 论文字学[M]. 上海：上海译文出版社，2015：92。
② （英）罗伊尔. 思想家和思想导读丛书：导读德里达[M]. 重庆：重庆大学出版社，2015：83-90。

图3-22 法国巴黎拉维莱特公园建筑设计

图3-23 拉维莱特公园中的建筑

德（Zaha Hadid）、蓝天组（Coop Himmelb (l) au）、伯纳德·屈米（Bernard Tschumi）等人。他们试图通过复杂陌生的形式来实现对以往建筑文化的超越，展览策展人之一马克·维格（Mark Wigley）就认为20世纪70年代见证了新的不和谐文化的诞生[①]。以其中十分著名的丹尼尔·里勃斯金为例，他鼓励学生从超现实主义艺术如乔瓦尼·巴蒂斯塔·皮拉内西的作品中找寻灵感，去发掘复杂建筑形式背后的深层意义。而埃森曼与德里达合作也

① Luigi Prestinenza Puglisi. New Directions in Contemporary Architecture[M]. Wiley: John Wiley distributor, 2008: 18.

强调不断突破旧的结构体系，创造新的建筑空间。这些解构主义建筑中的原有建筑空间“结构”被打破，创作者高举解构大旗对结构进行反叛与超越，强调空间形式的无中心性，形成散乱、突变与动态的形式特点。

德里达谈到新时期的开始时认为这是一个以解构为主题的时代，但他并不认为新时期将是被“解构”观念所统治，而仅仅是“以解构为主题”，“是由一组开放性语境的特征决定的”。①这意味着解构并不能像其他更为宏大的思想理论一样占据某种主导地位。事实上，德里达所提出的未来文化具有的多元化的特征，这一差异化的视角也许是德里达所谓解构思想最重要的意义所在。

解构的思想以及由此形成的建筑形式虽然过于片段化，但却鼓励着人们用新的差异化视角切入思考。这种思维方式能够提供一个新的框架来重新解读人、建筑与环境之间的内在机制。此外，其中对于世界复杂性的揭示也可以帮助人们从不同的角度去观察与理解建筑的定位与作用。因此，解构虽然不是一种完全建构性以及具有传统理性意义的方法论，但这种差异化的视角却提醒人们应该更为开放地去理解和包容当代的多元状况，每个个体也可以根据自己的理解来阐释对于世界的认知。与之相对应，当代的审美意识与价值确实在不断变异与重构，形式背后的意义以及有关审美的固定标准不再确定，全新的范畴与思潮不断涌现，这些变化也为当代的建筑设计思维与审美发展提供了多元化的可能，同时也为研究者与设计者提出了更高的要求，即如何在差异化之下寻求未来的可能共识。

3.2.4　超现实：情境想象

除了以语义为研究对象、通过对符号学的类比展开对于人的意识与社会象征以及建筑之间联系进行挖掘之外，还有的建筑理论家则从更为深奥与隐晦的精神分析角度展开对于建筑深度的挖掘。与能直接借鉴符号学研究成果不一样，这一方面的研究并没有系统完整的相关理论可以直接参照。一些建筑理论家与建筑师只是借鉴了西方经典精神分析学理论如弗洛伊德、荣格与拉康等人的论述来阐述对于建筑作品的理解。这种解读虽然没有前面几种切入方式系统，但却是较为深度的与建筑本体探索相联系的一种尝试。

曾经编辑出版《1968 年以来的建筑理论》（*Architecture Theory Since 1968*）的美国建筑理论学家迈克尔·海斯（K. Michael Hays）在进入新世纪完成了一部有关建筑设计理论的专著，题为《建筑的欲望：解读新先锋》（*Architecture's Desire: Reading the Late Avant-Garde*），他选取了现代主

---

①（法）雅克·德里达. 解构的时代[J]. 现代外国文摘. 1997（1）：45。

义之后的一个特定时期即20世纪60—80年代的几位建筑师为研究对象，并借鉴了拉康的理论对这几位建筑师的思想进行了解读，审视了建筑作品与真实世界之间的关系，以及建筑是如何作为对于真实的象征而存在的。

根据这种解读，建筑不只是作为建筑艺术或建筑实践，而是作为一种与现实呼应作用的方式，同时建筑还可以作为社会秩序的符号以及社会符号的产品。根据书中的论述，建筑的主要任务是概念以及主体的确立，建筑设计过程是由一系列的对于现实的形式象征操作构成，正如拉康所言，这是一种对于真实社会现状和矛盾的想象的解决方案。[①]建筑不是作为客体，而是作为一个象征的系统——一套感知和建构身份认同和差异的方法而存在。与早期的先锋相类似，这些建筑师也在追求所谓的“自主性”，但他们显然在建筑概念与实践的结合的探索方面走得更远。他们排斥消费主义，试图通过自己的探索与实践去守护某种专属于建筑的神秘特质或某种精神内核。海斯在书中提出，建筑的必要性是抓住某种不在场的东西，去探索或定义种种潜在的条件。[②]

在海斯的研究框架中，法国思想家拉康的理论具有极为重要的意义。拉康是法国一位重要的思想家，他的种种理论对于当代西方思想界有着重要影响。拉康认为主体是虚幻的、自我分裂的，是由想象界、象征界、现实界三方制约形成的。拉康的著作一向以神秘、隐晦著称，文字读来艰涩难懂。而迈克尔·海斯为了表达建筑的神秘性，该著作的文字同样体现出了一定的内在意蕴，除了标题以建筑的“欲望”为题外，书的主要章节分别以具有一定意蕴的简要词汇为题。这种思维希望能深入地思考有关建筑的本质问题，并通过引入拉康有关于主客体关系的镜像理论从更深层次的现实与想象的关系讨论建筑。

如果以之前的现象维度以及语言维度特别是句法角度的探索作为对照的话，以语言学为参照对象还是在以结构与逻辑的角度来构造建筑语言规则，其中强调的是一种较为理性的思维方式与结构框架；而以现象学为参照对象则是从直面现象与存在的角度来重构人与建筑的关系，其中强调的是一种主体直觉的思维方式。而在想象与现实这一思维框架下，有关建筑的常识与逻辑只是思考建筑的基本起点，而有关场所的主体直觉也只是这一框架中的一个方面，在想象与现实之间，建筑成了一种具有神秘气质与生命特征的特殊存在，而建筑审美也到达了一种容纳现实与想象的模糊境界。在笔者看来，这方面的建筑思想与实践并不是很系统，但它们确实提供了一种人们重新认识建筑世界的思维方式，这种独特的思维方式既不

---

① K. Michael Hays. Architecture's Desire: Reading the Late Avant-Garde[M]. Cambridge: MIT Press, 2009: 1.

② K. Michael Hays. Architecture's Desire: Reading the Late Avant-Garde[M]. Cambridge: MIT Press, 2009: 12.

图3-24　海杜克“柏林假面”模型（来源：*Sanctuaries: The Last Works of John Hejduk*）

图3-25 1964年Archigram设计组“行走城市”概念方案，尝试对现代主义国际式建筑进行反叛和超越（来源：*Styles, schools and movements: an encyclopaedic guide to modern art*）

图3-26 彼得·库克的“即时城市”想象（来源：http://www.bmiaa.com/instant-city-travelling-exhibition-now-at-college-maximilien-de-sully/）

是实证的，也不是完全基于逻辑的高度抽象，同时也不是通过符号的简单形象类比，建筑概念的生成可以没有现实的参照而仅仅是个人化的想象定义。这种接近于超现实的思维方式为人们探索建筑设计思想的边界提供了可能。

在这种思考中，解读建筑并不完全依靠抽象思辨，同时也需要独特的个人体验与感性想象。这种从新的角度来阐释建筑的神秘性与人格化审美价值的思考在对于约翰·海杜克（John Hejduk）一章论述“相遇”（encounter）中体现得淋漓尽致。从拉康的凝视观来看，海杜克的建筑是一

图3-27　彼得·库克维也纳经济商业大学法律系系馆设计

种有关主客体之间的遭遇，建筑在某种程度上甚至人格化了。[①]

在迈克尔·海斯看来，海杜克早期的思想和实践也在试图探讨过去和未来、平面与深度、透明与模糊这些有关建筑的基本命题，并将一种容纳一系列事件、空间和时间为一体的时空装置作为基本机制，这也贯穿了海杜克的职业生涯。[②]而在论述海杜克的“墙宅”（wall house）的时候，迈克尔·海斯认为单从建筑固定的形式语言是无法完全分析的，而必须借助于心理和情感的力量。

在这一空间内，观看建筑的主体不仅仅是一个物体的观察者，在相遇

① K. Michael Hays. Architecture's Desire: Reading the Late Avant-Garde[M]. Cambridge: MIT Press, 2009: 89.

② K. Michael Hays. Architecture's Desire: Reading the Late Avant-Garde[M]. Cambridge: MIT Press, 2009: 91.

的那一刻主体也由建筑所产生。这种对于建筑的解读又可以用到拉康关于凝视的理论。在这种情境下，建筑与人、客体与主体似乎融为一体了。建筑更像是提供主客体之间互相凝视的装置和舞台。建筑在某种意义上成了具有超现实主义氛围与情绪的场所空间。为了更好地说明海杜克的这种具有神秘性的尝试，迈克尔·海斯将埃森曼、罗西与海杜克进行了对照。他认为埃森曼对于建筑思想与实践的种种尝试可以被称作为建筑的哲学范式，而与之相比较，海杜克可以被认为是一种完全相反的文学范式，是在“各种凌乱的透明度和折射率之下对于不同类型的话语、参照或项目的累积”①。迈克尔·海斯认为，这样的空间处理与罗西的类型有着类似之处，但罗西的系统主要关注的是对象形成的过程，而海杜克则更多关注主体形成的事件。罗西不断使用经久不衰的类型，一种类型从未只出现一次；为了成为类型，一种元素必须具有不变的特征，并在早期和后期的实例中具有可比性。而海杜克则在建筑元素的重复中引入了一个更为异质性的维度，在不同时期并没有完全能被感知到的相同元素。这种异质与凌乱甚至神秘的感觉被迈克尔·海斯称为“假面舞会”，其中包括各种奇异的建筑元素，以及具有生物化特征的基本几何形式和元素，如动物和机器等，还包括对于建筑类型的变异，如影剧院、潜望镜、漏斗、陷阱、教堂和迷宫等。②

通过这些比较可以发现，这种思维方式试图探讨主体与客观环境的关系，以及其中空间叙事的可能性，或者说空间客体反转成为主体的可能性。主体对于特定空间产生了特定感觉，进而对于空间的叙事产生了想象。通过这种思维方式创造出的建筑世界是戏剧化甚至是奇幻的，建筑不再是传统的纪念碑而成了个体想象中的超现实情境布景。

在“相遇”这一章末尾，迈克尔·海斯认为人们往往信以为真，这反倒成了扭曲事物的真实本性的力量。在20世纪70年代与80年代，正是这种扭曲力量的影响下，西方建筑界对于形式的抽象和具象的划分是非常受欢迎的，一方面是认为一种追求深层机制的观念就可以对应于一套建筑形式生成的规则，而另一方面则是从外在的具体形式出发不断地重复已经有过的事物。而想象这一建筑思维的尝试显然是想突破这种较为狭窄的分类，是对抽象还是具象、奇异或典型这些简单二元分类的拒绝。这也意味着建筑本体所蕴含的巨大可能，抽象与表现可以在想象中进行建构，同时实现建筑对于情境想象的重塑。

---

① K. Michael Hays. Architecture's Desire: Reading the Late Avant-Garde[M]. Cambridge: MIT Press, 2009: 110.

② K. Michael Hays. Architecture's Desire: Reading the Late Avant-Garde[M]. Cambridge: MIT Press, 2009: 109-111. 又见：K. Michael Hays (Ed.). Hejduk's Chronotope[M]. Princeton Architectural Press, 1997.

3.3　结语：内在之美

1. 自主性思维

本章以建筑现象和建筑语言为例，对于当代建筑设计的本体维度进行了简要介绍。不管是建筑现象还是建筑语言，这些探索都是在受到相关学科研究的启发之下，努力探索树立建筑学和建筑设计普遍与内在的规范及标准，并确定可以抛弃的无关要素，找到建筑设计不变的核心本质。[①]他们试图通过自己的努力思考建筑学科的“自主性”问题，研究探讨建筑设计自身的基本理论与作用机制，并以此实现新时期建筑的审美价值与内在精神。这种思维可以被概括为自主性思维，也就是对于建筑自身的内部规律进行总结与挖掘。安东尼·维德勒（Anthony Vidler）曾提出建筑的第一种类型是对应于外在物质世界的建筑的自然原始属性，建筑的第二种类型是对应于工业革命的建筑的机器生产属性，而第三种类型则是从建筑自身出发寻求独特生产与阐释模式的自主性属性（Autonomy）。[②]

20世纪初期的一些先锋建筑师就尝试从艺术追求和审美自律角度提出建筑语言的纯粹性，以此去把握属于建筑自身逻辑的操作方法。西方现代艺术的一大趋向就是寻求艺术的自主性与独立性，康德也将美定义为非功利的独立领域，这也成为众多先锋艺术家的行动纲领。实际上这一纲领在现代主义建筑运动中体现的并不充分，在形式与功能并重的思想指导下，当时的人们还在试图理解当时的社会发展状况，并针对外在的社会问题或技术条件，将建筑作品视为塑造全新社会生活的空间载体。伴随着现代主义运动的终结，20世纪50年代中期，加利福尼亚建筑师哈威尔·汉密尔顿·哈里斯（Harwell Hamilton Harris）在得克萨斯州大学建立了建筑系，这所建筑院校汇聚了一堆年轻教师，后来他们被称为“德州游侠”，包括海杜克、柯林·罗（Colin Rowe）等人，他们试图在新的时代背景中重新寻求“建筑的本质、意义和智慧内涵”[③]。他们创造了新的建筑课程体系，强调要聚焦于建筑空间的可视化与组织化，以此实现建筑的本质和意义。

在受到一些学科研究进展的启示之下，自20世纪七八十年代开始又有一批建筑先锋建筑理论家或建筑师开始对于建筑的自主性逻辑与深层结构进行探索，希望能从建筑语言内部挖掘出属于建筑学自身的规律，建筑形式应该具有从内部挖掘出的深层结构与基本逻辑，正如语言一样建筑应该

---

① Michael Fried. How Modernism Works: A Response to T. J. Clark[J]. Critical Inquiry, 1982, 9（1）: 217–234.

② Anthony Vidler. The Third Typology[M]//K. Michael Hays. Architecture Theory Since 1968. Cambridge: MIT Press, 1998: 284–290.

③ Caragonne. The Texas Rangers[M]. Cambridge:MIT Press. 1995: XI.

具有自身的结构与原则，并能以此来使用既定的规则生成新的建筑形式。正是通过这些探索，建筑理论家在一定程度上重新梳理了建筑学学科的专业特性，并以此表明建筑学需要首先重新检查作为一门学科“自律”的内部结构，再去思考它与社会的关系。

这些建筑理论家借助现象学、语言学等相关理论思想进一步为建筑的自主性奠定了基础，通过这一代建筑理论家的努力，建筑作为语言的形式之一能够更广泛地与其他艺术形式相联系，包括从文学批评到叙事小说，从电影到装置艺术和新媒体。在建筑院校中，当时重视建筑理论的最直接影响就是相关理论课程的开设逐渐增多；为了满足这一开设新课程的需求，一些建筑理论选集在20世纪90年代相继出现。当时的建筑理论家对建筑学的基本属性进行了重新认识，他们将建筑研究向内挖掘，促进学科自律和不断发展。

除了这些对于建筑本体理论的探索尝试之外，当代一些建筑师同样在通过自己的实践来传达对于建筑内在美学价值的挖掘与展现，他们在通过自己的建筑作品和建筑思想传递出对建筑内在精神内涵的追求。以美国建筑师路易斯·康为例，在他看来建筑始终是一项精神活动，他拒绝一种简单的即使是面向社会的功能主义，而强调建筑作品必须要加上高度精神性的内涵，并致力于在一个追求消费经济的世界中建立永恒的事物。[①]

需要说明的是，进入当代以来，对于建筑本体的理论探索越来越与实践进行联系，建筑师们也往往通过自己的建筑实践表达对于建筑本体的理解。在一些重视实践的建筑师看来，这种重视理论的倾向使得建筑理论与实践之间的区分增加了。建筑理论家们在引入一些新的思想来形成对于建筑本体的理论探索，虽然这些探索在试图进一步解释建筑本体的问题，但这些理论有时过于晦涩，与建筑设计实践有一定的差距。在将语言学、哲学和文化研究作为建筑学研究的基本范式之后，建筑学在实践层面的操作性与技术性被逐渐剥离。建筑学的本质与理念可以从文字、展览、装置或是未完成的项目中被解读，于是建筑可以被理解为文化作品胜于工程实践。而由建筑理论所直接指导形成的建筑实践也变得越来越难以解读，借用人们对于当代艺术的评价，这些建筑形式背后的理论越来越无限，在令人头晕目眩的理论背后，建筑艺术逐渐蒸发。[②]

于是，新一代建筑师围绕着从实践角度去进行自主性思维，他们将建筑与现实世界相联系，并通过不同的建造方式、展览、多媒体等多种方式来表达想法。在这些建筑师看来，之前的各种主义之争可以先搁置，比弄

---

① （英）肯尼思·弗兰姆普敦．现代建筑：一部批判的历史[M].原山等译．中国建筑工业出版社，1988：308, 298。

② Arthur Danto. The Philosophical Disenfranchisement of Art[M]. New York: Columbia University Press, 1986: 111.

图3-28　路易斯·康在宾夕法尼西大学研究生课堂展现了建筑设计的传统技艺（来源：Architecture School: Three Centuries of Educating Architects in North America）

清学术理论脉络更重要的是对于建筑实践的参与。建筑作品成了他们表达对建筑自主性以及外在世界理解的主要手段，如何运用具体建筑手段应对实际需求是他们重点关注的问题。

2. 内在之美

建筑理论家与建筑师通过自主性思维研究探讨建筑自身的价值和基本原则，这种思维模式也在新的时期提醒人们有关于建筑内在的审美价值。这种内在之美蕴含了一种对于绝对的追求以及事物之内的深度感。建筑的内在之美既是关于建筑物质本体的审美，更是关于物质背后所体现的精神价值的审美。可以认为，物体与精神共同构成了建筑的本体。物质层面的建筑本体可以理解为建筑自身的存在状态，正如之前在现象章节中所提到的“真理”思想；而精神层面的建筑本体可以理解为物质背后所追求的某种绝对意识与精神。

对于建筑内在之美的探索和追求在当代显得尤为重要，这既是对于建筑这门古老艺术形式自身价值与规律的守护，同时在某种意义上也是在新时期多元化背景下对于建筑师职业传统的坚守。在“技术-社会”趋势的影响下，种种来自于科学创新的概念取代了美学、空间与形式秩序，这种将建筑设计向外拓展的尝试确实能引发对于建筑的再思考，但其中体现出的对于科技的过分依赖却并不被一些建筑师与研究者所接受，坚守传统的他们显然是希望通过自身的努力去探讨建筑的固有价值与精神内核。

与此同时，当代社会的快速发展也在导致深度与内在价值的逐渐消失，时间维度的历史感在逐渐扁平化。杰姆逊认为：“过去意识既表现在历史中，也表现在个人身上，在历史那里就是传统，在个人身上就表现为记忆。现代主义的倾向是同时探讨关于历史传统和个人记忆这两个方面。在后现代主义中，关于过去的这种历史感消失了，我们只存在于现时，没有历史。”①而后现代以来的种种思潮也一直在排斥具有深度的意义解释，快速与刺激成了适应消费时代与信息时代的流行语，建筑空间在流行与

① （美）弗雷德里克·杰姆逊. 后现代主义与文化理论：弗·杰姆逊教授讲演录[M]. 唐小兵译. 西安：陕西师范大学出版社，1987：164。

图3-29　路易斯·康设计的沙尔克生物研究中心

混杂的时髦语言冲击下也逐渐失去了原有的位置感。正是在这种当代语境下，建筑的内在之美才更有存在的价值。这种内在之美在多元化与仿像化的当代空间中重新提供了一种有关于深度的情境，同时重新将艺术、自然、历史与空间这些永恒而且本质的话题进行阐释。

让我们再次回溯海德格尔对于真理的论述："神殿矗立于它所在之处，其中就有真理的发生。因此，在作品中起作用的是真理……鞋和喷泉越单纯、真实、纯洁、朴实地化为各自的本质，众在者就越直接而吸引人地与它们的本质同在……美是无蔽性真理的一种呈现方式。"[①]真理是关于存在的显露，而建筑的内在之美也正是这种关于最基本状态的显露方式之一。不仅如此，这种对于内在之美的探索也是在尝试往深处去探索隐藏在建筑形式背后的那些本质因素，以此更为深刻去表达建筑的可能性与内在价值。

① （德）海德格尔. 人，诗意地安居：海德格尔语要[M]. 郜元宝译. 桂林：广西师范大学出版社，2000：86-87。

第4章 当代建筑设计的主体维度

在第二章论述当代的基本精神与影响因素时提出，基于对现代工业与科技文明的反思形成了新的从主体出发的美学思维方式与价值判断标准，这在一定程度上也是现代性精神中的人本主义传统的延续。作为社会文化与个人生活的物质载体，建筑空间一直与人的主体状态有着密切的联系，其中既有作为个体的创作者、欣赏者与使用者角度，同时也有作为群体而言的社会认知的角度。关注建筑设计中的主体状态，意味着对于建筑背后人的因素的关注和重视。而当代社会中人的状态较之以往不断在发生变化，一些理论家对与人本、社会、空间创作的命题进行了论述，这又为建筑设计思维与审美提供了从主体出发的切入维度。

在进入当代社会之后，传统社会与现代社会具有的特征在逐渐丧失，社会状况越来越多元；一些思想家对这种状况表示了担忧，他们继承了传统艺术应该揭示社会规律的认识，认为需要去发现当代社会所具有的新规律，同时试图从人本的角度重新对人的价值进行再发现，以此作为创新的动力源泉。自现象学和存在主义美学始，主体的感受与接受问题成为人们的关注对象，到了后来的解释学和接受美学，完成了当代西方美学从重点研究形式向重点研究读者和接受的转移。当代西方一些思潮不再从形式本身出发考虑，而是把建筑美同审美主体的心理需求结合起来，这样就把建筑美的创作与欣赏以及过程中不同的主体连成一个整体。

于是，伴随着社会思潮的不断变异，这种从主体角度出发对于社会及艺术等各种现象的考察与挖掘对于建筑设计和审美也产生了很大影响。作为社会文化与个人生活的物质载体，建筑空间一直可以反映社会、个体、空间三者之间的互动关系，一些学者对于这三者互动的命题也有很多论述。本章就从挖掘相关理论尤其是空间与社会互动研究理论出发，从社会与个体状态这两个方面对建筑与主体这一命题进行论述。

4.1 社会：批判 / 实用

作为单个人的集合体，社会对建筑设计一直有着重要的影响。而当代社会的复杂状况越来越需要建筑师具有关注社会的意识，建筑设计与社会的联系也越来越紧密。如果从社会这一相对宏观的角度切入对当代建筑设计中的主体状态进行解析，不仅意味着建筑设计要与社会相关联，同时更意味着要人本地从主体角度看待建筑与社会之间的互动关系并有所回应。

4.1.1　空间与社会

建筑设计的创作与审美一直是与社会相联系的。美学家卢卡契认为，审美作为一种独特的思维形态，是由于劳动使之从原始的巫术中分化出来。艺术通过某种中介以一种拟人化的反映来揭示现实的真实面貌，所以，反映社会历史的总体性是艺术的基本要求和规律。[①]而作为社会生活的直接载体，一直以来空间与社会密不可分，空间可以认为是社会运作的展现和结果，同时空间也成了社会过程的重要载体。

为了更好地说明空间与人、空间与社会之间的互动关系，就需要将其置于当时社会背景之下。一些思想家的当代空间理论均涉及了空间与社会互动的内容，可以为空间与社会的研究提供借鉴，同时也可以为解读当代建筑设计思维与审美提供新的视角，这方面的研究也充分反映了当代关注社会状况的思想家们对于空间的重点关注与解读，也即西方理论界所谓的"空间的转向"现象。自20世纪中期以来，西方一些思想家将立足点从时间转向空间，这些研究以空间为立足点关注到了社会的快速变化以及其中的种种问题，并通过多学科领域的交叉对于空间问题进行研究。这方面研究包括亨利·列斐伏尔（Henri Lefebvre）的《空间的生产》、美国学者爱德华·索亚（Edward W. Soja）的《第三空间》《后大都市》，美国学者大卫·哈维（David Harvey）的《社会正义与城市》《资本的限制》《后现代的状况》《希望的空间》《巴黎：现代性之都》等。需要说明的是，这方面的相关研究极其丰富，为了更好地说明建筑空间与社会之间的联系，我们将从中选取两位思想家的相关理论进行空间与社会关系的讨论。

法国哲学家、社会学家亨利·列斐伏尔在他最重要的著作之一《空间的生产》之中，辩证地看待了空间和社会的关系，他引用"空间的生产"概念对空间进行了新的阐释。"空间的生产"的基本含义是：社会空间是一种特殊的社会产品，每一种特定的社会都生产属于自己的特定空间模式，社会生产的方式决定着空间生产的方式。该定义包含了两个层面意思：第一层是指，每一个社会的生产模式都会生产出自身的独特空间。所以必定存在着一个资本主义空间及其空间生产形式，社会形态的变化会带来空间特征的变化；反过来，空间的变化也会对社会生活产生一定的影响。也就是说，社会形成和创造了空间，但又受制于空间，空间反过来影响着社会。另外一层含义是，既然空间是产品，那在我们了解这个生产过程之后，就必然能复制这一过程，提炼出空间的生产模式，进而了解空间的特征。

也就是说，作为人的实践产物的空间，首先是人的活动的成果，表现

---

① （匈）卢卡契. 卢卡契文学论文集[M]. 北京：中国社会科学出版社，1980：288-290。

为可感知的物理意义上的环境；其次是特殊的符号抽象，是一种科学家、规划师和技术官僚所从事的空间，它趋向一种文字的符号的系统；最后是作为中介的表征的空间，"居民"和"使用者"在其生命之中通过此中介交流互动，全体社会成员都在这个中介当中行动和物质化。"空间的生产"因而不仅是对"空间""社会空间"的生产，而且也是在社会阶级的各个层面内部和之间对不同"空间感""空间的心理印象"的生产。

在列斐伏尔对于空间的研究中，空间的物质、精神特征与当时社会的特征联系在了一起，形成了集物质空间、精神空间、形式符号以及人对空间的感知为一体（空间与社会、精神与物质加以整合的一元化）的空间理论。"生产"是其理论出发点，是对于空间社会生成关系这一过程的描述，而"表征"则是"空间的生产"的结果，也是在社会背景下理解空间的具体手段。我们试图借用列斐伏尔"表征"概念，寻求一个解读空间与社会关系的切入点。在他的"表征"概念中，不论是"空间的表征"还是"表征的空间"，强调的都是在特定社会生产关系之下的空间符号再现，而表征可以认为是空间在特定社会生产关系影响之下出现的符号特征，它涵盖了空间被体验、表述、构建和使用的方式，既是科学家、规划师、都市计划师、技术官僚等的构想和统治，也是"居民"和"使用者"的感知和意象。

列斐伏尔曾断言人们已经走在了社会空间科学的边缘，这一方法并不能实现一种彻底的"总体性"，而是试图把原来分割的要素重新结合起来。他把自己的这种研究方法称为"空间分析"或"空间学"。有学者认为他所提出的概念构架建立在不同的认知层面或分析层面上，是一种运用的科学，这种科学蕴含着空间生产的真实知识，并概括出了研究空间生产的基本本体论构架。①

列斐伏尔是将空间形态的变化和社会形态的变化关联起来进行考察，而另有一些思想家则从更为微观的角度来考察空间与社会的关系。以法国哲学家米歇尔·福柯（Michel Foucault）为例，他是法国当代最杰出的思想家之一，被称作"20世纪法兰西的尼采""萨特之后法国最重要的思想家"。②福柯一生的理论包括了知识、权力、主体这些主题，他在探讨权力与空间的作用机制时，为了说明权力是如何借助空间发挥作用，空间又如何进行权力实践时，引入了"规训"的概念。所谓规训是近代产生的一种特殊的权力技术，既是权力干预、训练和监视肉体的技术，又是制造知识的手段③。福柯用全景敞视监狱（又称圆形监狱）的例子形象地说明了规训

---

① 包亚明. 现代性与空间的生产[M]. 上海：上海教育出版社，2003：106-108。
② 刘北成. 福柯思想肖像[M]. 上海：上海人民出版社，2001：6。
③ （法）米歇尔·福柯. 规训与惩罚[M]. 刘北成，杨远婴译. 北京：生活·读书·新知三联书店，1999：375。

图4-1　社会不断发展之下空间承载了更多的意义，图为纽约曼哈顿城市空间

图4-2　城市空间中的使用者人群

图4-3 空间与社会的联系与互动

的作用方式。①

同列斐伏尔不一样的是，福柯考察的是微观空间，是作为人与空间互动关系发生的空间。相反，列斐伏尔将空间看作生产力和生产资料，看作一种巨大的社会资源，同时将空间形态的变化和社会形态的变化紧密地关联起来，是社会生产关系的反应。与此相对应的是，从他们的理论中提炼出来的理论也是有着各自的作用机制。表征是空间在特定社会生产关系影响之下出现的符号特征，是管理者和使用者所共有的，而规训则强调以每个个体为对象的特定空间作用。

我们可以从这两位理论家的论述中得到一些启发，我们需要重新审视社会发展之下空间的作用与意义，这也是当代空间转向中的内在含义。在多元化的社会条件下，各种空间也越来越复杂和多元，因此空间状况也成为人们关注与研究的直接对象。而在日益复杂与多元的社会条件下空间具有了独立与更为突出的意义，同时与当代社会生活以及主体状况相匹配的空间也有了与以往不同的内涵与特质。而从另一个角度出发，创作者主体也必须关注社会现实与其中使用者的状况，以空间与社会、空间与人的联系机制作为空间设计的重要依据。

① 全景敞视监狱（panoption）是一种监狱模式，它是19世纪思想家杰里米·边沁（Jeremy Bentham）提出的，在这种监狱中，看守者处于中心高耸的中央瞭望塔中，犯人住在四周单人牢房里，每个牢房都设有两扇窗户，一扇朝外，一扇对着瞭望塔，从瞭望塔可以观察牢房内的每个犯人，犯人却看不到监视者，瞭望塔与牢房一起组成了圆环状的建筑模式。（美）保罗·诺克斯，史蒂文·平奇. 城市社会地理学导论[M]. 柴彦威，张景秋等译. 北京：商务印书馆，2005：57。

4.1.2　批判与实用

在提出空间应与社会相关联之后，有理论家从人本批判的角度针对西方社会的特征进行了分析与批判。有人认为，尽管当前西方社会呈现出了纷繁复杂的社会表象，但其实整个世界已经成为一个整体，新的总体性已经形成；艺术也必须反映这个时代的内在特征，进而要揭示社会发展的规律与趋势。但也有思想家提出，新的总体性不复存在，社会在变得越来越多元，这也将导致主体对不同事物的宽容和对差异的敏感，在消费文化与信息时代的冲击之下，人也必将越来越异化。

不管如何，当代社会状况越来越多元，而在面临多元化的社会现实与问题时，建筑设计要能体现出对于社会现实的揭示以及对于人文的基本关怀。于是，在空间与社会相关联的认识指导下，当代建筑设计意味着创作要与社会相关联，而在方法论角度则意味着要人本地从主体角度看待与社会之间的关系并有所回应。从这一角度出发，建筑空间作为人们的生活载体，建筑艺术创作需要有关注社会现实与主体状态的责任，并在作品中体现对于这些问题的回应，进而体现出对于社会问题的批判和人文关怀。

实际上，西方在现代主义之后有一种很重要的思潮就是对于现代主义的批判，而在当代的建筑设计多元化发展的状况中，建筑理论家迈克尔·海斯认为“将马克思批判理论与后结构主义及现代主义建筑解读相结合”这一思潮，确实倾向于支配其他的思潮；这个建筑理论经常被称为“批判”理论，来自法兰克福学派的知识分子和法国哲学家的思想。[①]

作为现代以来西方哲学与社会学理论中的一个重要流派，法兰克福学派的学者们从主体角度提出了社会批判的理论，希望对社会现实状态进行总体性的考察与批判。这种方法不同于从实证角度出发的自然科学式研究，而是认为社会与文化研究不同于一般的自然物理现象，涉及对于社会现象蕴含意义的阐释与价值的追寻。法国学者戈尔德曼（L. Goldman）认为法兰克福学派是通过各式各样的人物创立了一种共同的观点，即否定的辩证法，这也意味着他们具有一种相对激进的批判态度。[②]除此之外，一些思想家曾对于现代社会中出现的批判性的思维方法进行过梳理。齐美尔从主导的时代精神分析入手，指出现代“文化状况的独特性”，他认为中世纪发现了基督教理想，文艺复兴发现了世俗性，启蒙运动发现了理性，“当代文化背后却是否定性的动力。”[③]

这种批判性的思维在现代主义以来的西方建筑设计发展中并不罕见，

---

① A. Krista Sykes, and K. Michael Hays. Constructing a New Agenda: Architectural Theory, 1993-2009[M]. New York: Princeton Architectural Press, 2010: Introduction 14.

② 《哲学译丛》编辑部. 近现代西方主要哲学流派资料[M]. 北京：商务印书馆，1981：294。

③ 周宪. 20世纪西方美学[M]. 北京：高等教育出版社，2004：26。

Architecture and Utopia
Design and Capitalist Development
Manfredo Tafuri

图4-4 塔夫里的《建筑与乌托邦》封面

如简·雅各布斯（Jane Jacobs）的《美国大城市的死与生》、曼弗雷多·塔夫里（Manfredo Tafuri）的《建筑学的理论和历史》（*Theories and History of Architecture*）与《建筑与乌托邦》（*Architecture and Utopia*）等著作中都体现出了明显的社会批判性思维。在对于批判性建筑思维的梳理汇总中，有学者认为这是一种“投机、质疑，甚至有时‘乌托邦’形式的思考，即评估建成世界及其与所服务社会之间的关系”[①]。批判性思维作为一个相对总体性的思维方式，是希望通过人们探寻现实的状况和问题从而解决与提升社会的状况。这其实一直是建筑学的目标，即试图改善社会状况的崇高追求。实际上，一段时间以来的建筑师、理论家认为要求建筑这样一个广泛的、高不可攀的任务是不可能的，如塔夫里就认为建筑不仅未能改善社会，而且实际上在他们在不知情的情况下使事情变得更糟。正如上一节本体维度所探讨的，一些建筑师与理论家在特定阶段试图通过自己的努力为建筑学划定应有的边界。与之相类似，社会批判理论同样试图致力于这项任务，不过这种尝试是向外拓展，从社会出发希望让建筑在整体生活世界的营造中尽量成为一个积极的力量。

在纯理论探索日渐式微的当代，人们对于基于社会批判的建筑理论的态度是比较复杂的。一方面人们认为在社会日常生活越来越多元的今天批判理论并未能起到应有的积极作用，另一方面也有人要求重新评价社会批判理论的重要作用，即认为建筑的社会意义及批判性思维仍然占据建筑设计中的重要作用。[②]总体来看，确实还是有大量人在探索批判理论的内在价值，但在注重实践的建筑师看来，埋头实践比批判思考更重要。曾有人提出当代的批判性理论中带有着明显的对立因子：向后看的文化悲观主义和向前看的文化激进主义，它们构成了对20世纪西方文化巨大转变所特有的文化悲观主义和文化乐观主义。[③]正是在重视实践与相对乐观的思想指导下，新实用主义（Neo-pragmatism）的思想与思维方式开始出现。

美国哲学家、教育家约翰·杜威（John Dewey）基于当时社会变革和科学进步等因素，在19世纪末、20世纪初提出了实用主义的思想。在现代之后的近些年来的发展趋势表明，在多元化的思潮以及各种新领域的冲击影响之下，不管是建筑学学科层面对他律的关注，还是建筑师职业层面对实践的强调，当代建筑设计中再次体现出了实用主义的色彩。

在多元化的思潮以及各种新领域的冲击影响之下，近年来建筑设计领域在尝试着各种各样注重实用的应对策略，这些或多或少地体现了以解决具体社会问题的实用主义倾向。新技术的冲击造就了新的一代，他们创造

---

① Kate Nesbitt. Theorizing a New Agenda for Architecture: An Anthology of Architectural Theory, 1965 - 1995[M]. New York: Princeton Architectural Press, 1996: 18.

② 相关文献包括2005年的*'Criticality' and Its Discontents*、*Critical of What? Toward a Utopian Realism*以及2006年的*On Criticality*等。

③ （匈）卢卡契. 卢卡契文学论文集[M]. 北京：中国社会科学出版社，1980：282。

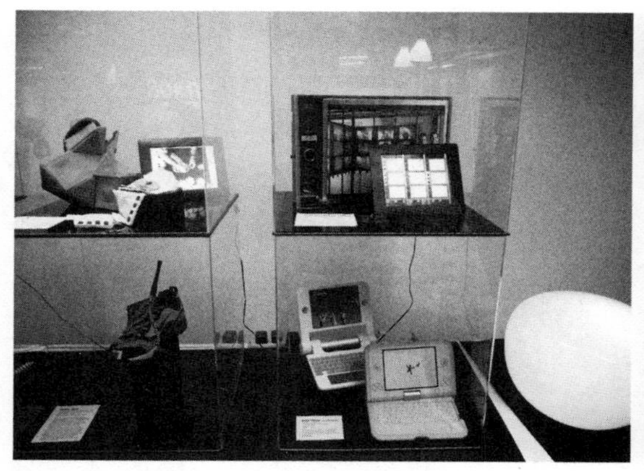

图4-5　MIT媒体实验室对于“100美元笔记本电脑”项目的展示

图4-6　MIT媒体实验室对于室内媒体设备空间研究项目的展示

性的使用先进技术；在全球化影响之下，建筑设计又开始重视对场所和文化的讨论；而都市化、经济危机和环境危机对于跨学科需求也不断增长，建筑学不仅在强调与城市规划、景观学的合作，也在不断与其他学科进行交流。可以认为，为了应对气候变化、全球化、信息化等新形势下的种种社会问题，当代建筑设计似乎重新举起了实用主义的大旗。

以目前在一些西方建筑院校中广泛出现的全球设计工作坊为例，它们大多以发展中国家和受灾地区为研究对象，而设计内容则是实用的、能解决具体问题的设计策略。甚至一些对美国建筑界产生重要影响的人物也参与到了这些活动之中，如创立MIT媒体实验室的尼古拉斯·尼葛洛庞帝正在世界各地推广“100美元笔记本电脑”项目。这个项目由尼葛洛庞帝与媒体实验室的成员共同发起并设计研发，希望能为发展中国家学童设计一部价值100美元的笔记本电脑。这种造价低廉、注重解决具体问题的设计多少能反映出当代建筑设计的一种趋势。

另外，当前建筑师、业主和建造者的关系也在发生着改变，使得新实用主义的、灵活多变的解决方案成为可能。斯坦·艾伦（Stan Allen）认为，从事务所的业态来说，在谈起20世纪90年代美国建筑事务所时必须要说起SOM、KPF等这些大型事务所，这些事务所往往采用的是现代主义的建筑手法，并且这些事务所往往很少参与到院校教学中。[①]当前则有大量以知名建筑师为代表的中小型事务所活跃在了业界，他们能掌握与灵活应用各种新技术，并能应对市场需求做出调整，同时他们又参与到了院校的教学中，不断创新出的新专业知识、方法与理念。

可以认为，当代建筑设计在以实践问题为导向的基础之上，尝试将实践、实验、学术整合起来，强调与外在社会的联系和互动。这种实用主义

① Stan Allen. The Future That Is Now. Joan Ockman. Architecture School: Three Centuries of Educating Architects in North America[M]. Cambridge: MIT Press, 2012: 216.

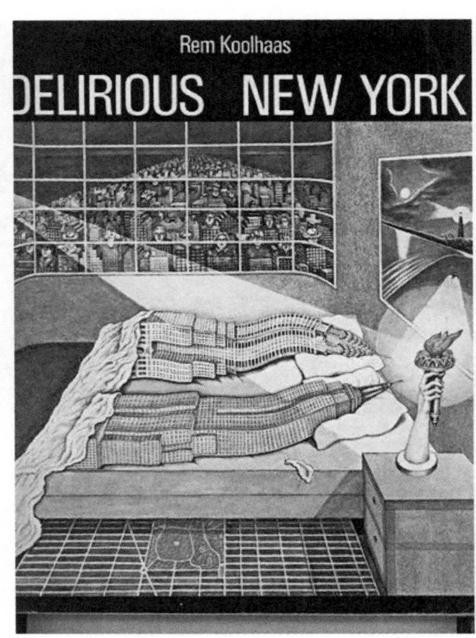

图4-7 库哈斯《癫狂纽约》封面，借用漫画嘲讽国际式摩天楼

图4-8 BIG建筑事务所创始人比雅克·英格斯对于“是就是多”（Yes is more）的阐释

的思维方法希望可以汲取各种新鲜知识以适应现代社会的不断变化，同时还能对于新出现的需求与趋势做出回应。这种转变将建筑设计的范围扩展到整个社会生活的方方面面，这确实在一定程度上为建筑设计发展开拓了新领域，并加快了建筑设计与生活的结合。

这种注重实用的人们反对之前批判理论对于社会状况的全面批判与否定，他们是相对乐观的，认为建筑可以在针对现实问题的分析之下做出相应的贡献。与批判式的思维方式不同，他们并不试图用一个既定的理论来解决问题，有的只是一种相对乐观和实用的态度与切入方式。库哈斯就曾连续出版《癫狂纽约》（*Delirious New York*）、《小、中、大、特大》《*S，M，L，XL*》等书，他的这些著作以及实践研究中就体现了他对当代多元状况的普遍关切，同时也体现出相对实用的思想意识。而近年来越来越知名的建筑师事务所BIG曾出版自己的实践作品集，该书的书名为《是就是多》（*Yes is more*），这也明显表明了内在的实用与乐观态度。BIG建筑事务所创始人比雅克·英格斯（Bjarke Ingels）在书中提出，建筑的发展往往处在两个极端之间，一种是先锋式的强调与现实相脱离的创新思想，另一种则是相对更具规则与标准的常规方案，而BIG并不是非此即彼，而是选择了另外一条发展道路，这也就是他文中所提出的“实用的乌托邦”（Pragmatic Utopianism）。

转向实用也意味着对于建筑和建造实践本身的关注，2000年，纽约现代艺术博物馆举办了建筑设计的会议，会议题为“做中的事：当代建筑与实用主义者的想象力”（Things in the Making: Contemporary Architecture and the Pragmatist Imagination），这一主题已经明确体现出了新世纪后人们对于实用的关注了。①

这种相对谨慎的批判和实用态度显然是与当代西方社会的发展状况相匹配的：一方面，正如利奥塔所提出的，当代的科学知识变得越来越自律，普遍的共识已经消失，取而代之的是碎片式与多元化的现实状况②；而另一方面，也有学者认为当代社会就是一个包罗万象的多元系统，人们需要去理解这一系统本身所具有的新的文化逻辑。在这些错综的或批判或迎合思潮中，在自律与他律、理论与实践之间，新"实用主义"这一策略正试图与全新的、多元的技术条件和社会形态建立联系。

4.2 个体：自在 / 后锋

除了从相对宏观的社会文化角度对当代建筑设计中的主体状态进行解析之外，我们还可以从更为个体的角度对当代建筑设计中的主体状态进行阐释。从建筑师或使用者个体角度出发，这一切入视角意味着从自律到自在的转变。如果说自律到自在是一种在本体层面的转变，关注的是主体自身状况的话，那么，在通过相对个性和微观的视角梳理创作主体与社会文化之间的内在逻辑之后，这种转变在建筑创作与外在世界关系方面体现出了一种从先锋到后锋的转变。

4.2.1 自律与自在

1. 自律

所谓自律，就是对独立性与纯净性的追求，它率先由康德作为一个伦理学概念提出，后被用于美学，强调审美过程中的"无功利性"和"自由美"。③

韦伯在其宗教社会学的研究中提出，自康德以来，西方的文化就被区分为认识的、实践的和审美的三大领域，艺术在其发展过程中逐渐获得了自身的合法化功能。在现代主义初期，为了应对现代文化和古典文化之间的冲突与断裂，避免物质对于精神、对象对于主体以及群体对于个体的侵害，有的思想家就提出现代主义的艺术发展必须要走上一条自律的乌托邦

① A. Krista Sykes, and K. Michael Hays. Constructing a New Agenda : Architectural Theory, 1993–2009[M]. New York: Princeton Architectural Press, 2010: Introduction 16–17.

② 利奥塔. 后现代状况[M]//王岳川，尚水主编. 后现代主义文化与美学[M]. 北京：北京大学出版社，1992：31。

③ 详见：周宪. 审美现代性批判[M]. 北京：商务印书馆，2005：193。

之路，也只有远离物质的对象的干扰，创作者才能保持精神的独立性。齐美尔在《货币哲学》一书中对西方社会文化的变迁进行了历史性的描述，他认为现代西方社会文化与古典文化的不同体现在两个方面，一是主体与社会之间相对和谐统一的关系不复存在，主体的个体性在被社会所压制，二是受科学和经济的冲击，物质的客体文化在压倒精神的主体文化。正是为了解决这样的双重困境，齐美尔提出主体必须要与社会现实保持距离，只有这样才能做到精神与心灵的独立和纯净。[①]另一位西方理论家阿多诺在考察西方文化的发展脉络后提出，现代艺术的自律特征建构了一个新的乌托邦世界，可以对抗资本主义的物化和交换逻辑，保持审美的救赎功能。

这种强调主体自律的观念在现代主义早期的建筑中得到了很好的体现，古典时期的建筑创作需要在神、理性、绝对理念等外在的因素去寻找，而现代主义时期开始出现以自身的规则来定义创作的观念。当时的建筑师自信地向内挖掘，促进学科自律和不断发展，促成了建筑语言的创新与突破，造成了与现代性相适应的现代主义建筑的独特建筑语言。

自律意味着与现实的疏离与对立，正如现代主义早期形式主义思潮提出的“陌生化”理论一般，艺术创作需要具有自己的独立性，并呈现出崭新的与以往认知不一样的面貌，创造出新的与社会现实相违背的审美乌托邦。通过这种新的尝试，创作者试图摆脱现代西方社会对个体的束缚和压抑，以此表达对于日常现实生活的否定和批判。这一尝试在摆脱与现实的联系，因此必然导致创作手段的突破与全新的表现形式。

阿多诺提出，现代西方艺术创作的目标不应该一目了然，不能被人所熟知，要有陌生的感觉。主体通过这种自律的表达，引导人们以一种全新的视角来看待陌生化的世界，并从中领悟日常生活所无法体现得更为深刻的内涵。他认为现代艺术在与社会的关联中处于两难的困境，如果艺术抛弃自律性则会屈从于既定的秩序，但若艺术想要固守在自律的范围之中，

图4-9　蒙德里安1937年作品的“自律性”

图4-10　艺术家卡塔齐娜·科布萝（Katarzyna Kobro）1928年作品的“自律性”

① 周宪. 20世纪西方美学[M]. 北京：高等教育出版社，2004：25。

图4-11　密斯设计的巴塞罗那馆

它照样会被同化过去，在其被指定的位置上无所作为。①而在违背传统的、日常的认知规律的同时，自律的主体坚持对新的逻辑与可能性的探索，以此达成陌生化的结果。从俄国形式主义的“陌生化”理论，到后来一些理论家提出的艺术只有远离日常现实才能保持独立性思想，这些都在强调主体的自律特征。

自律意味着主体是焦虑的，詹姆逊曾提出：“现代主义是关于焦虑的艺术，包含了各种剧烈的感情、焦虑、孤独、无法言语的绝望等等。”②在快速的工业化与城市化以及不断涌现的新技术冲击之下，这种情绪也是个体的必然反应，焦虑的创作主体试图通过自己的努力彰显与社会现实进行对抗的信心和力量。

从自律的角度出发，主体希望保持创作的独立性与纯净性，以此突出与现实之间的距离，甚至对现实进行否定以抵抗现代西方社会对于个体的压制。追求自律的创作者不自觉地在切断与其他元素的联系，他们焦虑地追求着具有普遍性的现代建筑风格，并希望通过自己的努力实现宏大叙事式的现代性构建。

在自律的观念指引下，现代的建筑形式与古典的完全不同，在当时大建设的时代背景下将形式主义的、纯粹的特质纳入社会批判与改造的框架中，使得建筑艺术进入广阔的并带有一定宏大意味的视野之中。显然这种切入方式是较为宏观与理想主义的，不同于现代主义艺术形式主义的切入方式，它将理想与现实、理性与浪漫融入到了一起，并且

① （德）阿多诺. 美学理论[M]. 王柯平译. 成都：四川人民出版社，1998：10。

② （美）弗雷德里克·杰姆逊. 后现代主义与文化理论：弗·杰姆逊教授讲演录[M]. 唐小兵译. 西安：陕西师范大学出版社，1987：143。

试图通过自己的努力实现对于社会现实的批判与改造。从另一个角度讲，这种带有宏大叙事色彩的切入方式实际上为建筑的创作增加了新的不同内容。

2. 自在

在现代主义时期，“现代化”的发展与大跨度的改变成了这一阶段社会追求的目标，人们都希望能摆脱落后面貌而实现跨越。这一阶段“自律”变成了大多数设计工作者的潜意识，他们竭尽所能地希望实现建筑与城市现代化的宏大目标。在经历了城市建设的高速发展、建筑与城市面貌日新月异的过程之后，现代之后的人们开始重新审视有关建筑与城市空间品质的根本问题。在大规模城市建设基本完成之后，同时面对着不断大众化和扁平化的审美文化，作为个体的创作者或主动或被动地开始从小处着眼。近年来，一批新一代建筑师开始崭露头角，他们逐渐从纪念碑式的宏大叙事型建筑中走出，转而关注于相对更为具体的建筑问题，他们通过自己的作品对于这个复杂和多元的时代作出了回应。

阿多诺曾提出艺术需要远离物化的世界，从他为的存在向自为的存在转变。阿多诺以文化产业为研究对象，认为传统的艺术是体现个体精神的活动，而西方新兴的现代文化产业则是市场导向的，已经变成一种依赖技术批量化、大量复制的产业活动，是对主体精神和心灵压抑。他希望能恢

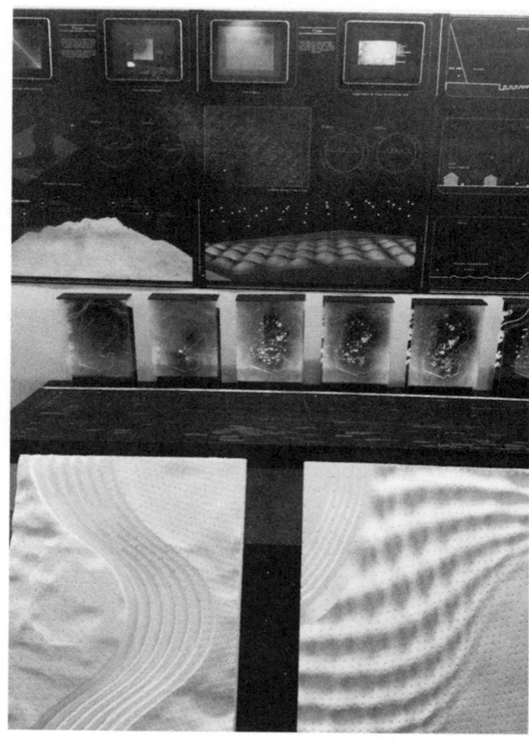

图4-12 哈佛建筑系的教学成果展示，使用了多种展示手段

图4-13 MIT建筑系的教学成果展示，同样灵活使用了多种技术手段

图4-14　由英国年轻一代建筑师托马斯·赫斯维克（Thomas Heatherwick）设计的2010年上海世博会英国馆

图4-15　托马斯·赫斯维克设计的能自由卷曲的景观桥

复个体的自由审美趣味，阿多诺希望通过这一途径摆脱越来越商品化和物质化的西方社会形态，使得艺术从他为的存在（Being for Other）向自为的存在（Being for Self）转变。萨特则提出了存在主义，认为想象所建立起来的自在与自为相统一的世界就是艺术和美。这种艺术和美的世界，是由想象或自由意识建立起来的世界，"人的自由先于人的本质并且使人的本质成为可能，人的存在的本质悬置在人的自由之中"①。

① （法）萨特．存在与虚无[M]．陈宣良译．北京：生活·读书·新知三联书店，1987：56。

图4-16 形式自由的伦敦金融城游客信息中心

近年来一些建筑师和建筑作品正体现了这种主体自在自为的特征。黑格尔认为美是“理念的感性显现”，理性的认识最终将取代感性认识，哲学将会取代诗。自律其实也隐含了这一思维线索，虽然自律在一定程度上体现了以特殊来对抗统一与普遍性的思想，但最终还是回归于一种有关群体的、相对宏大的理性原则。与这种相对宏大的叙事方式相比，自在显然更为自由与微观。它比自律前进了一步，不再以简单的反抗现实与传统为目标，而是具有更为深刻的人本主义内涵，并试图通过个体的努力自下而上地接近更为本真的世界。

正是在自在的理念指引下，新一代年轻建筑师将建筑与现实世界相联系，如何运用建筑设计应对需求与提升体验是他们重点关注的问题。他们擅长通过多元的建造方式来表达自己想法，一些规模并不大、注重空间品质的建筑作品成为了他们表达对世界理解的主要手段。这些建筑师普遍成长于技术快速发展的时期，他们已经完全适应并能充分利用信息技术为代表的各种新技术手段；他们能自由地试验各种新奇的表达手段，采用视频与装置、媒体互动、展览或建造等各种方式展示对于建筑的理解。在更为直接与多元的创作、表达和实践方式作用下，这些“微观化”建筑作品体现出了不同以往的、更易于被个体所感知的细腻品质。

自律到自在的转变，也可以看出主体自身状态在发生着变化。詹姆逊曾提出，西方社会的主体在进入当代之后，主体的状态从原先中心化的自我焦虑转向非中心化的主体零散化。中心化的自我焦虑对应于自律的主体，而非中心化的零散化则对应于自在的主体。他认为现代主义文化语境中，主体的中心化受到了新文化的威胁并因此进行抗争和突破；而进入当代社会，“解放的英雄”和“启蒙的英雄”都已经不复存在，巴特则更夸张地宣称“作者之死”，这种状况在詹姆逊看来必将导致主体的状态发生根本性的改变，主体必将非中心化与零散化，每个主体自由地选择自己的意愿。

从自律到自在，将会引发对直觉现象的重视、创作手段的多元与对“话语”形式的不断突破。与此同时，创作者也会重新去审视有关具体与抽象、主体与客体、精神与物质的相互关系，并通过相对个性与微观的视角再去梳理建筑与外在世界、创作主体与社会文化之间的内在逻辑。

4.2.2　先锋与后锋

1. 先锋

在之前的快速城市化过程之中，建筑的规模和体量越来越大，但建筑品质却并不太令人满意。另外，在经济“现代化”之下消费社会的强大力量开始展现，各种贴近商业文化、现实生活的趣味被关注，建筑与城市建设越来越时尚化或快餐化，时间与历史因此被空间化及商品化。一些创作者试图以“理想化”的先锋态度进行批判，于是，在反“旧”立“新”的目标之下，他们开始追求批判现实的先锋思想，众多新奇甚至惊世骇俗的作品不断出现。这些尝试希望在建筑语汇方面有所创新，但这种先锋式的实验创新似乎与当代建筑及城市的语境之间有着一定的距离。

先锋意味着与日常经验世界联系的减弱，借助于前沿与陌生化的语言表达对于纯粹性的追求。现代主义早期，俄国形式主义者曾强调从艺术追求和审美自律角度提出的陌生化，借助延长感受的时间和难度，进而引起人们对艺术形式自身的注意。而建筑与城市的先锋态度是要把传统中不纯粹的因素驱逐出去，他们向早期的现代主义大师看齐，试图理解当前的社会发展状况，并针对社会问题或批判社会或改造社会，将自己的作品视为塑造全新社会生活的空间载体。不仅如此，这种视角强调借助于脱离原有语境的超尺度体量或新奇形式表达对于传统的反叛。一些先锋建筑师还试图用作品表达对于社会现实的批判或反讽，以这种相对反叛的姿态解构以往相对传统的表达方式。

为了更好地说明所谓先锋的内在特征，我们对发端于20世纪初的现代主义先锋派所体现的思维观念进行简要的回溯。当时的先锋派倡导为艺术而艺术，艺术和美被视为与现实生活相对立。

现代工业革命以前，传统文化曾属于少数文化精英所创造，进入现代社会之后，大众文化作为一种全新的文化形式出现了。而先锋观念与大众文化是相背离的，大众往往无法理解先锋派为代表的种种现代艺术形式。奥尔特加·伊·加塞特（Ortega y Gasset）曾对这种现象进行了深入的分析，认为先锋派现代艺术总有一个与之对立的大众，先锋是反通俗的。他分析认为先锋派艺术乃至整个现代主义艺术的一个基本性质就是它的精英特性，它的“小圈子”与“自恋”特征；而大众难以理解先锋的创作，主要原因是其中的“去人性化”（dehumanization）特征。他认为先锋在隔断艺术与日常经验的世界的联系，同时先锋对传统进行反叛，以此达到对于艺术纯粹性的追求。[①]

可以认为，先锋并不追求主客观的辩证统一，讲究“外在世界和内心世界的统一”，同时先锋也不追求塑造典型范式，将个别与统一相联系，而是“抽掉现实的抽象”。当然也有一些思想家对于先锋所具有的创新意义进行了肯定，比如法国思想家让–弗朗索瓦·利奥塔（Jean–Francois Lyotard）就认为先锋派艺术从传统的美学中解脱出来，进入以崇高为代表的更为开放的美学之中。[②]不管如何，先锋作为特定时期创作主体的一种对待社会现实与过往传统的态度，确实为建筑艺术的自律性提炼与发展提供了基础，但在社会状态不断发展的现实状况下，这种对于建筑艺术的先锋态度在悄然发生着转变。

2. 后锋

与先锋相对应，美国理论家肯尼斯·弗兰姆普敦曾就建筑与社会语境之间的互动关系提出，建筑学今天要能够作为一种批判性的实践存在下去，就要采取一种“后锋”派的立场，也就是要使它自己与启蒙运动的进步神话以及那种回归到前工业时期建筑形式的冲动保持等同的距离。只有这样才有能力去培育一种抵抗性的、能提供识别性的文化，同时又小心翼翼地吸取全球性的技术。[③]先锋自然是与“启蒙运动的进步神话”相关，甚至是“抽掉现实的抽象”；不仅如此，先锋一般还带着鲜明的精英色彩，也可能是大众难以理解的产物。所谓后锋显然是与先锋相对照的，但这又不是要“回归到前工业时期建筑形式”，而是在避免创造典型的同时“去培育一种抵抗性的、能提供识别性的文化”。

杰姆逊曾对现代主义之后的社会状态进行分析，认为艺术和生活的界限消失了。在现代主义文化中，现代主义艺术有强烈的自律性，并和生活保持一定的距离。而在当代社会艺术和生活之间的距离在逐渐消失，艺术也在逐渐和生活融为一体。文化已经成为大多数人的日常生活的一部分，或者说是一种“生活的审美化”。杰姆逊指出后现代主义的文化已经无所

① （西班牙）奥尔特加·伊·加塞特. 艺术的去人性化[M]. 南京：译林出版社，2010。
② （法）让–弗朗索瓦·利奥塔. 崇高与先锋[M]//周韵主编. 先锋派理论读本[M]. 南京：南京大学出版社，2014：186–202。
③ （英）肯尼思·弗兰姆普敦. 现代建筑：一部批判的历史[M]. 原山等译. 北京：中国建筑工业出版社，1988：395。

图4-17　法国巴黎旧城区的广场，充满了彩绘、涂鸦、波普雕塑等各种要素的并置

图4-18　2010年上海世博会西班牙馆

图4-19 法国文化与通信部建筑立面的更新设计

图4-20 法国奥赛博物馆细腻的室内空间

不包了。在19世纪，文化仍然是逃避现实的一种方法。而到了后现代主义阶段，文化已经完全大众化了。[①]

正是在这样的背景下，所谓后锋的建筑观实际上已经不把建筑本身作为反叛传统的重要手段，而是强调通过创作者对生活世界的独特发现建立与社会的联系。先锋与自律相对应，强调的是要与生活保持一定的距离；而后锋则与自在相匹配，并不再强调和生活保持距离，而是和生活融为一体。可以认为，后锋的建筑可以使得建筑成为多数人日常生活的一部分，或者说是一种“审美的生活化”。先锋是精英的、小众的，后锋则意味着精英和大众界限的逐渐模糊；先锋是宏大的、独立的，而后锋则是微观的、开放的。

这种相对微观与开放的认识观强调对于“情境”的建构。20世纪中叶出现的情境主义者在对现代主义城市空间的批判中提出了要“建构情境”的日常生活实践以及对于游戏社会的愿景，这一思想在后锋的认识观中得以体现。秉承着这一观念的建筑师尝试从日常生活的角度重新审视城市空间，提出生活情境在空间塑造中的重要性。他们视野更为开放，将建筑作为城市的一部分，开始关注城市空间品质的整体提升，而当前多元的城市空间为他们的实践提供了可能。

于是，建筑师们又开始重新检查高技和低技、轻和重、透明和不透明以及抽象和具体这些基本范畴的关系。他们从追求语言的独特与现代开始转向对于语境的重视，建筑背后文脉的重要性在逐渐增加，并越来越强调对于地域文化以及自然景观要素的利用。他们在更为开放的研究框架中整合建筑与景观、城市与乡村，并避免塑造与文脉不相关的纪念碑式的雕塑化建筑。

可以认为，与先锋那种直接的批判态度相比，后锋是相对谨慎与小心的。实际上，社会发展中不断涌现出的新问题也在对建筑学提出开放的要求，在多元化的思潮以及各种问题的冲击影响之下，建筑设计需要不断扩展，从更广泛的领域中吸取经验来解决当前出现的新问题。在多元化与扁平化的社会中普遍的共识已经消失，但其中仍然蕴含着需要进一步去发掘的新的文化逻辑[②]，因此，后锋这一策略正试图与全新的、多元的技术条件及社会形态建立联系，越来越开放的建筑师在借助新的思想与技术手段尝试着各种各样的应对策略，并从更广泛的视角来研究建筑设计问题。

---

① （美）弗雷德里克·杰姆逊. 后现代主义与文化理论：弗·杰姆逊教授讲演录[M]. 唐小兵译. 西安：陕西师范大学出版社，1987：129。
② 杰姆逊. 关于后现代主义[N]. 周宪译. 文论报，1995-5-15。

4.3 结语：人文之美

1. 人本性思维

不管是社会的角度还是个体的角度，从主体维度出发进行建筑设计的思维都与人的基本状态有关。因此这种思维方式显然具有深刻的人本主义立场，是在社会不断发展变异之后的一种反思，是对于社会变化下人的命运与价值的重新关注。这一基于人本视角来看待空间与主体关系的思想，显然也成了当代建筑创作与审美体验的思维方式之一，并且从多个方面影响了主体认知与社会。

在第二次世界大战之后，伴随着现代化进程的深入，对于包豪斯体系的批判也日渐增多。在20世纪40年代，曾经将格罗皮乌斯请入哈佛的哈德努特与格罗皮乌斯变得势同水火，这也提前预示了现代主义建筑观对文化、精神和情感需要不重视的失败。1945年，哈德努特第一次提出后现代的提法，他也强调建筑教育应重视建筑史和城市文化教学。①也有人提出格罗皮乌斯的崇高理念和实际语境之间的紧张关系造成了过于抽象与公式化的教学计划。②20世纪40年代末期，普林斯顿大学召开了名为“为现代人建筑”的研讨会，会上有学者提出，感知是建立在主体的体验和价值观上的，并号召对于“纯形式”这一抽象逻辑进行在思考，并强调主观天性对于环境感知的重要性。西格弗里德·吉迪恩（Sigfried Giedion）认为由现代性引出的基本问题是思考和感知之间的背离，而“片面的专业化”则是“我们时代的基本毛病之一”。他曾在书中以“平衡的人”为题，号召在自然和人工环境、过去和未来、普世化和专门化中寻求动态的平衡。③正是基于这样的思考，一些坚持“新人文主义”的建筑教育家开始强调关注“人的需求的多样性和完整性”。

与自主性思维相对应，人本性思维是相对开放的思维方式，它从人出发思考建筑与人文的内在关系。这里的人既是创作者，同时也是使用者；既是各自单独存在的个体，也是作为群体共同存在的社会群体。这一思维方式与历史上的人本主义思潮也有着共通之处，也可以被认为是对启蒙运动以来以理性为基本特征的背反。历史上的人本主义强调人的价值，将人作为事物的基本评价标准，而当代的人本主义从主体出发具

---

① Anthony Alofsin. Challenges to Beaux-Arts Dominance. Architecture School: Three Centuries of Educating Architects in North America[M]. Cambridge: MIT Press, 2012: 19.

② Klaus Herdeg. The Decorated Diagram: Harvard Architecture and theFailure of the Bauhaus Legacy[M]. Cambridge: MIT Press, 1985.

③ Sigfried Giedion. Mechanization takes command: a contribution to anonymous history[M]. New York: Oxford University Press, 1948: 714-23.

有了更多的内涵，体现了一种深刻的对当代社会多元发展过程中人的深切关注。与这种人本的思潮相对，建筑设计中的人本性思维关注到了当代社会中人的状态，从创作者与使用者的角度出发去进行物质建筑空间的设计。

这种人本性思维方式在当代社会同样具有重要的意义。在信息时代与消费时代，人这一核心要素在被异化或被视为抽象的观念或事物，甚至在逐渐被忽视；在新的社会状况之下人的异化又会产生有关于当代人文的危机。人本性思维具有一种关注社会的立场，它关注到了社会的发展，对当代社会中人的状况进行分析和揭示。建筑与人息息相关，人本性思维能帮助实现建筑空间中的个体需求，同时也能提升建筑背后的社会人文价值。与此同时，人本性思维能提醒设计者们不再局限于传统的建筑学分工，借助于对人的价值与可能性的深入挖掘，人本性思维可以帮助建筑设计在更广阔的领域内实现突破，特别是可以通过社会人文方面跨学科的研究实现人文价值的深度体现。

2. 人文之美

在人本性思维影响之下，建筑背后的人文价值越发显得重要。也正是在第二次世界大战后西方科技大发展、高度重视技术的背景下，一种新的人文精神开始出现，这既是对技术理性趋势的一种反思，同时也是对人的复杂性的再次深挖。当时一批持着“人本主义批判”思想的理论家包括福柯、德里达、德勒兹和利奥塔等人的思想开始流行。当代西方科学与人文的分野与之前传统的技术与艺术，以及现代性精神中的启蒙现代性与审美现代性之争相对应，但又有了新的内涵。在人文领域当代出现了制度化和专业化的人文学科。与这种高度专业化的人文发展相对应，人文之美也成了建筑审美的重要维度。而随着社会的发展，新的时期关于建筑人文的审美也有了全新的意义，人们的关注对象从客体向主体转移，尤其对直觉、本能等主体的感性因素越发重要。

首先，传统注重视觉的审美方式在向着更为感性的方向演化。自律和先锋在一定程度上意味着理性、文本和形式，而自在和后锋则更为强调经验、话语和感觉。马歇尔·麦克卢汉在关于媒介的理论中提出，视觉社会已经被触觉社会代替，有关视觉的特性如质量、力量和重量已经被有关触觉的特质即流动、相互关系和无形的价值等关键词所代替。在建筑设计领域，埃森曼在20世纪90年代初就曾提出，新的时代在抛弃传统的建筑视觉审美方式，传统的主体占据固定位置对于空间进行欣赏的方式已经发生转变，在从反映透视角度的智力活动向纯粹图像式的情感事实转变。这种新的审美方式提醒人们关注不确定的其他空间的存在，像埃森曼所说的要去理解存在“一种情感的空间，空间中存在一个维度，既错位于人类主体的话语功能与视觉，并在同一时刻创造出一个时间条件、一个事件中存在从环境回看主体的可能性”[①]。这种相对感性的审美方式也在对于现代主义式、英雄式及知识分子式的空间审美方式进行着解构，身体的全方位感知甚至超过了单纯视觉的审美。

人本性思维关注主体，强调直观感受，把个人的主观情绪看作创作与审美的重要因素。与此同时，人们关注的重点不断向主体意识的可能性这一命题转移。在前文我们曾经提到，当代西方建筑审美体现了对人的主体意识的关注，主观情绪成为人们创作与审美的来源。从原型论、完型论到现象学、场所论，建筑美的创作与欣赏离不开人们的主观体验，这也与休谟、克罗齐、柏格森等美学家们的探索与思考不谋而合。人们不断深入到主体审美心理、生理研究，其中非理性因素如直觉、本能等因素被加以关注。创作者与欣赏者的思维方式从理性转变为非理性，原先形式背后的传统理性内涵也逐渐被当代的非理性与反理性所代替。与思维方式的转变相适应，当代建筑审美对象范围不断扩大，越来越多的美学范畴开始出现。这一现象也来源于人们对自我与外在世界认识的不断加深，伴随着这一过程，建筑审美与人的日常体验与感受越来越近。审美特点表现为感觉性和此岸性，其中身体的作用极为重要，审美越来越注重单纯的冲动、快乐和身体快感。[②]

于是，创作者的主观表达越来越突出，同时，审美主体的能动作用也越来越被重视。由于视觉文化与消费文化的引领，人们更加重视直观的感官体验，新建筑带给人的审美感受越来越直接。科学技术的进步使这种变化成为可能，基于各种新兴科技的视觉可能性不断扩展，新的视觉体验与花样不断翻新，这又更加刺激了人们对新的审美体验与感受的渴望。

这种变化意味着艺术形式与生活本身的差别越来越小，作为容纳人们日常生活的物质载体，建筑呈现出的形式特征与日常生活的边界开始模糊。正如当代艺术领域的出现的观念艺术、行为艺术、装置艺术等艺术形式一样，它们对现代初期的艺术形式进行了反叛，逐渐从强调自律到与人们的生活相联系，艺术与生活之间的界限渐渐模糊。[③]

同时，随着主体状态的变化与创作手段的多样化，有关建筑的审美也出现了泛化。有学者指出，“审美泛化”包含着双重的逆向运动：一是“日常生活审美化”（当代文化的“超美学”走向），二是“审美日常生活化”（前卫艺术的“反美学”取向）。前者直接将“审美的态度”引进现实生活；后者则力图去抹掉艺术与日常生活的界限。[④]与此相似，当代建筑的审美

① Peter Eisenman. “Visions” Unfolding: Architecture in The Age of Electronic Media[J]. Domus, 1993, 734: 17–25.

② 吴予敏. 美学与现代性[M]. 北京：人民出版社，2001：154。

③ Mark C. Taylor. Disfiguring: Art, Architecture, Religion[M]. Chicago: University of Chicago Press, 1994: 3.

④ 刘悦笛. 生活美学——现代性批判与重构审美精神[M]. 合肥：安徽教育出版社，2005。

生活化与生活审美化无处不在。

随着科学技术的进步，快速的复制与拼贴变得十分简单，技术的高速进步促使商业性的大规模制作成为可能；同时媒体的发达又使创新的时效越来越短。因此，“新”越来越难以获得，为了获得“陌生化”的新鲜感，建筑之外有关日常生活的各种信息与技术必然成为借鉴的对象。人们的日常生活催生出了更为广义的建筑符号，人们的生活世界突然成了建筑创作与欣赏的源泉，生活方式与技术手段都成为人们的审美对象与创美手段。

在当代的消费文化影响下，商品与艺术品的界限也越来越模糊，“美”由原来的圣坛之上走了下来，为了迎合大众的消费需要，越来越多的作品或产品被贴上了“雅俗共赏”的标签。正如实践美学学派所提倡的“生活是美”，进入当代，一切都可以成为美，这种审美状况也为主体维度的当代转变提供了可能。

于是，越来越多的新建筑一反过往纪念碑式的雕塑化情节。建筑形式的生成并不再依赖于预先设定的规则系统，而是通过相对浪漫与感性的方式形成富有生命力的空间体验。与此同时，对应于复杂多元的社会需求，建筑像时尚和当代艺术一样开始从实体转向消解。传统纪念碑式建筑的原则被突破，建筑从大量承担膜拜、纪念等社会功能中走出来，转而走向日常生活的微观体验。建筑空间特质开始变为中立的、同质的，也可能变成短暂的甚至是消失的。于是，建筑的复杂性不再体现为和谐或是矛盾，而是柔软、光滑、变幻、轻质与透明。与现代主义时期的透明性相比，这种新的“透明性”又有了新的内涵，变得更为复杂、隐喻甚至诗意。

与这种变化相对应，多元与人本地去阐述空间深度的方式开始出现。在设计的过程中，先锋式的现代空间设计所关注的语义、结构与隐喻被更为放松的空间语言所取代，人们更多考察空间客体与观者主体之间的互动，强调受众在空间中的感受与体验。如果说快速建设期的城市空间突出尺度巨大、更具有象征意义的摩天楼或纪念碑的话，那当代的建筑设计越发强调规模适度、同时具有人文情怀的生活化空间。这类空间更多地体现出了一种相互关系，以往对于空间标志性的要求逐渐消失，取而代之的是更为具有体验感同时解决实际问题的丰富场所。

这种新审美观的出现与社会思潮密切相关，在新的时代背景下，以往为了体现对于传统的解构而出现的巨大型建筑再一次被解构，不过这次不再是由更大的、形式和功能元素更为丰富的容器，而是轻质的小型化建筑。

本雅明曾对当代社会审美价值的变化进行研究，他认为传统艺术具有韵味的审美价值，而到了机械复制时代艺术品的韵味在逐渐丧失，这种变

图4-21　诺曼·福斯特（Norman Foster）在新设计的伦敦一栋新办公楼中融入了更多的人文色彩

化反映在艺术品的膜拜价值转变为展示价值，审美方式则从有距离的审美静观到无距离的直接反应、从个体的品位到群体的共同反应等方面。①这种解读也可以作为对于建筑人文之美的一种注解，建筑审美在逐渐从原有强调距离、膜拜欣赏式的关注作品自身，转向关注作品和受众关系的互动，主体与对象之间的距离逐渐消失，视觉之外的感觉体验开始出现；而受媒体技术发展的影响，传统的个人品位方式转变成了集体大众的公共互动，一种“群体性的共时接受”模式开始出现，并开始从多元化的人文视角探讨有关建筑空间审美这一永恒的话题。

① （德）本雅明. 机械复制时代的艺术作品[M]. 王才勇译. 杭州：浙江摄影出版社，1993。

MANGO

第5章

当代建筑设计的环境维度

从环境出发一直是建筑创作的原则之一，但其实有关环境的定义却是在不断发展的，尤其是在当代随着人们对于世界认识的深入，环境这一概念便有了更为广泛而细腻的内涵。在西方传统物质与精神二分的思维中，环境是一种客体的存在，与客观的自然环境相对应；但从另一个角度来说，环境也可以指代更为广泛的外部世界，其中就会容纳有关社会和文化等各方面的综合要素。如果从前一种思维模式出发，即在西方传统的思维方式中，环境是独立于主体而存在的，而且被视为是外在于人类主体的客体对象，需要被人类改造和利用。与之相对应，在建筑设计的传统认识中，主体在某一位置关注着环境，环境成为远景式的客体。在这种人与环境相分离、将环境对象化的思维方式主导下，环境意味着是以视觉为主导认知方式进行观察，并且是具有一定边界的外在客体。到了当代社会，在科学技术的进步以及思想认识的推动之下，原先作为远方客体存在的环境开始成为与主体交融的整体系统，这个环境的大系统容纳了主体与客体、物质与社会等因素，人与环境被联系在了一起，共同形成了一个复杂联系的系统。主体也在其中感知与生活，原先内外部的割裂在整合之下逐渐消除。

这种人与环境整合的思维观念可以追溯到19世纪西方生态科学的研究，当时生态学家通过研究就提出有机生物与外在环境适应共生的观点，认为生物体与环境互相影响。后来越来越多的科学研究在证明着这一观点，并且超出了原先两者简单联系的思想，而是更进一步地向深入发展，将自然、地理、气候、社会、文化等因素都纳入到了环境研究的系统之中。与这种认识相对应，和建筑有关的环境既是指自然环境，同时也包括社会文化环境。而当代建筑设计对于社会文化维度的环境观也越发关注，种种相关因素都纳入到了环境研究的系统之中。

因此，环境指涉的对象在日益扩大，研究的对象从自然的环境拓展到整个人类生存的环境，包括自然、地域、社会、城乡等。这种整合的思维观不仅对建筑设计提出了更高的要求，而且对建筑学的知识系统提出了要求，设计者需要不只是关注到建筑空间与场地的关系，更要关注与整个环境系统的关系，同时还要能从微观视角关注环境中人的具体体验与感受，为自然与社会环境的联系、客体与主体的融合提供更多的可能性。

美国学者阿诺德·伯林特（Arnold Berleant）曾经从整合的角度梳理了反映当代环境认识的概念用词，认为当代的环境应该是由“充满价值评判的有机体、观念和空间构成的浑然整体”，但似乎很难用英语的一个常用词汇来加以概括，他提出“母体（matrix）”“状态（condition）”“领域（field）”“内容（context）”和“生活世界（lifeworld）”等词汇要比“背景（setting）”“境遇（circumstances）”“居住的环境（the environment in which we live)”要好。[①]伴随着对于环境问题的关注，对于人与环境关系的研究早在多个领域展开了，并取得了一系列的成果，这必将对建筑设计产生重要的影响。为了更好地说明当代西方建筑设计思维与审美中的环境观，笔者尝试从建筑与自然环境、建筑与城乡环境这两方面进行探讨。

5.1　自然环境：移情 / 抽象

在自然环境的维度，通过科学技术的进步与计算机方法的引入，人们对于自然的观察与理解愈加深入，向自然学习成为一些当代建筑师再次出发的动力源泉。不仅如此，从自然环境出发还意味着从环境气候角度来解决气候变暖、自然灾害等方面的问题，由于这方面还涉及建筑技术层面的问题，因此从这一维度出发的讨论还将放在建筑与技术这一章节进行。

在有关人与自然的关系认识中存在着不同的理解，如果将这些认识分为两个极端的话，其中一种观点认为自然环境属于独立于人的外部世界，而另一类观点则认为自然环境与人密不可分，两者是融为一体的。

在西方传统的世界观中，人们将自然看作是人类生活之外的一个独立对象，与人的存在相疏离甚至是造成自然灾害的客体。因此，自然是未知的甚至是可怖的，需要被人类征服、控制，并服务于人的生活。这种思维观将自然看作是与人类相对立与冲突的客体对象，人类只有通过理性与意志才能去征服和改造自然。在这种较为极端的认识之外，也有人提出自然与人的分离并没有那么对立，两者是可以和谐共处的，自然是人们生存生活的基本条件，人们必须要充分理解自然。这种观点再发展就成了另外一种对于自然的态度，就是人与自然一体化的观点。

与这两种对待自然或融合或远离的态度相对应，在艺术设计与审美领域，德国艺术史家威廉・沃林格尔提出了美的移情与抽象之间的区别。移情可以看作是艺术融入自然的思想，而抽象则可以看作是艺术远离自然的思想。沃林格尔认为，移情产生于人与外部世界的和谐、快乐的关系。几何抽象性的艺术并未追寻有机生命力的表达，这些艺术与自然主义的移情性艺术是直接对立的。沃林格尔指出，抽象冲动是这种几何艺术背后的心理性力量，它象征着人与外部世界疏离的心理状

① （美）阿诺德・伯林特．环境美学[M]．张敏，周雨译．长沙：湖南科学技术出版社，2006。

态。[①]美的移情论认为认知来源于从属，理解或创造的基础都是因为我们就是自然的一部分，而自然的规律是可以被认知的，我们可以通过认知这些规律来进行美的创作；美的抽象论认为认知来源于对立，我们进行创造正是因为我们无法把握世界的全部规律，自然是无法被认知的，我们需要创造新的规律来进行创作。心理学家荣格在《心理学类型》一书的“美学中的类型问题”一章中，做出了同样的论述。他将移情与外向性，将抽象与内向性联系起来。[②]因此，这两种对美的认识态度来源于人类认知自然的两种方式，威廉·沃林格尔将移情和抽象作为美的形成方式的两个极端，并由此提醒人们注意到人们对于自然的不同态度。[③]

在探讨建筑与自然的关系时，当代建筑设计与审美的发展演化也多少体现出了移情与抽象这两种思想的影响。有研究者将20世纪90年代后期新出现的景观式建筑分为了7类，分别是有机景观、后有机景观、技术景观、软技术文脉式、隐喻和抽象式景观、非建筑和雕塑式地形建筑这7种类型（the organic landscape、the post-organic landscape、the technological landscape、soft-tech contextualism、metaphorical and metaphysical landscape、dis-architecture、a sculptural approach and landform architecture）。如果将7类再进一步划分的话，就可以大致看出移情与抽象这两种思维导向的影响。该书的作者还接着论述了美国东西海岸建筑师在处理建筑与自然关系时的不同态度，他认为与美国西海岸的建筑师相比，东海岸的建筑师要少一些雕塑感而多一些抽象性。[④]这些解读无疑能从一定程度上反映出建筑师们对于处理建筑与自然关系的不同态度，而移情与抽象正是这些不同态度的极致反映，本节就分别从移情与抽象的角度出发对这两种思维及其影响进行探讨。

---

① 在沃林格尔的《抽象与移情》一书中，沃林格尔认为，人类艺术形式创造活动是为了满足某种深层次的心理需求，艺术作品因此可以区分为两种不同的类型，一种是让人感觉自然和亲切的艺术，如古代希腊和意大利文艺复兴时期的艺术，线条柔和，形象生动，作品充满了有机生命的活力，它们满足了人的一种肯定自然有机生命活力的心理需求；另一种是类似于古代埃及、印度和拜占庭的艺术，具有显著的几何抽象化特性，人们在其中寻求的是能够使自身从现象世界中脱离出来。那种让人们感觉自然、亲切的艺术一般会被称为自然主义或写实主义，但实际上这些艺术也不单单是一种对自然单纯模仿的行为，从本质上讲这类艺术形式仍然是一种对自我生命活力的肯定，美学理论家们把这称为移情。详见：（德）沃林格．抽象与移情：对艺术风格的心理学研究[M]．王才勇译．沈阳：辽宁人民出版社，1987。

② 详见：（瑞士）荣格．心理类型学[M]．吴康等译．西安：华岳文艺出版社，1989：347。

③ 艺术在两种相反的倾向上走了极端，沃林格尔暗示，构成最初或原始人类状态的，是抽象的疏离态度（或远离自然的态度），而不是古典的移情态度（或融入自然的态度）。移情的前提条件是，自然是有序的、可理解的，抽象的前提条件是，自然是混乱的、不可预测的。

④ Luigi Prestinenza Puglisi. New Directions in Contemporary Architecture[M]. Wiley: John Wiley distributor, 2008: 147–160.

5.1.1 移情：有机与拟像

在进入当代社会之后，通过科学技术的进步与计算机方法的引入，人们对于自然的观察与理解愈加深入；在后工业时代，人们对于绿色的注重自然品质的生活愈加向往。于是在重新向自然学习理念指引下，或追求绿色自然的生活空间、或追求自然生长的复杂建筑形态成了一些当代建筑师再次出发的动力源泉，这种趋势对应了向外在自然界学习也就是移情的思想。从移情的角度来看，建筑形式美的源泉是外在的自然世界，外在世界的天然美之中蕴含着美的真谛，必须从中探究发现人们可以借鉴并进行再创造的规律。基于这种移情的思维观，认知或创造建筑的基础都是因为建筑被理解为自然的一部分，我们可以通过观察与解析自然界的形态和规律来进行建筑美的创作。这种新的时代背景下移情的思想也导致了景观拟像式的建筑的出现。

这种趋势的一种表现就是仿自然的景观化建筑的大量出现。1997年，在一个于意大利召开的名为“景观和建筑语言的零度写作”（Landscape and the Zero Degree of Architectural Language）的会上，意大利学者布鲁诺·赛维（Bruno Zevi）调查了建筑和自然新关系的形式意义。对于他而言，当建筑变成景观，就必须从预先编纂好的艺术语言修辞方法中解放出来，这种思维可借鉴罗兰·巴特一直要求的零度写作。[①]在这种思维之下，建筑成了展现自然元素的舞台；而在2000年的一本名为《绿色建筑》（*Green Architecture*）的书中直接提出了“自然第一，建筑其后”（First nature, then architecture）的观点。[②]

这些仿自然建筑的一大特点就是与自然的亲密联系，建筑体量往往呈现为水平线条状，而且被绿草和木材等自然材料所覆盖。这些建筑并不完全是模仿自然的，而是将建筑与自然元素紧密结合，将建筑空间与周边景观特色进行整合。这些建筑设计保证了对当地生态系统的最小冲击，通过对于自然环境要素的仔细考察与应用，延续了场地的自然要素，并通过大量使用自然材料，仔细的控制建筑细节同时不失去人与周围环境的和谐关系。

移情和拟像的第二种切入手段与数字技术的发展相关，一些对于自然生物结构、形态图式与内在生长机制的研究也成了建筑师们的研究对象与创作源泉。早在1993年，格雷戈·林恩（Greg Lynn）在《建筑设计》（*Architectural Design*）编辑出版专辑《折叠建筑》（*Folding in Architecture*），其后他又发表了《泡状物》（*blobs*）一文，针对未来数字建筑的发展提出

---

① Luigi Prestinenza Puglisi. New Directions in Contemporary Architecture[M]. Wiley: John Wiley distributor, 2008. 147.

② James Wines. Green Architecture[M]. Taschen. 2000: 178.

图5-1 建筑与自然环境

图5-2 掩映在自然环境中、与自然和谐共生的建筑空间

了“泡状物”的思想。1995年，查尔斯·詹克斯出版《跃迁性宇宙的建筑》（*The Architecture of the Jumping Universe*），表达了返回自然复杂形式研究的紧迫性，其中他引用了伊利亚·普里高津（Ilya Prigogine）“耗散结构”理论。1997年，詹克斯又在英国《建筑设计》杂志上发表文章，文章标题为《非线性建筑：新科学=新建筑?》（*Nonlinear Architecture New Science = New Architecture?*），他在文中再次预言了伴随着科学发展复杂性科学将为建筑的发展带来新的契机，并提出了三个具有代表性的建筑案例：毕尔巴鄂古根

图5-3　自然界的各种元素肌理给了人们新的启发（来源：*Nature's Patterns*，*Dynamic Form in Nature*）

图5-4　维也纳经济商业大学图书馆室内

海姆博物馆、辛辛那提阿罗诺夫中心和柏林犹太人博物馆扩建。在新的科学思想与技术手段影响之下，一种对于复杂建筑形式的审美趋势逐渐出现。

在其他学科领域，吉尔·德勒兹（Gilles Deleuze）的褶子思想、雷内·托姆（Rene Thom）的形态发生学理论还有复杂性科学理论相继出现，这些也成了建筑师借鉴的理论源泉。于是，伴随着对于自然规律的再发现，同时受新的科学思想与技术的启发，一种新的具有自然形态的建筑形式开始出现。一些建筑师开始利用新的计算机技术来探讨更为复杂与自然形态相类似的建筑形态生成。新的科学技术特别是数字技术在这一过程中发挥了很大的作用，但需要注意的是，这些复杂建筑形式的生成背后的原始逻辑还主要是移情与拟像的思维观。因此，数字技术可以看作是建筑师向自然学习的一种手段。

不管是追求绿色自然的生活空间，还是追求自然生长的复杂建筑形态，这种创作的前提还是基于对自然本身的再发现与理解，正是因为当代社会人们对于自然的客观规律有了进一步的认识，才有可能创造出这些新颖的与自然相匹配的建筑形式，这也是当代景观化建筑得以大量出现的重要保证。在认知了解自然界规律与建筑环境关系的过程中，一方面人们在深入挖掘自然有机体的规律，另一方面也在确定人的基本生理需要与环境物理之间的内在关系。

这些景观化建筑也都反映出了移情的价值观，都在试图挖掘自然环境的内在规律并使建筑与之相匹配，并通过对自然的模仿、借鉴和移植追求更为有机的、自然的生命力的形式表达。当我们把目光投到另一个极端时，与移情相对应，抽象的思维规则以另外一种方式表达着建筑与自然的内在联系。

5.1.2 抽象：极简与模糊

从移情的角度来看，建筑形式美的源泉是外在世界，外在世界的天然美之中蕴含着美的真谛，必须从中探究发现人们可以借鉴并进行再创造的规律；而从抽象的角度来看，建筑形式美来源于一种人为定义的内在秩序，这种秩序是人们面对复杂、难以探究的外在世界时的一种基本反应。其中的规律并不是来自于自然世界，即使外在世界是存在美的规律的，这种规律也不是可以被人们认知并加以利用的。与这两种不同的观点相对应，对于一些建筑师而言，充分考虑自然环境不一定会创作出复杂的仿自然的形式。他们往往在探寻自然环境的现象与规律之后，挖掘自然环境的隐含的结构与意义，并选择从建筑自身的逻辑从内而外的去建立与自然的联系。

其实早在20世纪60年代，受现象学的启发，舒尔茨就在《场所精神》

一书中对建筑与自然的关系做过详细的论述，希望能通过对于自然环境的深入考察，发现其中隐含的秩序、结构和意义，并以此作为建筑创作的出发点与依据。自然环境由多种自然元素构成，成了人存在的基础，人类在自然环境中建造居住场所。舒尔茨认为不同的自然环境有着各自的特征、结构与蕴含的意义。

舒尔茨在分析自然环境现象时归纳了人们理解自然环境现象的五个方面，包括自然元素的力量、秩序、特征、光线和时间。他从人的感受出发将人的活动与具体的自然环境特征相联系，将自然环境分为了微型、适中和宏大三种尺度类型，这三种类型分别以挪威的森林、丹麦的乡村和法国的北部平原为例。不仅如此，他还根据自然环境的不同结构和特征定义了自然环境的三种不同内在气氛，即浪漫的、统一的和古典的三种具有典型代表意义的自然环境气氛。在此基础上舒尔茨将人们的居住空间与自然环境的意义相联系，试图深度挖掘自然环境对于人们生活的影响，以此去构建整体的人工与自然环境。①

正是在分析了自然环境的特征与内在意义之后，舒尔茨又针对人造环境进行了分析，他认为人造环境的结构和意义包含了人们对自然环境的理解以及对自身存在状况的认识。从这种角度出发，人造环境是特定自然环境和具体生活状况相互结合的产物。在此基础上，舒尔茨提出了三种建筑环境切入自然的方式，分别是显现、补充与象征。显现是指通过建设与自然环境结构和特征相共鸣的人造环境，使原有的自然环境更为明确有力地体现出来；补充是指人造环境对特定自然环境的补充，即在前者中加上后者所缺少而又为人们生活所必需的东西；象征具有一种来自具体状况但又超越其上的性质，因为它与某种带有普遍性的意义相联系，能将人们所经历到的意义从其产生的特定背景中提炼和解放出来，使含有特定意义的人造形式有可能从其产生地“移植”到另一环境之中。在当代建筑师处理与自然的关系时，回溯舒尔茨的理论仍然十分必要，其中显现可以认为与移情的思维较为接近，但两者的成果显然不尽相同，象征则与抽象的思维相匹配，而补充则介于两者之间。

抽象是试图提取自然环境的精神气质，并将人造环境与自然通过一种深层的机制联系起来。肯尼斯·弗兰姆普敦在一次访谈中提出了针对自然环境处理的批判性观点，他认为可能景观环境比建筑的单体设计还要重要，特别当他被问到“Un-Private House”展览的成功时，他认为这些参展建筑师除了根据自己的灵感出发，还应该像那些具有批判性的建筑师一样，比如阿尔瓦罗·西扎（Alvaro Siza）或安藤忠雄（Tadao Ando）那样，关注到建筑对于自然环境营造的责任以及整合他们的作品

① （挪）诺伯舒兹. 场所精神：迈向建筑现象学[M]. 武汉：华中科技大学出版社，2010。

到环境等问题。①该展览于1999年举办，其中展出了包括库哈斯在内的20余位知名建筑师的建成或未建成别墅设计作品，这些作品大都位于良好的自然环境之中，且都具有强烈的先锋与创新感。弗兰姆普敦提出建筑师需要关注自然环境并将建筑设计与自然环境形成整体，同时建筑师在处理自然环境时需要具有批判性。为了说明这种批判性，他以西扎和安腾作为案例来进行说明，结合他曾经提出的“批判的地域主义”观点，可以认为他针对自然环境处理需要批判性的观点是一种相对抽象的建筑设计思维观。与移情相比，抽象的思维与审美观更加强调把握自然环境的总体气氛与结构意义，并从中找到建筑设计创作与环境的深层联系。通过抽象形成的建筑形式并不是完全模仿自然的，而是通过创作者提炼更为内在的建筑逻辑去寻求与外在自然环境的统一。

与此同时，近年来当代艺术对于自然环境的主题的涉猎越来越多，一些新的有关自然的艺术形式不断出现，如环境艺术、大地雕塑、偶发艺术和集合艺术等。这些艺术都关注到了原先不被重视的自然环境，并从中提取灵感以此创造全新的艺术体验。这些新的尝试也对于建筑设计处理与自然的关系具有启发价值。例如，一些当代绘画、雕塑或其他艺术形式的创作者都从感知自然特征的角度出发，提炼自然环境要素对于创作的影响以

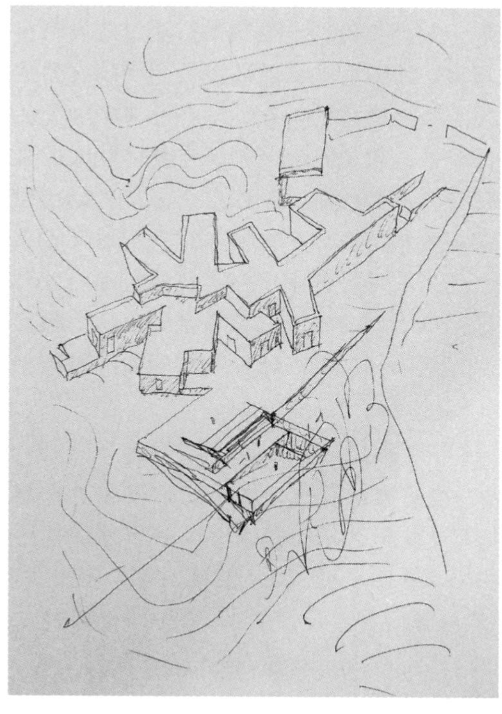

图5-5 阿尔瓦罗·西扎的设计草图反映了建筑与自然的抽象关系（来源：*Alvaro Siza: Modern Redux*）

① Kenneth Frampton. A conversation with Gunther Uhlig, ‘Towards a Second Modernity’ [J]. Domus, 1999, 821: 21.

图5-6　阿尔瓦罗·西扎设计的葡萄牙Adega Mayor葡萄酒厂（来源：*Alvaro Siza: Modern Redux*）

图5-7　英国伦敦丘园的两座桥都体现出了对于自然的抽象阐释

及主体形成的相应体验并以此去形成艺术创作，使得艺术作品的形式、质地和光线等要素与现实自然环境所具有的要素发生深层次联系。

这种对于自然的感知和创作的潜在联系与之前在现象学章节提到的梅洛-庞蒂对于塞尚绘画的研究有一定的相通之处。在梅洛-庞蒂看来，艺术家将画作为一种看世界的方法，也就是说艺术家通过绘画的活动去体验自然环境并进行创作。对于观者来说作品也不只是物体，而是“根据它来看”周围的自然环境。在这种与自然环境的互动关系中，即使艺术创作在变得越来越抽象，形式本身与自然的相似性在逐渐消失，但这种抽象化的作品将成为人们体验自然环境的一种模式，有关自然环境的体验感知如空间、颜色、质感、光影等要素将以新的方式出现。与之相类似，所谓抽象的建筑自然思维观也将更注重对于自然环境的抽象表达。

可以认为，移情是通过相对浪漫与感性的方式形成富有生命力的形式感受，而抽象则是通过相对冷静与理性的方式形成富有精神性的空间体验。不仅如此，在新技术与新材料的影响之下，当代自然环境中建筑的抽象处理也开始从实体转向消解。建筑空间特质开始变为中立的、同质的，也可能变成短暂的甚至是消失的。当代的环境审美模式是不同于传统对于环境的欣赏模式的，特别是在西方现代对艺术自律标准的追求之下，艺术形式的审美被认为有其自身独特的规律，独立、无功利的、静观、距离成了这种审美模式的标签。进入当代，在环境审美的过程中则是动态的、全身心的、全方位的感受模式。

另外，建筑材料的多元与建造工艺的提升提供了之前所未有过的可能性，不寻常的材料、各种表皮和出人意料的关系都使得自然环境中抽象冷静的建筑形式更加模糊自由。即便如此，我们也可以发现，对于建筑创作来说，不管是基于何种认知，都是很难直接得出建筑形式美规律与外在自然环境之间的联系规则。可以认为，正是由于建筑的特殊性，才导致了建筑形式与自然环境联系之间的界限并不完全明晰，这两种现象甚至在某种程度上是同时出现的，建筑之美正是移情与抽象相互斗争、同时又努力协调的结果。

5.2　城乡环境：解题 / 重塑

除自然环境之外，有关环境的另外一个维度就是以城市与乡村为代表的建成环境的维度。在自然环境中，建筑与自然的联系十分紧密，必须要充分考虑自然的各种要素。而在城乡环境特别是城市环境中，建筑与自然的关系较为隔离，更多的是考虑与周边建成环境的关系。

图5-8 纽约曼哈顿的高密度城市空间

在时代变化的冲击之下，城乡环境特别是城市建成环境的快速发展对于建筑设计产生了巨大影响。代表现代城市的思维和要素与传统建筑设计相融合，引发了当代建筑设计的再一次发展。城市化是现代主义建筑发展的重要驱动力之一。随着人口的不断聚集，城市的数量与规模的快速增长，城市问题成为建筑学研究的重要领域。需要注意的是，在大量发展中国家正处在快速城市化的进程中，并且这一趋势在短期内还将保持的情况下，一些发达国家的城市化进程已经结束，甚至出现了逆城市化的现象，人们对快速城市化所引发的问题开始反思。无论是城市化还是逆城市化，当前建筑设计均对其中的城乡建设问题给予了充分的关注。而当代的设计者们在设计过程中均强化了对于建筑所在城乡环境的研究，并希望能在城乡整体空间环境中发现、分析与解决建筑问题。而在解决城乡问题的同时，他们也在通过自己的作品重塑着属于当前时代的新城乡环境。当代城乡环境的文化、社会与空间条件越加复杂，这些也更加增加了建筑设计的难度与挑战。下面就从城乡环境维度特别是以其中的城市建成环境为例，从文化、社会与空间这三个方面对于这一环境维度进行介绍。

5.2.1 文化：全球化与地方化

全球化是当代世界经济文化发展的一个重要特征。全球化不仅是区域间经济上的互利，同时也是文化上的渗透和交融。建筑作为意识观念与文化背景的产物，不同时代、民族、地域的建筑往往有着不同的风貌特征。因此，在全球化背景之下的城乡环境营造中，建筑与文化这一传统课题愈发显得重要和迫切。如何避免匀质化，甚至进一步保护与发扬各地域传统建筑文化成为当前建筑设计发展中的一个重要课题。当代各个地区的城乡环境中的建筑设计均强调对于多元建筑文化的比较和研究。在这一趋势之下，地域建筑文化特色的传承与保护愈发受到关注，地方化也成为当代城乡环境营造中的一项重要内容。

作为对现代主义城市建设模式的修正，众多建筑师与理论家在现代主义以来以开放的态度来重新审视建筑学，他们将视野转向外部世界，开始寻求与当时科学技术发展相匹配，同时又能解决当时社会问题的新设计思维模式，其中对于地域文化的关注已经成为一个重要方向。从这一角度出发，建筑被作为社会文化环境的有机组成部分，不同地域与社会文化环境会产生不同类型的建筑环境。与自然环境对于人们居住生活产生重要影响一样，社会文化环境也通过各种方式影响着人们建筑环境的生成。因此，特定的城乡社会文化环境具有特定的意义，这也成为探讨建筑学科与实践研究和发展的重要方面。

从这一角度出发，20世纪以来建筑界涌现大量强调关注建筑文化的理论思潮，人们关于现代之后建筑内涵的思考越来越深入，这些理论思潮对于我们而言应该并不陌生。受现代主义的影响，大量新建筑与城市环境的既有文脉的联系在逐渐减弱。这些研究关注到了这一问题，从建筑与环境的整体性角度尝试为城市环境中的建筑设计制定一定的规则，为理解和设计建筑城市环境提供依据。为了实现这一目的，这类研究往往注重分析考察各个地方的特色建筑环境，持续探讨历史价值、城市文脉表达并有所发展，探索物质环境背后的文化意义。

其中肯尼斯·弗兰姆普敦提出了“批判的地域主义”；而罗西在出版了《城市建筑》之后，于20世纪70年代开始在美国的一些建筑院校讲学，介绍建筑类型学理论。美国学者阿摩斯·拉普卜特（Amos Rapoport）自20世纪60年代始完成了《建成环境的意义——非言语的交流途径》《宅形与文化》等一系列著作，对于建成环境中的文化因素进行讨论，论述文化对于环境的影响与重要意义。在《建成环境的意义——非言语的交流途径》一书中，他提出人们是以获得的环境意义来对环境做出反应的，城市的文化景观能够形成就说明人们对于城市环境的认知存在着共同图示。[①]另外还有一些研究揭示了人们在不同环境中所表现出的不同心理感受，以此揭示特定环境所具有的特征与意义，也有的研究关注了人们的行为生成与背

① （美）阿摩斯·拉普卜特．建成环境的意义：非言语表达方法[M]．黄兰谷等译．北京：中国建筑工业出版社，2003。

图5-9 世贸大厦重建方案

后的建筑环境之间的内在关系；而从建筑环境认知评估角度，大量研究探讨了建筑环境的结构和人们分析评价建筑环境品质的肌理，探讨了环境意义与人的心理这两者之间的内在机制。

不过20世纪90年代以来，在计算机技术的冲击下，对于地域文化的关注似乎日渐式微，但近年来一系列重大事件又重新使人们注意到全球化这一重要议题。2001年9·11事件发生，这之后的国际建筑界对于全球化背景下的不同区域发展问题反应复杂，逐渐又燃起了对于文化、场所、地域和建筑设计关系的重视和讨论。人们由于对全球化的复杂情绪，开始重新寻求快速发展之后对于地方化这一问题的慢速思考。

一方面，近年来全球不同地区与文化背景下的交流日趋频繁，相互影响更为广泛。一些学者从地域文化保护出发，对于现代主义后期国际化形式的泛滥提出了批评，强调注重全球化交流的同时还需尊重各自的地域文化特色。但另一方面，正如法国哲学家保罗·维希留（Paul

Virilio）所指出的，在不断涌现的新科技影响之下，全球化对于地方化的冲击越来越强烈。2009年他与人一起在卡地亚当代艺术基金会举办了“故土”联合展览会。他认为全球化的信息技术等手段把全世界统一在一个时间维度，有地域文化特色的地方时间被消解，现实的感应性成了一种真实和虚拟的双面体。

因此，如何在新的时代背景下开展对地方文化的研究保护成为基于城乡环境的建筑设计研究一项重要内容。在建筑设计教育与研究领域，为了应对全球化这一重要趋势，众多建筑院校在研究与设计教学中强调对于多元建筑文化的研究。一些院校纷纷开设了全球化的联合设计工作室，他们往往会与亚洲、南美洲等其他文化背景下的建筑院校联合教学，将选题定于院校所在地之外的地区，针对这些代表不同地域文化的特定地区开展研究，并提出建筑学角度的解决方案。虽然这些研究结果并未完全解决诸如如何在全球性与地区性之间取得平衡、如何获得有益于地方特色的建筑设计表达与建构这类大的命题，但大量全球性联合设计确实在帮助各地区院校建立联系并加强了解，这必然会帮助这些院校学生认识与理解多元的建筑文化。

从更广泛的角度来看，全球化对于建筑设计的影响是非常深远的。借助于遍布全世界的建筑行业网络与信息互联网，当前世界各地的建筑从业者很难去定义专属于自己地方的建筑设计思想。欧美建筑师们的工作地点遍布全球，学生们也同样不受制于某一特定地方的建筑教育，而是希望融入全球化的建筑学网络中。今天全世界各地的学生在看同样的建筑书籍和期刊，用同样的软件，前往各地的建筑名胜旅行考察，听同样的知名建筑师的讲座。从这个角度看，全球化导致了建筑设计思维的进一步扁平化，这对于未来弘扬具有地方特色的建筑文化可能会造成一定的困难。

在全球化的快速推进之下，我们需要认真去思考一直以来就很有挑战性的问题，比如如何保持不同地区建筑文化的传统与独立，又如何定义全球化进程中值得借鉴的普适之处，而这些经验又如何能在不同地区的建筑设计中有所反映，等等。在全球化大潮中，西方发达国家和地区的建筑文化与建筑设计模式得以向全世界推广，并被作为发展中国家和地区学习的模板之一。另外，在现代之后的西方建筑设计越来越强调多元化，这其实为各种文化之间的平等交流与学习提供了基础。可以认为，全球化既带来了问题同时也提供了解决问题的机遇。为应对今天的全球化现象，既要密切关注当代文化的多样性，同时也应该充分利用全球化交流的良机，为未来建筑设计寻求全球性与地区性、普适性与差异性的平衡提供参考。

而在具体的建设实践中，快速城市化过程之中城市建筑的规模和体量越来越大，但这些建筑的文化品质却并不太令人满意。正如前文讲到主体

图5-10　城市空间背后的文化要素体现了全球化与地方化的多元影响，图为维也纳老城区

图5-11　城市空间环境的国际化元素

状态时所说，一些带有先锋思想的设计者试图以理想化的先锋态度进行批判，在反旧立新的目标之下，众多新奇甚至惊世骇俗的作品不断出现。其中的先锋态度是要把传统中不纯粹的因素驱逐出去，他们希望借助于脱离原有语境的超尺度体量或新奇形式表达对于传统的反叛。而为了面向未来在传承中创新，城乡环境的重塑必须要以后锋的态度切入，以此寻求在传统与创新中取得平衡；既与多元的技术条件及社会形态建立联系，同时借助新的思想与方法去尝试应对地方化的空间文化的发展，从文化传承的角度来研究与解决城乡环境的营造问题。

20世纪以来，包豪斯在德国发展，主导了西方现代主义建筑的审美，其中简洁、现代的功能化与技术化倾向深深带着德国文化的烙印；其后，影响建筑发展的因素也发生了变化，西方世界内不同文化的交流与相互影响左右了后来建筑发展的走向。随着建筑发展的主导力量由欧洲大陆转移到美国，国际化风格在全球的蔓延与扩张甚至后来后现代的蓬勃发展，都不可避免地带上了美国实用主义文化的标签。

到了当代，随着西方社会的不断发展，作为直接影响建筑创作与建筑审美的建筑文化，形成与推广的地域更加开放，各种思想与潮流的交流和普及更加广泛。建筑现象学、解构等思潮都超越了地域的限制，不仅在西方世界甚至在全球都广泛传播。虽然建筑思潮的传播与影响越来越全球化，但各种建筑思潮仍然保持着各自地域与民族文化的固有特色。建筑艺术是人类活动的载体，同时也是文化的有机组成部分，建筑美学与文化研究密不可分。一种建筑思潮要能在一个地方传播发展，需要充分考虑当地文化，地区化必将成为未来的重要趋势。因此，建筑美学的发展要在当今文化建构的大背景之下考察，建筑的创作要能有益于文化特色的表达与建构，并通过文化的交流与融合，实现建筑学的发展。其中，有关建筑美的全球性与地区性、普适性与差异性问题仍然值得好好思考，这对于正处于加速期的我国建筑与城市发展特别具有现实意义。

5.2.2 社会：新需求与复杂性

1. 新需求

城市的发展更新一直是伴随着对于物质性城市空间的新建与改造。不管是早期豪斯曼对于巴黎的改造，还是后来的城市美化运动，都是以城市空间形态的优化调整为主要目标；20世纪的现代主义运动则导致了对于原有城市空间结构与面貌的大规模改造。而自20世纪60年代始，针对现代主义建筑与城市发展模式的质疑越来越多，同时人们对于城市空间背后人的需求的关注也越发加强。

1961年，简·雅各布斯的《美国大城市的死与生》一书出版，对以现代主义理念建成的城市空间进行了质疑。在建筑教育领域，有人质疑建筑师的训练是否应像其他基础学科研究那样纯净，提出未来建筑师应以技术为手段服务人的基本需求。①这些质疑认为应该让设计者接触来自于社会和行为科学、人文哲学的当代理念，使得人们能建立起对于当代社会的全面认知和理解。当时西方世界的各种社会运动不断涌现，从争取市民权利、女权主义到环境保护等，人们对于社会、环境与城市这些话题越来越关注。另外，有人对完全以科学理性解决问题的观念也产生了质疑，再加上各类社会运动的冲击，一些研究者提出建筑师需要与社会学家合作，从社会学的角度切入研究建筑设计，包括对使用者个体以及建筑使用状况进行研究，进而对建筑设计进行评估。

当时的人们对于城市背后的社会、环境问题越来越关注，低造价住房、社区更新一类的话题开始出现，亚文化和弱势群体的社会需求也开始被关注。②正是基于这样的思考，一些坚持人本主义的研究者们开始强调关注城市背后人的需求的多样性和完整性。他们认为之前的城市更新发展缺少了对于人们需求的关注，希望能解决城市发展中的实际问题。这一突破城市空间物质性来看城市空间的思想引发了一系列基于人本需求的城市研究，也正是在这一时期，城市更新中出现了大量有关于行为、心理与社

---

① Walter A. Taylor A School of Architecture of the Future[J]. Journal of Architectural Education (1947–1974), 1959, 14 (2): 48–52.

② Mary Mcleod. The End of Innocence: From Political Activism to Postmodernism. 另见Mary Mcleod. Architecture and Politics in the Reagan Era: From Postmodernism to Deconstructivism[J]. Assemblage, 1989, 8: 22–59.

会学等方面课题的交叉研究。

这种关注社会需求的趋势甚至对于建筑设计教育产生了冲击，原有的教学体系需要进行变革，使之更为开放并具有更多元的价值观。而关注社会需求的课题还往往强调学生能直接与当地居民一起工作，获取亲手实践的经验。这种关注社会需求的趋势甚至冲击到了一直强调传统设计文化的耶鲁大学，1967年查尔斯·摩尔（Charles Moore）在肯塔基乡村带着一组研究生二年级的学生实地建造了一个社区中心，该教学实验获得了巨大成功。这类自助型的项目被当时一些建筑师和社会批评家所提倡，他们以大规模被荒置的住宅项目为论据，认为现代主义运动不再对社会具有建设性的积极意义。①

正是在这样的背景之下，有关“环境设计”的说法被提出。1967年，普林斯顿大学建筑学院的两位教授提出了一份题为《环境设计教育研究》（*A Study of Education for Environmental Design*）的研究报告。报告批判了当时建筑学专业课程体系的严格和单调，认为这会导致建筑师和使用者之间缺乏沟通；他们呼吁将建筑教育拓展到整个建筑环境设计领域，使学生能解决社区中的实际问题，并直接面对建筑材料与建造。②这份报告希望应对知识爆炸、物质空间增长与社会问题凸显的时代需求，并通过提出“环境设计”来超越传统建筑学的范畴，从更广泛的视角来研究建筑学问题，这同样也引发了一系列基于社会学等学科的建筑研究。

在这些研究中，有一些集中在不同环境如何影响人们的观念和行为等空间与人的互动机制方面。从20世纪50年代开始在日常物理环境和心理过程的相关性方面也开始了一些开创性研究，其中多数研究集中在不同环境如何影响人们的观念和行为，且特别关注了建筑物理环境影响人的行为和感受的作用机制。当时战后大量新建建筑与城市空间为社会提供了基本的居住和服务职能，研究者就针对这类空间环境状况（如极端温度、湿度、拥挤）对于人的行为和感受展开了研究。而自20世纪60年代末开始，随着人们对环境问题的不断关注，对于物质环境质量的评价以及解析人类行为与物质环境相互关系的研究逐渐成形。③除了从相对微观的环境品质角度展开的研究之外，还有一些则从相对宏观的社会经济角度进行切入开展定性的、解释学的、批判性的研究。从20世纪70年代开始，“空间造成的差异”开始成为以社会科学为基础的学科以及地理学等学科的中心，这些研

① Mary Mcleod. The End of Innocence: From Political Activism to Postmodernism. 另见：Mary Mcleod. Architecture and Politics in the Reagan Era: From Postmodernism to Deconstructivism[J]. Assemblage, 1989, 8: 22–59.

② Joan Ockman. Architecture School: Three Centuries of Educating Architects in North America[M]. Cambridge: MIT Press, 2012: 23–24.

③ Linda Steg, Agnes E. van den Berg, Judith I. M. de Groot（Eds.）. Environmental Psychology：An Introduction[M]. Wiley–Blackwell, 2012: 3–4.

究为传统建筑与城市研究提供了一套具有社会意义的框架与标准。①

这些关于城市环境与人互动的理论发展对于20世纪后期以来的欧美城市更新实践有着明显的影响，在快速城市化阶段过后，西方社会种种城市问题甚至危机不断暴露。各领域的学者与专业人士从西方社会的现实困境出发，希望能解决环境可持续、城市更新、社区发展等问题。

作为社会文化与个人生活的物质载体，城市空间一直与社会状态有着密切的联系。从主体这一章节探讨的空间与社会相联系角度，新时期的城市更新理论与实践对于早期的以空间发展为目标的建筑城市观进行了反思，强调要关注人、社会与城市的互动关系。这一趋势也表明了为应对新的时代需求，城市环境的更新发展需要超越传统城市空间研究与设计的范畴，从更广泛的视角来研究城市问题。同时，这种视野广阔的研究系统首先是一种关于人的研究，这一基于人本视角来看待城市空间与文化、社会等要素关系的思想，也成了新时期城市环境中建筑设计的重要依据与指导思想。于是，城市环境既在本体论的层面为建筑设计拓宽了研究的对象范围，同时，在认识论层面也为建筑设计的思维与方法提供了更多的跨学科与专业的可能性。而在以解决社会各种问题的目标之下，城市环境成了优质的研究对象，有关于城市更新、社区环境自治等各种问题持续吸引建筑师与城市规划设计师的眼球。

图5-12　复杂的城市环境成了人们的研究对象

① （澳）卡斯伯特编著. 设计城市——城市设计的批判性导读[M]. 韩冬青等译. 北京：中国建筑工业出版社，2011：8-10。

2. 复杂性

一段时间以来，城市被理解并塑造成由上而下的单一系统。这一思潮可以追溯到19世纪，当时一些新兴学科研究对系统性开始了探索，到了20世纪20年代就逐渐演变成了一套有关系统性的理论，也就是一般系统包含着一套由上而下的控制机制。通过20世纪五六十年代，社会科学和从管理科学到城市研究的不同专业领域都发展出了它们自身的系统方法论，并以此作为巩固它们的结构与实践的基础。①与上述思想相对应，从另一个角度解读城市也即自发形成城市系统的观点也在逐渐发展。近年来伴随着科技的进步与社会的进一步发展，这一新的理论视角为多角度理解与研究城市提供了新的思路和方法。

城市研究中的复杂性理论来源于复杂性科学思想，这一前沿科学的研究对象主要指的是复杂系统，而城市作为一类特殊的复杂系统，具有动态、非线性、自组织与涌现等特点。②在20世纪中叶，从系统性出发将社会结构类比为机器运作的方式的观点非常流行，但是这其实在一定程度上就忽视了上述提及的城市自主性等特点。近年来，大量城市研究者从复杂性理论出发，试图深入地理解与研究城市的复杂性，并提出了自己的理论方法。这一理论方法将城市现象看待为多要素驱动的一个持续动态发展的进程，这对我们如何理解新时期的城市特征以及塑造未来的城市面貌具有重要的影响。

实际上，早在20世纪60年代，就有很多学者认为伴随着社会复杂程度的提升，社会问题已经是一套复杂的系统，这些都可以看作是对于城市复杂性问题探索的先行者。除了要在设计中加强研究性的讨论之外，城市的复杂性问题也导致了20世纪70年代以来研究方法的不断演化，除了人文性地开展定性的、解释学的、批判性的研究方法之外，还出现了定量化、实证性或基于大量数据整理分析的科学研究方法。在研究对象与问题方面，环境、可持续、社区等关键词成了当代城市更新发展中的新热点问题，而从学科交叉出发形成的新领域也在逐渐出现并成为热点，而相关研究问题框架的复杂性也在不断增加。

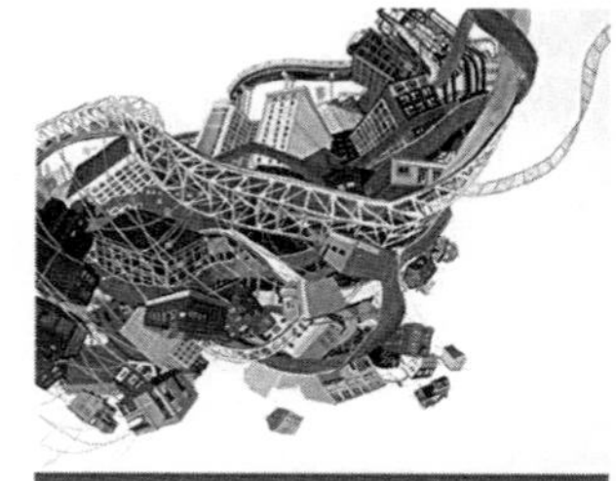

图5-13　复杂的城市环境成了“城市新科学”的来源

复杂性认知的出现，意味着从着重于结构和形式到着重于行为和过程的转变。在学科交叉、复杂化系统研究的趋势影响下，新的城市更新理论与方法开始从一个由多学科共同构成的系统中合成产生，这一过程也在逐渐向不同领域的群体开放，包括社会学家、技术专家以及普通大众等各种主体都在逐步建立对城市问题的认知共识。这种转变需要我们更为广阔同时又更为深入地审视城市更新问题，更巧妙地去寻找各要素与领域之间的

① Michael Batty and Stephen Marshall. The Origins of Complexity Theory in Cities and Planning[M]. Berlin: Springer, 2012: 21–45.

② Michael Batty. The Size, Scale, and Shape of Cities[J]. Science, 2008, 5864（319）：769–771.

相互联系，在此基础上提出具有针对性的解决方案。

3. 抽象与日常

正如在主体维度一章所提到的，空间的发展与社会相关联，有人提出当前社会新的总体性已经形成，但也有思想家认为社会在变得越来越多元。这些思考对于人们思考城乡环境与社会的关联有着一定的启发意义，之前的城市快速发展为解决社会总体性的问题提供了物质基础，而在进入新时代、社会状况迅速发展的新形势下，城市的更新发展不仅要关注到抽象的、总体性的社会一般状况，更要能体现出对于社会日常现实的关注以及对于人文的基本关怀。这也意味着城市的发展要与社会的日常生活相关联，要能从微观视角看待空间与社会日常之间的关系并有所回应，创造性地去解决人们日常生活中的具体问题。

与抽象、总体的思维方式相对应，从日常的社会生活出发进行城市更新设计实践，意味着个体与城市环境的不可分割，并强调从人的居住等基本日常活动出发进行整体场所环境的创造，以此突出日常环境对于普通人生活的意义。因此，这种对于普通人日常生活的关注就赋予了新时代城市空间更新创造的精神意义。正如建筑理论家舒尔茨提出的著名的“场所精神”思想所阐述的，建筑和居住的活动都是通过人们对场所营造的参与以及对地方意义的探索来进行的，建筑设计的任务是创造有意义的场所来帮助人们实现安居。[①]可以认为，关注居住活动等社会的日常生活启发着我们对于城市日常场所的关注与重视，从而实现在生活场所里找到人与世界之间存在的微妙联系。

另外，这种对社会日常生活的关注会引发对于具体生活情境的建构。进行城市环境更新设计的设计者们需要尝试从日常生活的角度重新审视城市空间，重视具体生活情境在空间塑造中的重要性。这也要求他们从根本上重新审视之前针对社会总体性问题的抽象建设规则，提出更为复合性同时又具有针对性的解决方案。

基于日常生活的城市空间设计是在探索居住活动、环境与人的存在之间的关系，在生活世界中挖掘人与环境的基本状态与潜在联系。这对于习惯于从事快速大规模建设、解决总体性问题的设计师们而言具有启发意义，日常生活世界是由具体事物组成的，而不仅是由普遍的抽象或简单的系统所能概括的。因此，城市环境的营造需要设计者们去发现与体验社会日常生活，通过深入的调查研究去挖掘具体生活背后体现出的空间问题，在此基础上将人的生活与具体可见的更新改造相联系。

从社会的新需求与复杂性角度来看，城市环境建设同样关注到了空间与社会的联系，也同样具有深刻的人本主义思想。在城乡环境再次提出这

---

① （挪）诺伯舒兹．场所精神：迈向建筑现象学[M]．武汉：华中科技大学出版社，2010。

图5-14　城市环境为人们的日常行为与需求提供了场所

一议题，也是希望能更加强调对于社会的关注。这种思想也是对于之前以现代主义城市建设为代表的主流价值观的反叛与突破。从关注社会出发，人们注意到了未来建筑设计发展面临城乡问题的复杂性，试图拓展建筑学视野并引入新的内容，不断变革与发展建筑设计，以此来应对日新月异的社会需求。

5.2.3　空间：再造与更新

1. 大尺度、品牌与城市空间再造

伴随着对于城市环境背后社会与文化问题的关注，有关如何将建筑设计系统化的问题也在被不断阐释。1964年，克里斯托弗·亚历山大出版《形式综合论》一书，后来他又相继出版《建筑模式语言》《建筑的永恒之道》等书。他希望能帮助人们意识到建筑学问题的系统性以及建筑空间与城市空间环境的连续性，并就此尝试提出相应的解决方案，以达成“建筑的永恒之道”。同时代的其他一些学者同样对于现代主义建筑观进行了反思，强调要关注人、社会与城市的互动关系，关注建筑空间与城市空间的互动与联系。这些新的系统性思想被学院广泛接受，伴随着对城市空间的关注，一些建筑院校开始出现了以巨构型的城市综合体为主题的设计题目，对于这类城市巨构空间的热爱与研究在20世纪60年代中期达到了高峰[1]。

作为联系人、社会与环境的主要物质载体，在现代主义之后城市空间

---

① Joan Ockman and Avigail Sachs. Modernism takes Command[M]//Joan Ockman. Architecture School: Three Centuries of Educating Architects in North America. MIT Press, 2012: 149.

图5-15　库哈斯的《小、中、大、超大》（*S，M，L，XL*）

逐渐成了建筑学教学研究的重要对象。文丘里在20世纪60年代于耶鲁大学开设了城市设计工作室，研究成果后来形成了著作《向拉斯维加斯学习》。在20世纪90年代，有关城市研究在哈佛被库哈斯重新阐释，他针对中国珠三角以及世界其他地区的城市展开研究。1994年，库哈斯发表文章《大型化或大的问题》（*Bigness or the Problem of Large*），对于城市中不断出现的大尺度空间进行了分析；他认为大尺度空间的特征包括：它们是由多种元素组合而成，因此与传统的和谐理念破裂；它们是机械并置的多层次的不断重叠；传统建筑的透明性在内外关系间能提供相应的肯定逻辑关系，但大尺度空间则引起了内外关系之间的断裂；不仅如此，大尺度空间不再是建成环境的一部分，它是自给自足的岛屿因此并不能被整合到整体的城市环境中。除了这些特征之外，库哈斯认为大尺度空间还能产生一些新的机遇，比如给城市空间带来了新的可能，形成了全新的城市类型，同时大尺度空间还支持了建筑师重新与工程师、建造者等不同群体的组合团队合作。①

1995年，库哈斯出版《小、中、大、超大》（*S，M，L，XL*），同时他还在哈佛设计研究生院专门开设了有关城市研究的设计工作室。这类研究关注到了建筑师原先并不熟悉的城市环境，以城市空间为研究对象收集信息、画图和分析，城市空间也从此成了建筑学跨学科研究的优先选择对象。与此同时，近年来伴随着城市特色或品牌建设需求的提升，大尺度建筑设计成了城市空间再造的一大手段。

一段时间以来，城市特色特别是城市品牌的概念开始越来越多地出现，在城市研究的相关领域中也出现了许多相关的研究与讨论。在这些研究看来，城市品牌特色对于城市发展的重要性越来越凸显，甚至有研究认

① Rem Koolhaas. Bigness or the problem of large[J]. Domus, 1994, 764: 87-90.

图5-16　新旧交融的城市空间环境

图5-17 福斯特设计的瑞士保险大楼

为城市形象特色对城市和地方的增长或衰败会产生影响。①而城市的特色与品牌可以经过提炼作为一种形象信息传达给目标受众，这些受众群体包括居民、游客和投资者等各种人群；通过这种特色提炼与传达可以促进一个城市的有形和无形的属性，增强城市发展的凝聚力与竞争力。目前有许多城市研究者都展开了针对社会大众特别是城市居民和游客的认知调查，试图以此构建城市品牌认知的相关理论与方法。例如安霍尔特（Anholt）通过来自世界各地著名城市的受访者的调查，确定了城市形象的六个维度，包括存在感（城市的国际地位）、场所感（城市的物理方面）、潜力（经济和教育机会）、活力（城市生活方式）、人（居民与外界的关系）、先决条件（城市基础品质感知）；②《城市品牌：理论和案例》（*City branding: theory and cases*）一书系统梳理了有关城市品牌的理论体系，并通过世界上不同城市品牌发展的实践案例进行解析。该书认为城市品牌具有不同的目标受众，包括城市居民、潜在的投资者、游客和内部利益相关者，城市品牌的关键挑战就是如何发展一个品牌体系并同时让多元的受众都能认可。③

与这种品牌建设相对应，近年来建筑设计尤其是大尺度公共建筑设计成了城市建设中的重要工具，建筑在城市空间中发挥亮点作用越演越烈。2005年建筑评论家查尔斯·詹克斯在他的书中描绘了这一现象，并以弗兰克盖里设计的古根海姆博物馆和伦敦福斯特设计的瑞士保险大楼为案例，说明这类标志性建筑对于城市营销所起的作用。④

毕尔巴鄂古根海姆博物馆作为一个成功的标志性建筑设计，为城市的推广起到了决定性的作用。有学者认为在毕尔巴鄂古根海姆博物馆的成功之后，世界各地越来越多的城市博物馆等大型公共建筑越来越喜欢找盖里、斯蒂芬·霍尔和圣地亚哥·卡拉特拉瓦等国际知名的建筑师来设计，希望他们为城市打造吸引眼球的标志性建筑（signature buildings）。⑤这些标志性作品的形成往往通过国际建筑设计竞赛，而媒体的大量宣传也对于该类竞赛的推广起到了推波助澜的作用。从标志性、大尺度建筑设计角度对于城市品牌的挖掘，就是通过该类建筑再造城市空间新的形象特质，以此确立形成城市的形象资源优势。这一类型的建筑特色品牌是城市环境、

---

① Sharon Zukin, Robert Baskerville, Miriam Greenberg, et al. From Coney Island to Las Vegas in the urban imaginary discursive practices of growth and decline[J]. Urban Affairs Review, 1998, 33（5）: 627 - 654.

② Simon Anholt. The Anholt-GMI city brands index: How the world sees the world's cities[J]. Place Branding, 2006, 2（1）: 18 - 31.

③ Keith Dinnie（Ed.）. City branding: theory and cases[M]. New York: Palgrave Macmillan, 2011.

④ Charles Jencks. Iconic Building[M]. Rizzoli, 2005: 24.

⑤ A. Krista Sykes, and K. Michael Hays. Constructing a New Agenda: Architectural Theory, 1993-2009[M]. New York: Princeton Architectural Press, 2010: Introduction 25.

图5-18　盖里设计的路易·威登创意基金会

图5-19　罗杰斯设计的伦敦千年穹

文化与社会等多种要素共同作用形成的综合认知结果，它既是有形的空间形象，同时也掺杂了种种无形价值，为新的时期城市形象的再造起到了积极的作用。

与此同时，有些人对于这种通过标志性公共建筑促进城市形象提升的做法提出了一定的批评意见，比如有人就认为这类建筑设计“华丽胜于仔细思考、肤浅胜于细致微妙”，这类建筑的“哇因素”（the ‘wow factor’）可以激发游客和记者，但对于引发人们对于建筑与城市的深层思考却不见得有多大帮助；不仅如此，这一类建筑设计也激起了当代人们对于所谓建筑大师现象的讨论。有人这样评价越来越显著的明星建筑师现象：“在当今全球化的观念市场中，所谓的明星建筑师们有方法去影响建筑之外更广阔的世界，出现在各类杂志或电视节目中，与跨国企业在从浴室配件到品牌策略的一切方面进行合作。”[①]而正是这些活跃于全球建筑市场的建筑大师们，深谙建筑设计背后的文化价值与传播效应，他们能将建筑设计作为文化资本与消费性的产品来看待。

从积极的方面看，建筑设计能影响城市形象的提升与城市空间的再造，也确实为城市品牌的建构提供了可能，同时建筑与艺术、工程和其他学科之间的边界也不断在模糊。而进入当代，明星建筑师或城市标志建筑现象更加放大了这一趋势。这种将建筑与城市品牌、商业文化等各领域进行融合尝试的代表人物之一就是持续关注城市环境的库哈斯，他和大都会建筑事务所（OMA）已经逐渐成为一个不止于从事建筑设计的咨询者，从建筑与城市设计到商业战略营销，他们被描述为成了“一个智库，超越了建筑与城市的边界和地区的运作，包括社会学、技术、媒体和政治等各领域”[②]。因此，建筑与当代城市的这种联系再次提醒我们，建筑设计与城市环境背后的历史、文化、经济等因素有着千丝万缕的联系，建筑设计也能为城市整体形象的提升起到积极的作用与贡献。

2. 微观、品质与城市空间更新

与上面较为宏大的视角相对应，伴随着时代的发展，另一种相对微观地看待城市更新与建筑设计的思维观也在进一步发展演化。近年来大量城市建设经历了高速的发展期，速度与变化成为城市建设的重要标签。与此同时，建筑与城市面貌日新月异，城市建设规模与城市空间尺度不断变大。与建筑和城市空间大型化倾向遥相呼应的是，伴随着城市更新发展阶段的深入，近年来城市更新领域已经涌现出了一种空间尺度微观化的趋势。另外，在新的大规模物质空间建设基本完成、快速城市化阶段逐渐放

---

① A. Krista, Sykes, and K. Michael, Hays. Constructing a New Agenda: Architectural Theory, 1993–2009[M]. New York: Princeton Architectural Press, 2010: Introduction 25–26.

② A. Krista, Sykes, and K. Michael, Hays. Constructing a New Agenda: Architectural Theory, 1993–2009. New York: Princeton Architectural Press, 2010: Introduction 26.

缓之后，种种城市问题如环境品质提升、老旧社区发展等逐渐显现，这些问题背后反映的是更为精细化的生活需求。

城市更新一直是国际建筑与城市领域中的重要研究课题，近年来也逐渐成为国内学术界关注的重要方向。而伴随着社会的不断发展，一系列新的思想与理论开始出现在城市更新的研究之中，大量有关于城市更新对象、内容与方法的精细化研究开始出现。在快速度、大规模发展阶段之后，城市建设实践也将逐步进入存量优化与品质提升的时期。城市更新研究在国际上已经经历了一个很长的发展阶段，基本经历了从大规模重建到小规模改建、从空间单一目标导向到社会多元需求综合的过程。这一发展过程中体现出的思想变化为城市更新下的建筑设计思维提供了基础，而对于城市微观环境的更新也成为这一视角下建筑设计的重要方向。

这一维度的城市微观空间环境的研究关注到了具体城市空间的品质问题，希望能就微观城市空间环境对个体人产生的积极或消极影响展开调查，并通过多种方法对这些影响以及相应的城市环境品质进行研究。从微观环境维度进行城市空间品质研究试图将人类的认知行为与微观的城市物理环境相结合，其中涉及的基本原理就是有关人们的视知觉等感知机制展开的基础研究。自20世纪50年代开始，心理学家鲁道夫·阿恩海姆（Rudolf Arnheim）逐渐奠定了有关视知觉的研究框架，他在《艺术与视知觉》（*Art and Visual Perception*）一书中描述和解释了有关视觉感知的机制，而在《建筑形式的视觉动力》（*The Dynamics of Architectural Form*）中他希望建构关于建筑与城市空间的人类感知的普遍原理，这些研究代表了这一领域最早的工作，为有关城市环境认知研究的开展提供了基础。另有一些研究对于不同尺度环境的综合感知方式进行了解析，心理学家吉普森（J. J. Gibson）论述了如何用触觉的方式感知空间，即通过触摸和身体接触的方式来感知环境的认知方式；[①]而建筑师尤哈尼·帕拉斯玛（Juhani Pallasmaa）则提出建筑物质空间以及其他各类艺术形式都不仅只是有关视觉感受，而是各种感知综合的结果。[②]还有一些研究者提出了涉及微观城市环境品质的其他要素，如光、声音、气味等。在这些研究看来，环境品质既涉及物质空间的营造，同时也是人类多感官体验与感知的结果。除了以上研究之外，另外还有一些研究则从个人感知与城市形态互动机制角度切入展开研究，有学者认为感知是带有目的的活动，视觉认知本质上是文化要素作用的结果；他区分了不同类型的环境体验并描述了它们的特征，这在很大程度上解释了人类与环境的情感关系；[③]而另有学者则试图建立个

① James Jerome Gibson. The Perception of the Visual World[M]. Houghton Mifflin, 1950.

② Juhani Pallasmaa. The Eyes of the Skin: Architecture and the Senses[M]. 2nd edition. Academy Press, 2005.

③ Yi-Fu Tuan.Topophilia: A Study of Environmental Perception, Attitudes, and Values[M]. Reprint edition. Columbia University Press, 1990.

人感知和城市形态之间关系研究框架，并在其中对文化要素在城市形态感知的重要作用进行了强调。①

可以认为，上述这些研究成了当代城市更新中建筑设计的重要理论基础，能够帮助人们更好理解城市品质的重要作用，同时能对城市微观空间的建筑设计提供理论依据。根据这些研究，城市空间品质的感知是建立在人们与周围环境的相互作用的基础上的，这些相互作用可以帮助他们理解和评价城市空间。其实自20世纪中期以来，大量传统城市设计研究都涉及了城市空间形态特征的相关内容，但这些研究还基本是在强调空间形态的客观标准或专家判断。传统的城市形态研究主要关注于空间的物理特性分析，即使有些研究对城市形态背后的人文要素进行了分析，但并未系统建立人们认知行为与城市空间品质相关性的理论。与这些传统的城市形态研究不同，一些新的城市空间环境研究则依赖于城市中个体的主观心理认知展开。这一类研究试图解析人们如何感知城市空间并产生反应，为理解城市空间品质与人的认知之间的互动关系提供了独特视角和理论基础。

作为城市中大量存在的承载城市生活的场所，以各种单体建筑为代表的微观城市环境的营造对于城市整体品质提升具有重要意义。不同环境对于人的心理感受会产生不同的影响，良好品质的微观城市环境会给人安全感与幸福感，甚至能增加人们公共交往的机会，促进社会的融合与凝聚力。而在快速度、大规模发展阶段之后，城市建设实践也将逐步进入存量优化与品质提升的时期，当代的城市更新将逐步进入更加微观与具体的建筑空间更新中。这一微观的理念和视角与之前大尺度建筑设计的宏观视角相对应，是指更为精细深入地看待城市空间更新的具体问题。这里的微观既是指城市空间尺度的微观具体化，同时也是指社会生活需求的微观精细化。

以英国城市更新为例，有研究者将20世纪40年代到2010年的城市更新分为了四个阶段，分别是1945～1979年的战后大规模重建阶段、1980年代企业主导更新开发阶段、1991～1997年的政府主导多元协同更新阶段以及1997～2010年的城市复兴与社区重建阶段。②从这个发展阶段的变化可以看出，英国的城市更新在空间发展的同时越来越重视文化、社会与社区等人文要素的作用，同时城市的更新也将更加注重于与人们具体生活紧密联系的空间品质的营造提升。这与前面提到的当代社会的日常性需求相对应，未来注重微观品质提升的城市更新是基于日常生活探索居住活动、环境与人的存在之间的关系，在生活世界中挖掘人与环境的基本状态和潜在联系。这种思维模式对于习惯于从事快速大规模建设、解决总体性问题的

① Amos Rapoport. Human aspects of urban form: towards a man–environment approach to urban form and design[M]. New York: Pergamon Press, 1977.

② Andrew Tallon. Urban Regeneration in the UK[M]. 2nd edition. Routledge, 2013.

设计师们而言具有启发意义。

微观视角意味着去关注尺度并不巨大、同时大量存在的承载日常生活的具体场所，因此，研究者要从微观视角发现具体的城市空间问题，同时关注其中人的具体体验与感受。于是，城市更新需要从以往相对宏大的思维方式中解放出来，以更加微观的视角去审视城市发展的新阶段与新问题。传统大规模、快速度发展建设的原则将被突破，同时对应于复杂多元的社会需求以及借助于各学科领域的新思想与新方法，城市建筑环境更新需要尽力发现与解决城市社会面临的具体问题，通过综合与巧妙的设计手

图5-20 伦敦中央圣马丁学院利用旧建筑更新形成新旧对比的使用空间

图5-21 伦敦城市中利用原有储气罐更新改造为住宅建筑

段探寻城市空间发展新的可能性。需要注意的是，微观视角并不只限于空间的微观，而是要从问题出发，将微观的空间更新置于有意义的城市整体品质提升的背景假设之中，将坚实细致的微观工作与城市发展宏大的立意相结合。

5.3　结语：和谐之美

1. 整体性思维

在科学技术进步以及社会发展推动之下，自然或城乡环境容纳了技术与社会等因素，形成了一个复杂联系的系统。因此，针对既有复杂环境中的建筑设计需要有将多种因素进行整合的思维观与方法论。如果说自主性思维是在针对建筑本体进行内在挖掘，人本性思维是在针对建筑背后的主体维度进行人文考量，那么从环境维度出发的思维方式就是对建筑外在环境的整体梳理，这种思维方式自然可以用整体性思维进行概括。

如果以城市环境为例的话，首先，文化是一个城市发展的根本要素，城市文化传承发展也是城市更新中的首要课题；其次，城市社会的复杂性在日益增加，城市更新要更多地关注社会现实问题的解决；再次，科技的快速发展也在要求城市更新不断加强对于新技术的应用和研究；最后，作为更新的物质载体，空间也是广大建筑与城市设计师最为关注的要素。因此，城市环境中的建筑设计是一个涉及多要素的立体网络，我们既需要关注问题的复杂性，更要从整体着眼，以系统整合的思维对多元要素进行整体且细致的研究。在解决城市空间发展问题的目标之下，建筑设计需要将文化、社会、技术、空间等要素加以整合，在此基础上去寻求问题解决的合理方案。

这种整合的思维方法既为建筑与城市设计拓宽了研究的对象范围，同时也对建筑与城市设计提出了更高的要求，研究者需要进一步拓展去寻求更多的跨学科与专业的可能性。研究者既要能进行精细化、聚焦式的挖掘，同时也要不断拓宽研究视野，从多个角度建构研究框架并加以整合。这就需要我们关注和了解其他学科，不仅在相邻的学科城市规划、风景园林学之间进行合作，甚至在更广泛的范围内进行学科交叉，探寻建筑学与其他学科如社会学、心理学、计算机科学、视觉艺术等各门学科渗透与融合，以求全面深入地发掘当前既有复杂环境下建筑设计的内涵机制。

另外，在多学科、多要素的影响之下，涉及这类型设计项目的设计

图5-22 人与城的和谐共生

过程也体现出了一定的综合性。设计过程需要有更多的人群加入进来，不只是建筑师，各行各业的技术专家以及社会大众的多元认知都需要进行整合，从协同中形成关于既有复杂环境建筑设计的共识与合理解决方案。因此，这种有关多元状况的整合不只是要素与方法的整合，同时也是多元主体与需求的整合，以此实现对于各类环境中建筑问题的细致剖析与解决。

2. 和谐之美

在空间审美层面，整体性思维意味着建筑与城市设计将不再依赖于预先设定的单一规则，既有环境中的建筑设计也不见得一定依赖设计师个人的浪漫创造与感性想象，极具标志性的空间形式也不再是设计的首选。对应于复杂多元的具体需求，通过整体性思维形成的空间将具有新的和谐性，这种后锋式的空间和谐既不是快速形成的简单划一，也不是先锋式的冲击异质。与丰富的城乡环境与生活体验相对应，新的空间既宜人舒适，同时也将丰富多元。于是，空间复杂性不再体现为异质或矛盾，而是多元与和谐。

另外，正如前文所述，整体性思维不再强调分离独立的思维模式，而是关注到了建筑与环境以及具体生活场景的连续性，这种新的和谐观在注重整体环境营造的同时，体现出了城市空间与当代生活融合共生的可能性。空间的更新设计创意开始从生活世界中提取灵感，艺术和生活、建筑设计与日常空间的边界在逐渐消失。与此同时，生活与环境的融合使得传统艺术品欣赏强调距离静观模式的消解，全方位的空间感知投入创作与欣赏的过程之中，这就要求空间设计摆脱以往传统抽象、静态的单一审美评价。因此，整体性指导下形成的空间整体性不仅仅要求形式层面的审美感受，而是强调多维度、多感知方式的综合感受，其中融合了审美、使用、互动、交流等多种主观体验。

可以认为，在未来建设逐渐进入精细化与品质提升的状况之下，整体性思维意味着需要从多个维度对于具体的建筑与城市空间问题进行探讨。由此形成的空间将作为人与外界联系的一个重要接口，它涉及人的全方位感知与生活品质的提升，将成为人们体验世界与生活情境的载体及对象。

借助于最新的设计与建造技术，在现代主义之后由解构主义与极简主义为代表的两种极致风格争论可以告一段落，前者开始逐渐演化为由计算机技术操控的模仿自然甚至融入自然成为自然的片段，又或者尽力找寻与城市的联系，持续对于密度、公共领域、空间更新等命题展开研究，并通过对数据与设计过程复杂性的大量调查和使用探寻新的可能性；而后者则不断地努力去除形式的外在力量感，直至建筑形式完全消失。于是这两者在新的阶段找到了审美的共同点，就是不断消解建筑的实体感，努力使建筑成为环境的一部分，有关建筑审美的由下自上的新的整体和谐性开始出现。

图5-23　贝聿铭设计的卢浮宫新馆在科技与人文、现代与历史、建筑与环境等种种要素间实现和谐之美（1）

图5-23　贝聿铭设计的卢浮宫新馆在科技与人文、现代与历史、建筑与环境等种种要素间实现和谐之美（2）

图5-23　贝聿铭设计的卢浮宫新馆在科技与人文、现代与历史、建筑与环境等种种要素间实现和谐之美（3）

第6章 当代建筑设计的技术维度

建筑美与技术相关。建筑不能只停留在设计图纸上，它必须要能被实施建造，因此建筑必须遵从建筑建造的技术条件，建筑的美需要符合建筑技术规范；技术的重要性也使建筑技术本身成为建筑审美的对象，建筑构件本身的特征与发展变化在一定程度上也体现出了建筑美的技术性特点。与以往技术在建筑设计中所起作用不尽相同的是，当代以数字技术等为代表的新技术手段已深刻地影响了建筑设计思维与审美的发展。因此，当代西方建筑设计思维必然涉及各种新的技术。

从各个时间段的不同发展特征来看，20世纪80年代及之前一段时间兴起了对于建筑设计理论探索的热潮，这种对于建筑理论探索导致的一个结果就是，人们似乎习惯了在向内挖掘的同时寻求向外拓展的可能性，于是新技术领域的突破自然就成了建筑学继续发展的新工具。1982年，科幻电影《银翼杀手》（*Blade Runner*）上映，电影对未来高度技术化的城市景象进行了大胆想象；1984年，科幻小说家威廉·吉布森（William Ford Gibson）出版小说《神经漫游者》（*Neuromancer*），该小说反映了一个技术已侵入日常生活各个方面的社会，他提出“Cyberspace”这一概念，并开创了“赛博朋克”这一流派。在建筑教育领域，1985年，尼古拉斯·尼葛洛庞帝（Nicholas Negroponte）在MIT建立了媒体实验室；1988年伯纳德·屈米成了哥伦比亚大学建筑学院的院长；1992年，《比特之城》一书的作者、计算机专家威廉·米切尔（William J. Mitchell）成了MIT建筑与城规学院的院长。伴随着计算机技术的蓬勃发展以及信息时代的到来，年轻的建筑师们看到了新的方向，计算机等各种新技术成了他们进行思考与探索建筑发展的工具。

1988年，解构建筑展在MOMA举办，人们尝试从不稳定的隐喻和理论

图6-1 《折叠建筑》专辑

图6-2 威廉·米切尔的《比特之城》封面

借鉴的概念中解读建筑。这既是对之前种种新探索的总结，同时也宣告了20世纪80年代理论研究和美学实验的结束。1993年，格雷戈·林恩（Greg Lynn）在《建筑设计》（*Architectural Design*）编辑出版专辑《折叠建筑》（*Folding in Architecture*），对当时计算机辅助设计最新潮流进行了介绍。在这本杂志的前言中，肯尼斯·鲍威尔（Kenneth Powell）宣称"解构主义已经完成了它的使命"①。可以预见，一个以新科学技术为主导的时代即将到来。

从现代主义重视研究新的建造技术开始，到后来的高技派建筑，以及生态与节能技术在建筑中的运用，再到信息技术在建筑设计与建造中的大量使用，新的科学技术对于建筑学产生的影响从未中断。进入新的世纪，建筑设计思维与审美的科学技术化现象愈加突出。

6.1　技术的美学价值：遮蔽 / 显现

伴随着艺术与技术漫长的发展历程，人们对于技术在设计思维与审美中的作用有着复杂的认识。对于建筑设计而言，技术与艺术的统一是追求的目标。在当代科技快速发展的背景下，各种新技术、新材料、新工艺以及新方法开始广泛地运用于建筑设计与实践领域，技术正对当今建筑发展发挥着越来越重要的影响。因此，传统建筑设计创作中强调技艺统一的思想已经有了全新的意义，技术本身不只是作为建筑师实现目的的手段存在，甚至还具有了全新的审美价值。

6.1.1　韵味的消失与新技术的涌现

德国哲学家瓦尔特·本雅明（Walter Benjamin）曾经提出了韵味的艺术和复制的艺术的区别，他在1936年完成了《机械复制时代的艺术作品》，认为当代文化出现了一种新的趋势，即以韵味（也译作"光韵"）为标志的传统艺术，正在被以机械复制为特征的非韵味艺术所取代。本雅明分析了机械复制时代的艺术作品与以往传统艺术的差异。首先，传统艺术是韵味的艺术，而机械复制时代的艺术则是无韵味的艺术。本雅明对于什么是韵味从时空角度进行了阐释："在一定距离之外但感觉上如此贴近之物独一无二的现象……韵味的衰竭来自两种情形，它们都与大众运动日益增长的展开和紧张的强度有最密切的关联，即现代大众具有要使物更易接近的

---

① Kenneth Powell. Unfolding folding[M]//Architectural Design, 'folding in architecture'. revised edition, 2004: 23.

强烈愿望，就像他们具有通过对每件实物的复制品以克服其独一无二性的强烈倾向一样。”①

在本雅明看来，韵味包含了传统艺术所具有的“膜拜功能”，早期的艺术品往往承担了各种社会功能，当时的艺术品起源于某种礼仪，具有不可替代的原真性（Echtheit），同时还具有一种神秘性以及被崇拜的价值。其次，韵味具有一种模糊性，即可以被意会但不一定能被言传。另外，韵味是与创作者自身的思维与状态相联系的，具有独特性与本真性。而且韵味所具有的膜拜价值意味着不可接近，观赏者要与韵味的对象保持一定的距离。这种韵味价值随着社会的发展在逐渐消失，世俗化与大众化构成了对膜拜功能的挑战，而新的机械复制技术则完全消解了传统艺术的韵味。

本雅明对于技术的变革导致韵味的衰落进行了进一步的分析。首先，艺术在由独一无二性转向可大规模的复制性。在这个过程中，艺术品的原真性与权威性被复制的无差别所取代，艺术的时空传播范围极大地扩展了。其次，艺术的膜拜价值开始转变为展示价值，这也使得原先对于艺术作品本身的关注转变为对于艺术品和受众互动关系的关注，同时也使得传统艺术的神秘感的氛围逐渐消失。传统韵味的艺术品的观照是一种有距离的专注的欣赏，而新时代的艺术欣赏中主体与对象的距离消失了。另外，机械复制技术把传统艺术的个人品位方式转化为集体或公共的大众互动，即一种“群体性的共时接受”模式。本雅明认为，韵味的艺术因为不能复制，所以是一种追求永恒价值的形态。与这种永恒性模式相对立的可复制性就是可修改性。与传统的韵味相对应，机械复制时代艺术的总体性特征就是“惊颤”，惊颤是一种全新的现代体验，它和社会的急剧变化以及新事物的涌现有关，而传统艺术的“光韵在惊颤经验中消失”。②

实际上，本雅明对技术的发展有着乐观的态度，他认为技术的进步意味着艺术生产水平的提高。新艺术对新技术的应用在取代旧的艺术形式的同时，也为艺术提供了新的表现形式，这也将极大增强现代艺术的表现力。本雅明在论述技术对于当代艺术审美的重要性时，试图将艺术从单纯的审美领域引入更为复杂的领域，从更广泛的时代发展角度去探讨技术与艺术的关系。他认为技术的革新性力量会引起创作者、作品与受众之间的关系的转变，这也必将会带来新的审美体验。而另一位思想家阿多诺对传统韵味的消失则有着不同的看法，他认为技术的发展虽然扩大了艺术传播与接受的范围，但却只能提供相对标准化的艺术作品，

---

①（德）本雅明．机械复制时代的艺术作品[M]．王才勇译．杭州：浙江摄影出版社，1993：9-10。

②（德）瓦尔特·本雅明．发达资本主义时代的抒情诗人[M]．王才勇译．南京：江苏人民出版社，2005：125-162。

在这种情况下主体的想象力和审美能力不仅没有被激发，反而可能在消费文化与大众文化的强大力量下被同化。

本雅明认为技术上的进步和发明具有革命性价值，他提出当革命性的复制技术出现并威胁到传统艺术时，艺术就用“为艺术而艺术”来进行对抗，他认为这种过分强调艺术自律性的做法，“不仅否定艺术的所有社会功能，而且也否定根据对象题材对艺术所做的任何界定”①。和阿多诺不同的是，本雅明从生产力发展和技术进步的角度，论证了传统艺术中韵味的消失。

这两位思想家的不同看法也正反映了当代人们对于技术在审美中作用的不同态度。有些人认为技术进步带来了全新的审美体验，而另有一些人则对此持怀疑态度。不管如何，从建筑设计的角度出发，建筑设计的创作与审美一定是建立在一定的物质形态和技术手段上的，而当代科学技术的快速发展必然会带来建筑创作和欣赏方式的改变。本雅明对于技术的乐观态度在建筑设计的发展中有着集中的体现和印证。建筑既不同于一般实用物品，更不同于纯粹的艺术品，需要能兼顾使用与审美两者之间的平衡。建筑设计是创造性地、综合地解决问题的过程，其中需要针对综合的建筑设计目标巧妙地采用各种技术方法与手段。而纵观现代之后建筑设计的发展历程也能看出，新技术不断涌现对于建筑设计发展与审美带来了巨大影响。

图6-3 新技术对于建筑设计的启发。图为2015年世博会英国馆

① （德）本雅明. 机械复制时代的艺术作品[M]. 王才勇译. 杭州：浙江摄影出版社，1993：11-12。

在第二章中我们曾介绍了现代主义时期科学技术发展对于当时建筑设计思维与审美的影响，在现代主义之后，就在一些人试图不断追问建筑本质的同时，另一些人则暂时搁置了争议。他们从解决问题的角度出发，借助于不断涌现的新技术，并以此为手段来解决新的建筑问题，通过这种以问题为导向的切入方式来寻求建筑设计的再次发展。当时的建筑师要参与到大量居住房屋的建设研究中，一些人纷纷开展对现代建造技术特别是对于居住房屋建造的研究。比如理查德·巴克敏斯特·富勒（Richard Buckminster Fuller）就在MIT做了关于居住建筑和工业化建筑的设计研究。除了对于居住问题的新建造体系进行研究之外，在20世纪50年代人们开始重视对于大尺度空间的设计研究，在这一背景下，建筑学开始强调与规划、景观之间的合作。在哈佛开始强调建筑、规划、景观三位一体之后，其他学校也纷纷以此为榜样开始学习。为了应对大尺度设计，以城市空间为对象的城市设计开始出现。

20世纪60年代，系统控制论的相关理论和方法在建筑中得到了应用，期间美国科学家杰·福瑞斯特（Jay W. Forrester）扩大了控制论在城市系统中的应用。他在20世纪60年代末完成了专著《城市动力学》（*Urban Dynamics*），书中对于城市系统的复杂性进行了分析；在建筑设计层面，1967年富勒为蒙特利尔世界博览会美国馆进行了设计，他使用了直径达75m的轻质圆形穹顶设计，穹顶之内是个大的环境控制系统，可以根据阳光不断调节屋顶表皮，这也使得整个建筑成了一个可以感知气候的智能设备。这种全新的建筑技术在当时引起了极大的轰动，在6个月的世博会期间共有1100万人参观了这个建筑。1967年尼葛洛庞帝在MIT成立了建筑机器研究组，他希望能实现一种高度互动的建筑，这些研究也成了后来媒体实验室成立的基础。

20世纪后期新技术的创新力量对于建筑设计的影响持续发展。1970年，跨学科的研究小组EAT（“艺术与技术试验”）设计了1970年大阪世博会的百事馆，这也是世界上第一个雾状的建筑。大约30年后的瑞士世博会上，同样出现了以雾为主题的建筑设计。而正如本章开头所述的，在进入20世纪80年代之后，随着信息技术的快速发展，计算机等新技术成了建筑设计再次创新发展的工具。进入新世纪以来，环境可持续的理念已深入人心，相关的新技术也在为建筑发展提供支持。

在《未来的历史》（*A History of the Future*）这本书中，作者将新技术对于建筑和城市的影响分为了几个阶段，分别是工业革命时代、汽车时代、空间时代、媒体和信息时代以及环境时代，这种解读使得人们可以更深入地理解新技术的潜能以及对于建筑与城市的巨大影响。新的技术成了探索新时期建筑发展的有力工具，技术和艺术之间的对话不断在开启新的篇章。这些也在启发着我们对于技术的认知，建筑设计中的传统韵味在消

图6-4　新技术为建筑空间的创新提供了更多的可能性

失的同时，又通过涌现出的新技术产生了新的可能性。

6.1.2　美的遮蔽和显现

如果说本雅明对于新技术的认识代表了一种乐观的态度，同时这种态度也确实符合建筑设计发展的趋势，给了当代建筑设计新的可能性，创造出了全新的审美价值的话，那么从完全相反的角度出发，即持怀疑态度的那些人对于技术在建筑中应用的认识同样值得我们去深思。正如本雅明认为传统艺术中具有韵味的价值一样，这些对新技术持怀疑态度的人认为传统的建筑技术仍然具有深刻的可以挖掘的美学价值，而新的技术则可能会遮蔽这种传统价值的美。

新技术给予了当代建筑设计新的可能性，但这又与传统的建立在手工业基础上的建筑技术有了本质的差异。与韵味相对应，在手工业生产时代，技术是建立在生产的直观感受基础上，对于尺度、建造与材料的直接体验成了建筑传统技术的重要部分。由于这种技术的发挥主要依靠操作者的技巧，而这种操作直接取决于人的感受和活动过程，正如在本体一章论述建构的文化一节中所说的，这种过程具有特定的文化价值，将人的精神与基本的物质条件及技术相融合，可以使技术和艺术融为一体。

图6-5 新的建造技术形成的美与经典建筑空间之美相映成趣

这种技术与艺术融为一体的认识由来已久，古希腊时期的技术有两层含义：一是认识、洞见；二是工艺、艺术。所以说当时的技术与艺术是联系在一起的。如前所述，在西方古典时代，理性是主导的思维模式，在理性的指引下，人们普遍认为美是与自然的内在规律联系在一起的。将美的获得建立在对自然规律的认识基础上，就需要掌握一定的科学技术；在这种认识观念的指引下，美是与科学技术联系在一起的。

这种观念也引申出对于实现美的技术手段及劳动实践的重视，这一点在文艺复兴时期体现得十分明显。为了体现美与技术、技巧之间的联系，证明美的严谨与不易获得，美又被称为难的或费力的。文艺复兴时代意大利艺术家们不但是些科学家，而且是在社会上被公认为从事手工业的劳动者。从劳动实践中他们体会到技巧的重要，他们对技巧的探讨主要也是在比例方面。当时有一种流行的美学思想，认为美的高低与艺术的高低都要在克服技巧困难上见出，难能才算可贵。①

工业革命以来，随着各种技术手段的兴盛，技术越来越成为人们理解世界的手段，甚至一定程度上成了目的本身。一些人认为只要合乎一定的技术就能获得美，这一阶段技术与艺术的关系发生了质的变化。与之相对应，设计作品的完成不再是仅仅依靠传统手工技术，现代技术开始大量进入到设计艺术之中。对于建筑设计而言，这种技术的融合与渗透更为突出。在阿多诺看来，这种机器生产逐步取代了手工业生产的发展趋势并不一定能促使艺术更好地表达人们的情感和内容，他认为现代艺术的创作中

图6-6　新旧建筑之美的相互交织

① 朱光潜. 西方美学史[M]. 北京：人民文学出版社，1963：159-160。

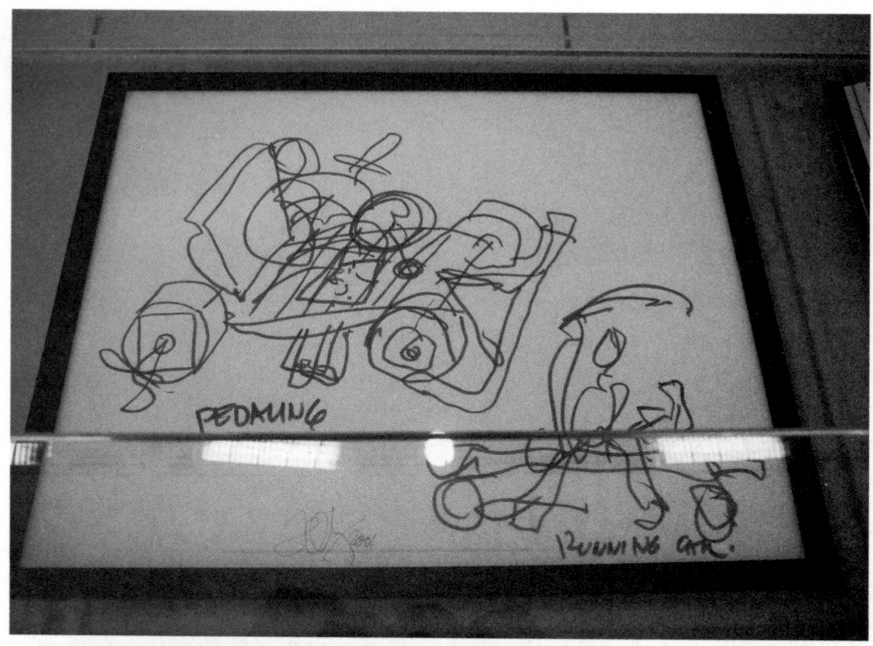

图6-7　MIT的媒体实验室展示的盖里针对未来交通工具的设计草图

图6-8　让·努韦尔设计的阿拉伯文化中心，外墙细部体现了科技与文化的融合

技术和经验都是必不可少的。①

可以认为，这些对新技术持怀疑态度的人认为新技术会遮蔽传统的美学价值，而这种遮蔽一个重要因素就是新的技术割裂了客体与主体之间的联系，这也恰恰是传统的建筑技术中所蕴含的美学价值。因此，如果要再

① （德）阿多诺. 美学理论[M]. 王柯平译. 成都：四川人民出版社，1998：59-60。

次显现传统建筑技术的美学价值的话，就要在技术的应用中重视作为主体的人的经验与价值。建筑之美离不开设计者与建造者的技艺，人的创造力和审美经验也是不能被机械完全取代的。

技术的进步与新技术的出现为创造更多表达情感的空间提供了可能性，人们可以更加自由地选择创作方式与最终的表现形式，但更为关键的是寻找到技术与建筑设计背后的人的价值。建筑承载了不同人的情感需求，新的技术使用也要在物质与精神统一的基础上，要能体现出技术使用背后的人的价值。只有这样，才能创造一个将最新科学技术与人的审美相统一的建筑空间。

技术之美的显现、技术的被审美化，还体现在对技术自身逻辑的挖掘中。海德格尔也曾对现代的技术进行了分析，他认为历史上流行的技术观把技术看成是一种手段和一种人类行为，即工具性的和人类学的技术定义。而他认为技术是一种展现方式，“技术不只是工具。技术是一种去蔽的方式”①。为了理解技术，人们必须审视技术与技术的本质间的差异，而技术的本质作为一种“框架”，人的本质也被这种框架所限定和挑战着。②

因此，要通过新的技术让艺术自身显现，就要不断地剥离技术对于美的遮蔽。为了实现这一点，就要摆脱简单的技术与艺术的二元分割的认知模式，要在建筑设计过程中充分考虑技术与艺术的统一融合。可以认为，新技术的应用要么带有先锋的实验性质，要么就是具有浓厚的实用色彩，为了使技术的美学价值显现，就要在技术实验或实用的同时充分展现技术自身的逻辑，同时融入人的经验与价值，要在科学理性与人文思想、技术与艺术、手段与目的之间取得融合与平衡。

6.2　技术创新：手段 / 目的

现代技术的快速发展为建筑的创新提供了更多的可能性，科学技术领域的新发现对于建筑设计、建造与审美都造成了极大的影响，各种新材料工艺与新技术手段开始广泛地运用于建筑的设计建造之中。进入新的时代，新的技术确实为建筑设计这一综合性问题的解决、建筑学的再次发展提供了有力的支持，但技术究竟是追寻的目的还是探索的手段是值得大家

---

① （德）海德格尔．人，诗意地安居：海德格尔语要[M]．郜元宝译．桂林：广西师范大学出版社，2000：100。

② （德）海德格尔．人，诗意地安居：海德格尔语要[M]．郜元宝译．桂林：广西师范大学出版社，2000：105-119。

图6-9 新技术形成的全新城市空间为人的公共活动提供了新的可能性

深思的另一个问题。

建筑设计是涉及文化、社会、空间等多要素的综合性问题，技术作为体系中的一环，可以为这一综合性问题的解决提供必要的手段支撑。2013年，MIT建筑系出版了一本名为《二次现代：麻省理工、建筑学与“技术–社会”之时》（*A Second Modernism: MIT, Architecture, and the 'Techno-Social' Moment*）的书，该书以“Techno–Social”为概念总结了西方现代主义之后MIT的建筑学发展。这本书的题名对建筑学中技术的定位进行了说明，即使是在十分强调新技术实验和应用的MIT，新技术的创造也是需要与社会需求相结合的。这种对待技术的态度也在说明建筑设计对技术的探索与应用还是要以问题为导向并服务于现实需要的。新阶段的建筑设计更需要设计者以问题为导向，借助于新技术并以此为手段来解决新的建筑设计问题。

技术既然是解决建筑设计的手段，甚至要将手段与问题无缝衔接，这就要求设计者结合对于具体设计问题的解析，选取适用、适度的技术，在实用与创新、高技与低技间实现平衡。一方面，建筑设计这一复杂问题需要设计者具有创新的意识，大胆地尝试数字技术、绿色建筑技术等各种最新技术；另一方面，设计者更要深入地去挖掘传统工艺、材料与技术的可能性，这在有限的空间范围与适宜的造价内显得尤为重要。对于材料、工艺与建造这些基本空间技术的理解成为“韵味”的关键。可以认为，作为人们的生活载体，建筑设计就是对于人的生活世界的再建构，空间建造活动本身在其中就有着重建“韵味”的特定作用。因此，我们在建筑设计中尝试技术创新的同时，也还是要注重对于材料、工艺等基本建筑建造技术的使用与挖掘，从中找寻解决问题的适宜技术手段。

总体来看，当代建筑设计中的技术运用可以被概括为，用适度技术创造性地、综合地解决建筑设计中的具体问题。在这一过程中技术的运用不是炫技式的高科技展示，而是作为为了实现更新设计目的、帮助人们重建日常生活世界的重要手段。与生活的场所营造相匹配，这些建造技术的使用是适宜的与巧妙的，能让人们更为关注日常事物中本质与基础的一面，进而摆脱纯技术导向的应用范式。在这一过程之中，材料、建造等技术手段通过恰当的介入姿态实现人们的理想生活状态，也因此这些技术在目的与手段的辩证中可以再次获得独立的内涵与文化价值。建筑设计与技术的关联依据技术的不同表现在不同的层面上，本节就以数字化技术、生态技术与媒介技术这三种新技术为案例，从机器的创意、可持续发展与文化传播这三方面论述新技术手段与目的的辩证关系。

6.2.1　数字化技术与机器的创意

新数字技术为建筑设计发展创造了可能性，包括研究、设计、制造和表现等方面都出现了数字技术的大量应用。数字化技术在建筑设计中的应用兴起于20世纪90年代。在20世纪90年代初期，计算机在大多数建筑院校设计工作中并没有被大量使用，而是单独归入到了专门的计算机实验室里。当时已经有人意识到了计算机技术对于设计工作的重要性，但是限制于当时计算机技术软硬件性能，学生还不能自如地将计算机作为辅助设计的工具。与此同时，一些建筑师和建筑理论家如弗兰克·盖里、格雷戈·林恩等人已经开始了对计算机辅助设计的探讨了；一些建筑院校如哥伦比亚大学、MIT等是第一批依据计算机技术来定制教学设施和教学方法的院校。1994年，屈米在哥伦比亚大学开始了“无纸化设计工作室”。[①] 计算机的引入对于当时的设计教学产生了很大影响，但当时计算机辅助设计的结果主要是形式化的，计算机技术可以帮助复杂建筑形式的模拟和生成。[②]

在设计实践领域，一些借助于新数字技术形成的富有表现力的建筑开始出现，如盖里设计的毕尔巴鄂古根海姆博物馆和由FOA事务所设计的横

---

① Ned Cramer, Anne Guiney. The Computer School[J]. Architecture, 2000, September:93−98.

② Stan Allen. The Future That Is Now. Joan Ockman. Architecture School: Three Centuries of Educating Architects in North America[M]. Cambridge: MIT Press, 2012: 213.

滨国际港口码头等，这些尝试代表了计算机辅助设计的不同方法。[①]毕尔巴鄂古根海姆博物馆的造型是采用传统的设计方法即草图和模型确定方案，然后通过CATIA（计算机辅助三维交互应用软件）来提供施工技术。相反，对于横滨国际港口码头的设计则是通过计算机生成设计，设计者非常自豪于他们的方式产生了让人感到惊讶的突发结果。[②]光滑、流线型的建筑形象与格雷戈·林恩提出的相关"泡状物"（blob）数字设计理论有一定关联，这种复杂的形态设计依赖于计算机辅助设计技术，以此形成全新的建筑形式与空间。与这些全新的数字化设计生成的形态空间相比，盖里设计的毕尔巴鄂古根海姆博物馆中弧线和直线并置、仍然强调体型交织的形式处理反倒略显传统。

实际上，一些建筑师正是执着于形式的复杂性和叙述性的追求，才开始利用新的计算机技术来探讨建筑形式生成的。这种追求既受到了计算机技术的启发，同时也是社会思潮变化的反映，吉尔·德勒兹的褶子思想、雷内·托姆的形态发生学理论还有复杂性科学理论相继出现。1992年，埃森曼发表文章《展开的视野：电子媒体时代的建筑》（*"Visions"Unfolding: Architecture in The Age of Electronic Media*），预测了新时代下复杂、不确定和充满活力的空间的出现；1995年，查尔斯·詹克斯出版了《跃迁性宇宙的建筑》（*The Architecture of the Jumping Universe*），表达了返回自然复杂形式研究的紧迫性。在新的计算机技术影响之下，一种对于复杂建筑形式的审美趋势逐渐出现。伴随着技术进步以及先锋建筑师对这些新技术的大量应用，计算机辅助设计也在建筑院校中经历了祛魅的过程。由于计算机辅助设计技术快速发展、易于学习的特点，年轻学生们越来越将其作为基本的设计工具。

在2000年之后，早期的利用计算机技术生成建筑形式的实验就需要进一步解决一系列的具体问题，如探讨如何建成这些由计算机生成的复杂形式。另外，受网络等新媒体的激发，另一些建筑师开始着迷于新的表达手段，尝试如何利用新媒体以及实验性装置来表达建筑。这些对新技术利用的趋势都不断对建筑设计产生影响，以数字建造为导向的参数化设计成为建筑设计研究中的一个新的重要内容。全新的数字化设计以及制造使得建筑在全球化、网络社会和虚拟现实中发挥了新的作用。从单体建筑到复合的综合建筑，再到城市空间，数字化技术在发挥着越来越大的作用。

MIT媒体实验室的创立者尼古拉斯·尼葛洛庞帝曾将媒体实验室的起

---

① A. Krista, Sykes, and K. Michael, Hays. Constructing a New Agenda : Architectural Theory, 1993-2009[M]. New York: Princeton Architectural Press, 2010: Introduction 20.

② Charles Jencks. The New Paradigm in Architecture [J/OL]. Hunch, 2003（6/7）. http://www.charlesjencks.com/articles.html.

图6-10　弗兰克·盖里设计的美国洛杉矶肯尼迪艺术中心

图6-11　扎哈设计的流线型Roca展厅室内空间

图6-12 尼葛洛庞帝的《数字化生存》封面

图6-13 威廉·米切尔的《e-托邦》封面

源归功于研究计算机图形学的教授史蒂文·昆斯（Steven Coons），昆斯对于艺术与建筑有着浓厚的兴趣，他曾表示："我不是一个艺术家……（但是）我觉得我们所做的有相同之处。艺术家、建筑师和科学家都执行创造性行为：我们需要具有想象力、直观、不可预知和人性化，这是我们的荣幸；但在创作中我们不得不做很多没有创意、断然无趣，甚至是奴隶一样的工作，这是我们的工作。现在，在1966年，合适这种奴隶工作的计算机存在着。因此我今天想说的是这一技术将使人类来做那些适合他们的事情，而将那些不合适他们做的留给机器"。[①] 半个世纪以来，以数字技术为代表的高新技术确实解放了人们的想象力和创造力，但与此同时我们可以发现，昆斯所设想的关于人与机器工作完全分开的边界实际上已经渐渐模糊了。技术的快速发展似乎已经让人看到了机器的无限可能，而数字技术这一手段与机器的创意目的联系上了。

在更加广泛的设计研究领域，最新的人工智能技术已经开始逐渐被应用。近几年来以机器学习、深度学习等算法为代表的人工智能技术取得了令人瞩目的发展，引发了各学科技术、方法、理论变革；以此为基础的计算机视觉等技术已大量应用于医学图像分析、人脸识别、自动驾驶、图像搜索等领域。随着计算机技术的快速发展，建筑规划学科在运用机器学习等人工智能技术开展设计研究方面也将发挥较大的作用。有研究者在名

① Stephen A. Coons. Computer Art & Architecture[J]. Art Education, 1966, 9（5）：9.

为《巴黎之所以为巴黎》(*What makes Paris look like Paris*?)的文章中，利用机器学习方法从街景图片中自动识别出最能够体现巴黎、伦敦、布拉格、旧金山等12个城市的城市特质风格元素，通过谷歌街景与巴黎地籍数据识别出各个年代的特征元素，如1801—1850年的百叶窗扇、小阳台，1915—1939年的红砖墙、白色窗过梁等，体现出了现代建筑潜在的发展脉络。①在可以预见的将来，数字技术有可能更多地承担起设计辅助的工作，挖掘机器的内在潜力与创意可能。

6.2.2　生态技术与可持续发展

当代以气候变化、环境恶化等为代表的环境问题，对人类的未来发展提出了挑战，这也成了建筑设计必须面对的问题。之前从环境维度出发的建筑设计也强调建筑与环境相协调的理念，但其中的协调理念多是从物理环境，或者说物质形态角度出发的。在从自然条件与气候变化，如极端天气、自然灾害不断发生的角度出发，如何应对地理、气候、生态等自然条件的要求，成为建筑学未来发展的重要议题。与之相适应，处理建筑与环境可持续的关系成为当代建筑设计的一项重要内容。因此，建筑设计的过程中大力引入了生态、节能、低碳等可持续发展理念，尝试从生态技术应用的角度展开建筑设计。

在生态环境越来越被破坏的现实之下，建筑师在建筑设计中都或多或少地考虑了生态技术的应用，各种生态环保技术纳入建筑设计已经非常常见，包括可再生能源、可回收材料、雨水和太阳能收集利用等各种技术手段。一些建筑师通常会采用先进的生态技术进行建筑设计，还有一些建筑师则会根据地方性气候与自然特色来寻求带有生态理念的适宜设计技术，他们注重结合当地的材料与气候来创造可持续发展的建筑。近年来一些建筑师和研究者积极追求以可持续发展为目标的新建筑材料和技术，这也成了当代建筑与新技术创新相结合的一个重要方向。

不管这些建筑师采用何种生态技术方法，他们似乎都有一个共同的意识，即建筑要对于自然环境的可持续发展做出贡献，这种意识在过去的一段时间里变得越来越流行。20世纪60年代末，麦克哈格(Ian MacHarg)提出了“设计结合自然”，将生态的理念融入了建筑设计。1972年，罗马俱乐部发表《增长的极限》；1980年国际自然保护同盟发表《世界自然资源保护大纲》，提出了“可持续”的概念；1987年世界环境与发展委员会出版《我们共同的未来》，提出可持续发展的定义：“既能满足当代人的需要，又不对后代人满足其需要的能力构成危害的发展。”1992 年联合国

---

① C. Doersch, S.Singh, A.Gupta, et al. What makes Paris look like Paris?[J]. ACM Transactions on Graphics, 2012, 31(4).

图6-14　在公共建筑中采用的生态技术

图6-15　在居住建筑中采用的生态技术

环境和发展大会《里约热内卢宣言》提出了可持续发展思想的基本内涵，认为可持续发展是人类社会的共同选择，也是我们一切行为的准则。这些有关可持续发展的理念已逐渐成为人们的共识与指导未来发展的基本原则。

在建筑设计领域，马来西亚著名建筑师杨经文在《生态设计手册》一书中对于生态设计的概念、前提、理论进行了介绍，在此基础上他对于生

图6-16　福斯特在伦敦设计交通枢纽建筑中采用了温室般的室内建筑环境

图6-17　垂直绿化技术应用到建筑立面中

态建筑设计导则进行了归纳。他在书中不仅介绍了利用外在的计算机流体动态模拟等相对高技术的设计方法，同时还对建筑自身的各种被动式生态设计技术进行了深度的探讨，以此实现建筑与生态环境的完美融合，人在其中也能与自然相联系，同时也能实现更为宏大的可持续发展的目标。[①]不仅在建筑单体层面，当前越来越多的人从更广泛的空间范围内考虑环境可持续的问题。2009年4月，来自全世界各地的学者和设计师在哈佛大学设计研究生院（GSD）以“生态都市主义”为主题，进行了两天的研讨会，其后哈佛大学设计研究生院院长莫森·莫斯塔法维（Mohsen Mostafavi）编辑出版了《生态都市主义》(Ecological Urbanism）一书，对于此次研讨的成果进行了介绍。书中众多学者与设计师从社会、空间和技术等各个方面对于生态都市这一命题进行了探讨，而莫森·莫斯塔法维则在书的开篇提出了关于设计的尺度问题，认为对于生态环境的考虑不应该只是考虑到建筑尺度，而应该从更大的尺度范围出发，将生态可持续与城市的发展相联系。[②]

可以预见，在环境必须保护发展的现实面前，人们需要重新审视大规模建设时期的发展观和方法论。越来越多的人开始意识到自然环境资源的重要性，在未来的建筑与城市设计和建设中，环境可持续是必须要考虑的问题，这一问题甚至将与经济和社会发展同等重要。因此，符合可持续发展的生态技术也将持续在建筑技术中发挥作用，而科技的进步也必将促进生态技术的进一步发展，这也必将使得未来的建筑设计更能在满足人们生活需要的同时，促进人、建筑与自然环境的和谐共生。

6.2.3 媒介技术与文化传播

技术的不断进步带来了建筑设计的媒体化与大众化，这也使得媒介传播技术与建筑文化传播成了另一个技术与建筑设计相联系的方面。当代建筑设计思维与媒介及其变化相关联，互联网等新的媒介技术无论是对于建筑设计思想文化的传播，还是对于建筑设计审美的重新建构，都产生了深远的影响。

借助于新的媒体平台与技术，建筑评论家们一方面不断地介绍与解读明星建筑师作品，同时又试图寻找更为个性与更具有生命力的建筑表达；而媒体技术的日新月异，各种网络平台新媒体创造出了新的平行世界，为大众建筑师的展示提供了可能，并不停地唤起人们对于建筑理解的差异和宽容。事实上，在新型媒介的影响之下，新的审美方式更为开放并强调共享。阿多诺在现代主义初期为了对抗文化产业与消费社会的压力，曾提出

① （马来西亚）杨经文. 生态设计手册[M]. 北京：中国建筑工业出版社，2014。
② Mohsen Mostafavi, Gareth Doherty（Eds.）. Ecological Urbanism[M]. Lars Muller, 2010.

了审美乌托邦的理念，它是自恋的并拒绝交流的，甚至是为少数人或精英而存在的。而与之对应的是，借助于最新的媒体技术，当代的建筑设计开始逐渐成为一种新型的文化传播方式。这种传播可能开始于精英，却又分享于大众，并借助于各种媒体自下而上地形成了有关建筑文化传播与评价的大众模式。这种新模式也使得传统意义上的精英文化和大众文化界限的消失。

新媒介技术的发展带来了传播方式以及接受方式的改变，快捷、全面的媒介使得建筑文化的传播变得不费吹灰之力，建筑艺术的广泛传播成为可能，这也使得当代的建筑设计实现了向大众的开放与共享。其次，正是当代的新媒介技术将建筑艺术作品从传统的现场静观模式中解放出来，这不仅是空间距离与速度上的突破，当代大众对于建筑的审美趣味、欣赏态度都因传播方式的变革而发生变化。对于媒介展开研究的思想家麦克卢汉认为媒介即信息，他关注到了媒介技术发展与人类社会变迁之间的关系，原本人们的时空与地域观念在发生调整，认知与感受世界的方式在新技术影响下变化显著。实际上现代艺术对习以为常的观看和感知定式产生了极大冲击，而信息技术的发展使得各种各样的媒体成为人们感受外在世界的主要方式。因此，对于建筑艺术的感知方式发生了改变，新的媒介技术为人们普遍地参与以及多维度、深层次地欣赏建筑艺术提供了可能。

另外，在积极地认可媒介技术发展对建筑文化传播的积极意义的同时，我们还必须认识到，当代的各种媒介技术在一定程度上也会影响建筑设计思维与审美的独创性。可以认为，如果同样深度的信息无限度广泛蔓延，也会导致建筑意义与人们判断力的统一和消解。于是，在大范围远距离传播成为可能的大众传媒时代，有关建筑本质内涵思考将又会显得极为重要。值得建筑师深思的是，在这样的广泛迅捷的媒体技术与传播手段之下，到底表达什么样的文化才能具有传播的价值。

新的媒介技术使得大范围远距离的传播成为可能，而信息的广泛传播显然是对既有建筑文化的一个冲击，一些学者对于这一现象也提出了自己的分析，如让・鲍德里亚（Jean Baudrillard）对影像和模拟问题的分析，杰姆逊关于资本主义全球化的文化格局分析等。[①]法国哲学家和评论家保罗・维希留认为虚拟的电子媒介把全世界统一在一个新闻时间维度，这就消解了原有的地域文化特色，现实变为了一种真实和虚拟的双面体。他认为在商业化操作模式下，大众传播的主要目标是为了引起受众的关注，而文化或价值观的某种表达只是手段或装饰，关注这一行为本身比关注的内容实质更为重要，这就是当前媒介技术背后的逻辑。

当大量的复制与大范围传播成为一种文化并有可能被认同的时候，创

① Fredric Jameson. Postmodernism, or The Cultural Logic of Late Capitalism[M], Durhan: Duke University Press, 1991.

作者保持创新与个性已经越来越困难。传播媒介技术的发达使创新对人的刺激越来越麻木，“陌生化”越来越难以实现，创作以获得新感受与体验为目标，建筑形式背后的意义越来越浅薄。在“一切皆美”的理念以及碎片化信息冲击之下，原有建筑美学所推崇的评价标准已逐渐远去，这在一定程度上也可能会造成建筑美学自身的失范。

不管如何，媒介技术的突飞猛进为人们认知与感受建筑设计提供了新的可能性，在打破原有人们的时空与地域观念同时媒介技术也在传播甚至重塑着新时期的建筑文化。当代以互联网为代表的各种新媒介成为一种无可比拟的大众传播方式，可能引导着建筑设计的创作、鉴赏与评价的方式。新的媒介技术与媒介平台不仅是链接人与当代建筑的一种载体，更成了一种衡量当前建筑文化的尺度。这种变化在一定程度上又会给建筑设计提出新的要求，即什么样的建筑、承载何种文化的建筑才可能被媒介关注，进而被更广泛地传播与接受。

6.3 结语：科技之美

1. 科学性思维

近几十年来，科学技术的迅猛发展为世界带来了巨大的改变。在最新的科技影响之下，建筑设计也随之在发生着变化。这些科学技术背后所体现出的科学性思维也对于当代的建筑学科产生了重要影响。

前文曾对历史上的科学理性精神进行描述，而当代新的科学性思维则倾向对真理的深度挖掘，同时高度重视技术领域的综合性与复杂性。在这种趋势的影响之下，当代建筑设计思维体现出了鲜明的研究色彩。收集和处理大量的数据与系统化搭建技术框架成了必不可少的手段，而越来越复杂的建筑设计问题成了新技术应用的极佳案例。系统性、复杂性这些强调整体研究问题的思维模式逐渐代替了以美学或技艺统一为代表的传统设计思维模式。一些学者开始认为传统的植根于单一工艺为基础、试图将建造技术与艺术相结合的设计方法已经不能适应当代社会的复杂状况，设计需要更广泛地去解决日益复杂的建筑、城市与环境问题。

这种思维模式还体现在对于科学精神的肯定，诺姆·乔姆斯基（Noam Chomsky）曾尖锐地认为后现代的众多思想是胡说八道，20世纪90年代他发表文章《理性/科学和后这个或那个》（*Rationality/ science and post-this-or-that*），表达了他对于科学精神捍卫的决心：“我恐怕只有一种方式来进行：通过假设合理调查的合法性……（科学家们）经常成功的努力克服传统的排他性和特权……最科学、高情感的理解能力是人类共同的属性，那

图6-18　MIT的媒体实验室室内研究空间

些缺乏机会锻炼查询、创建和理解能力的人错过了一些生命中最美好的经历。”①在这种认知观念指导之下，科学性思维模式意味着精确理性的定义以及系统化的研究框架。

在学科交叉、系统化研究的趋势影响下，新的建筑设计知识与方法开始从一个由多学科共同构成的系统中合成产生。建筑学科不仅在相邻的学科之间进行合作，甚至在更广泛的范围内进行学科交叉，以此找到学科的新增长点与系统化开展研究与解决问题的框架。于是，建筑设计过程在逐渐向不同领域的专家开放，包括社会学家、工程技术专家以及建筑设计师等各种主体都在通过相对科学化的语言逐步建立对建筑问题的认知共识。为了形成系统内的通用语言，可计量、合法性这类带有科学色彩的范畴逐渐取代了美学、和谐这类传统设计范畴，成了当代社会多元主体间的一种契约与共识。

科学性的思维还表现在借助于其他学科成果科学化、实证式地进行设计的思考模式，种种来自于科学创新的概念诸如信息、反馈、纠错等取代了美学、空间与形式秩序，信息的获取、分析与处理成为了新的设计方法。而当各种学科理论如信息科学、系统理论等被引入到了传统建筑学之后，建筑学的直觉经验体系也在被科学的可证伪体系所取代，原先设计中

① Noam Chomsky. Rationality/ science and post-this-or-that[M]//Chomsky on Democracy and Education. New York: RoutledgeFalmer, 2003: 88, 92-93, 96.

图6-19　2015年世博会英国馆呈现了人与自然、科技与艺术相交融的建筑世界

的传统美学范畴在逐渐转型，需要纳入到由科学所定义的认知合法化框架之中才能发挥作用。

这种将建筑设计转化为科学逻辑或模型的尝试引发了新的时期人们对于建筑设计的再思考，其中所体现的科学性思维也是在摆脱建筑师个体的主观不确定性，希望通过科学思维寻找一套可以相对普适的设计方法与规则。在这些研究者看来，建筑设计有可能可以转化为由科学系统方法加以评判的对错问题，建筑设计全过程也在一定程度上可能成为连续、可以自我完善的、经得起科学方法验证的系统模型。

作为一门历史悠久的传统学科，建筑学与建筑设计一直在强调技术与艺术相融合。最新科技成果的突飞猛进确实让人们看到了全新的可能性，在不断涌现的新科技手段支撑下，科学性思维也必将成为人们在未来解决复杂建筑问题不可或缺的重要方式。

2. 科技之美

科学性思维确实为未来解决复杂建筑问题提供了新的可能性，与此同时，建筑设计中新的科技要素也具有了全新的审美意义。全新的科学技术作为重要的工具手段为人们探求新的建筑形式奠定了基础，在科学性思维作用下，建筑师们纷纷努力将各种新技术运用到建筑设计中，探索新的、与时代发展相适应的建筑形式，新的建筑形式与建筑审美不断出现。

首先，在当代新的科技手段创造出了全新的建筑材料、工艺与造型，这也给人们带来了全新的体验，相应的科技手段也越来越成为人们审美的对象，新科技本身也已经被纳入了审美的范畴。正如有科学家所提出的，科学的美具有自身的特质与价值，科学之美是一种客观的美、无我的美。当代建筑中的新科技也有了自身独特的价值与内涵，科技的发展使得建筑科技自身的审美价值不断增加。

在科技进一步发展之后，早先的现代主义式建筑形式就成了当代建筑创作者超越的对象，曲线的灵动与材料的多元提供了前所未有的可能性，不寻常的材料、各种表皮和出人意料的关系都使得建筑形式更加自由。如果说在新技术手段涌现初期人们对各种新技术的作用还会犹豫不决，随后这些年轻建筑师们已经完全适应并充分利用计算机技术为代表的各种新技术手段，他们会自由地试验各种新奇的手段，并采用视频与装置、媒体互动、展览或建造等各种方式展示他们对于建筑的理解。

不过需要注意的是，纯科学之美是不因人的因素发生转变，与这种美的无我性和客观性相比，建筑中的科技之美与人息息相关，并不能完全脱离人的因素。但这种科技之美又与艺术美的有我性和主观性不同，建筑的科技是离不开各种客观因素的。因此，建筑设计中的科技之美是一种主客观的统一体，正如前文所述，是一种将手段和目的融为一体的产物。建筑的科技之美产生于客观对象与技术手段，但又服务于主体对象，并因人的使用和关照才得以具有审美价值。

建筑中的科技既是构筑人与环境关系的基本载体和工具，同时也成为创新人们生活方式与体验的手段。也正是从这个角度出发，新的科技不仅是人认识与构建世界的工具，而且科技本身也成了未来人们的一种存在状态，这些也成了当代建筑设计中科技之美的重要特征。如何使科技展现出自身的特性同时构成与人的生活使用的完美互动关系，真正促进建筑空间的快速发展，成为当代建筑设计发展中的一个重要问题。

面向未来，我们需要努力探索通过新的科技思维与技术手段实现人文创意精神。社会的发展与科技的进步使得新技术和新形式不断涌现，与之相对应的则是精神价值的匮乏或趋同，面对无限增多的新信息与形式，人们的身心越来越疲乏与惰性。因此，为了应对未来的复杂需求与社会的快速发展，建筑设计就需要成为一个更为完整的系统，其中既涵盖了科技的创新与明确，同时又要能包容更多科技之外的要素。在这一过程中，要确立好人与建筑的关系，充分发挥科技在实现人们美好生活环境构建中的积极作用，从而尽可能展现与挖掘建筑中的科技之美。

1500
TOSHIBA
TOSHIBA
PM AND WEEKD
ORNINGS FROM
TICUT HOME
S BOSS FOR PRO-GAY BIAS
TE APPROVES PLA
NEW VIKINGS STADIUM
SONY
ERNST & YOUNG
RICOH
Sprint

第7章

多维度下的当代西方建筑再思考

在各种社会思潮与科学技术发展的影响之下，当代建筑设计在不断地尝试突破寻求下一步的发展。随着对于各种建筑问题思考的深入，当代西方建筑思想中的争议越发突显。与此同时，建筑设计的趋势在不断变化，在混沌与多元的当代西方社会条件之下，有关社会、技术、空间、身体等多维度的综合使得建筑设计呈现出了一种独特的时代精神。在经验与试验、本质与外延多个层面游走的建筑师试图通过各种探索来丰富建筑与城市空间体验，在应对纷繁复杂社会状况的同时描绘了一幅多维度的当代空间图景。本章首先简要介绍了当代西方建筑思想中存在的发展悖论，从价值观、模式与边界三个方面梳理了近年来有关建筑设计基本问题的不同见解，试图在此基础上对当前西方建筑思想的多元状况进行介绍。在对多元状况与相关悖论进行介绍基础上，本章第二节从三个方面介绍了这一空间图景背后的思维与审美特征，试图以此对西方建筑设计的当代性进行重新解读与剖析。

7.1 当代西方建筑的多元与悖论

在经历了各种“主义”思潮的冲击之后，并在“技术—社会”趋势的主导之下，越来越多的西方建筑设计研究与实践者开始注重“向前看”、强调以研究或试验为导向，积极地向外拓展突破传统建筑设计的边界，对其他学科思想和成果的借鉴与转译变得越来越普遍。这一现象又进一步加剧了受当代西方文化影响形成的非、反设计观，在建筑设计求新求异的过程中所谓体现批判精神的否定性审美观开始出现。于是，在力争向外拓展的研究导向与追求反叛的当代文化的双重影响下，有关建筑设计的本体与学科边界似乎变得越来越模糊。这种状况在20世纪50年代就已开始出现，正如MIT的报告所提出的：“本时代的特征方面之一是专业……的学科都有一种倾向，将业务扩展到更广泛的技术领域的部门。旧的模式正在发生变化，它变得越来越困难来寻找这些学科划界的简单指南。”[①]

从20世纪50年代起，受不断涌现出的各种社会思潮与科技进步的影响，西方建筑学科在对于传统观念的反思中积极地向外扩展，语言学、心理学、社会学和计算机科学等新的理论与技术成为了建筑设计发展的借鉴对象。这种不断向外拓展的趋势被当代的西方学者概括为建筑发展的“技术—社会”（Techno-Social）趋势，这一趋势既是对当代西方社会发展状况的一种呼应，同时也来自于科技进步形成的基于规则进行判断的专业合法

① MIT Report of the President[J]. School of Engineering, 1954, 61: 3.

性需求，并以此来摆脱传统不断变幻的形式美学思维的影响。[①]这种可以被概括为“隐性实证主义”（the tacit positivism）的思维观在发展到一定程度之后又引起了一系列的批判与反思，包括后现代主义在内的种种思潮高举着人本与反叛的大旗对于之前的观念进行着解构与批判。随着对于各种建筑问题思考的展开与深入，各种传统与经典的思想被不断回溯与解构，有关建筑设计本质与内涵的答案也似乎在变得越来越模糊。当代西方建筑思想在种种争议之中变得越发多元与复杂，这种发展的悖论成了当代西方建筑设计多元纷繁、光怪陆离的诸多现象的一个缩影。

7.1.1 现代性 / 后现代性：价值观的差异

科技的进步带动了西方社会的巨大发展，与此同时，西方的研究者又带着怀疑的态度去审视西方社会的种种现象，寻找新社会形态中存在的新价值。现代主义运动之后，在现代性思想的主导下一种全新的带有理想叙事情节的思维方式逐渐形成。英国社会学家鲍曼（Zygmunt Bauman）提出现代性就是启蒙运动的宏伟规划，它许诺为人类生活带来只有理性才能够提供的那种清晰性和透明性。[②]而到了当代西方社会，以往关于美的本质思维观已经被消解，取而代之的是“非”“反”观的解构观念，断裂、矛盾成了新时期的重要范畴。伴随着社会形态的零散化，以后现代为代表的各种复杂思潮相继出现。美国学者丹尼尔·贝尔（Daniel Bell）认为现代主义已经消耗殆尽，创造的冲动也逐渐松懈下来；新生的稳定意识本身充满了空幻，而旧的信念又不复存在。[③]但这并不是说在当代西方社会后现代性等新的思想就完全取代了现代性，当代西方思想家对于现代性与后现代性的相互关系、现代性的价值思考仍然在继续。法国哲学家利奥塔（Jean Francois Lyotard）提出后现代隐含在现代之中；鲍曼认为后现代性不是现代性的终结或简单替代，而是对前者的反思、清理和批判。[④]

实际上，这些对于现代性与后现代性的不同态度也体现了西方建筑思想中存在的种种差异甚至相悖的价值观。肯尼思·弗兰姆普敦在《现代建筑：一部批判的历史》一书中提出，启蒙运动后西方现代建筑的发展似乎分裂为两派：一派是先锋派的乌托邦主义，形成于19世纪初、见之于勒杜的重农主义的理想城市；另一派是反古典、反理性、反实用的基督教改革

---

① Arindam Dutta（Ed.）. A Second Modernism: MIT, Architecture, and the ‘Techno-Social’ Moment[M]. Cambridge: MIT Press, 2012.

② （英）齐格蒙特·鲍曼. 现代性与矛盾性[M]. 邵迎生译. 北京：商务印书馆，2003。

③ （美）丹尼尔·贝尔. 资本主义文化矛盾[M]. 赵一凡等译. 北京：生活·读书·新知三联书店，1989：66-74.

④ （英）英格蒙特·鲍曼. 现代性与矛盾性[M]. 北京：商务印书馆，2003。

	ANTI-MODERNIST	PRO-MODERNIST
PRO-POSTMODERNIST	Wolfe – Jencks +	Lyotard {+ –
ANTI-POSTMODERNIST	Tafuri {– +	Kramer – Habermas +

图7-1 针对现代性与后现代性不同的价值观（来源：*The Politics of Theory: Ideological Positions in the Postmodernism Debate*）

图7-2 《从包豪斯到我们的豪斯》中文版封面

派。[①]这两种价值判断在一定程度上也能反映现代性与后现代性之间的差异。美国学者弗雷德里克·詹姆逊（Fredric Jameson）曾经针对现代性与后现代性的价值观进行了归纳，认为西方的后现代现象中存在着四种基本类型。[②]这四种类型相当于坐标图的四个象限，横坐标对应的是赞成或反对现代主义的态度，而纵坐标则对应的是赞成或反对后现代主义的态度。西方后现代的种种思想便可在其中进行定位，包括赞成现代主义、赞成后现代主义的观点，代表人物为利奥塔；反对现代主义、赞成后现代主义的，代表人物为查尔斯·詹克斯（Charles Jencks）；反对现代主义、反对后现代主义的，代表人物为曼弗雷多·塔夫里（Mafredo Tafuri）；以及赞成现代主义、反对后现代主义的，代表人物为尤尔根·哈贝马斯（Jürgen Habermas）。

第一种价值观就是反对现代主义并支持后现代主义，詹姆逊认为其中汤姆·沃尔夫（Tom Wolfe）的观点最为坚决。作为新新闻主义的代表人物，他分别于20世纪70年代和20世纪80年代出版著作《着色的世界》和《从包豪斯到我们的豪斯》，对现代艺术和现代主义建筑进行了激烈的批评。另一位代表人物詹克斯则明确提出了后现代主义建筑的观点，1977年他出版《后现代建筑的语言》一书。与上述观念完全相对的就是支持现代主义并反对后现代主义。哈贝马斯认为现代性是一个尚未完成的规划，他对现代性的价值如批判性精神进行了充分肯定并否定了后现代的思想，进而提出了面向未来的交往行为理论。这种思想还体现在对于科学精神的肯定，正如之前一章所介绍的，诺姆·乔姆斯基曾尖锐地认为后现代的众多思想在胡说八道，20世纪90年代他发表文章，表达了他对于科学精神捍卫的决心。[③]

① （美）弗兰姆普敦. 现代建筑：一部批判的历史[M]. 原山等译. 北京：中国建筑工业出版社，1988：10。

② Fredric Jameson. The Politics of Theory: Ideological Positions in the Postmodernism Debate[J]. New German Critique, 1984, 33（33）：53–65.

③ Noam Chomsky. Rationality/ science and post–this–or–that [M]//Chomsky on Democracy and Education. New York: RoutledgeFalmer, 2003: 88, 92–93, 96.

不管对于现代主义或后现代主义支持与否，上述两种观点都是在承认两者之间具有明显的界限，而另两种观念则趋向于两者之间并没有明显的界限。以既赞成现代主义、又赞成后现代主义的观点为例，利奥塔就认为后现代不过是初期的现代主义。与这种观点相对的观念就位于最后一个象限，建筑理论家塔夫里将后现代主义视为极盛现代主义运动的衰竭。詹姆逊在归类分析的基础上，认为现代主义和后现代主义都有着合理与不合理的地方，提出要把握后现代主义所体现的新的文化逻辑。在詹姆逊看来，当代西方社会就是一个包罗万象的混杂系统。而他提出的这四个象限的划分其实也能体现当代西方建筑价值观的混乱与内在矛盾，简单地认定某种主义成为当代的主导思潮也是不现实的。

总体来讲，后现代思潮所带有的各种先锋和多元的哲学观念、美学理论和艺术流派，使得对其加以清晰描述具有困难。[①]与之前追求确定、明晰与普遍性不同，后现代强调多元、随机与差异性，后现代在逐步消解之前的深度感与确定唯一的权威性。詹克斯曾对现代主义建筑之后的建筑发展趋势做出了预测，认为要关注到社会发展的复杂性，并由此推动建筑的继续发展。[②]当代建筑学发展的步伐不断加快，各种建筑思潮尚未得以广泛传播就可能已经过时。而由于现代主义权威的消失、统一标准的不再，当代西方建筑的价值观更为多元，出现了众多风格模糊、没有严格边界划分的作品。到了当代，多义代替了单义、含混代替了明晰，这也使得建筑审美意识与价值判断不断变异与重构。在这些多元复杂的价值观影响之下，同时面临着社会现实的种种压力与挑战，建筑设计的基本思维模式也在发生着变化，有关于设计与研究、经验与试验的各种讨论成为建筑学科的重要话题。

7.1.2　设计 / 研究：模式的转换

2015年4月，英国威斯敏斯特大学建筑环境学院院长戴维·德尼（David Dernie）在清华大学建筑学院的座谈中总结了西方建筑教育发展的两大方向，一是以英美为代表的建筑学教育与研究模式体现了实验性的特点，更多地在往前看；而以欧洲大陆为代表的模式则更多展现了经验性的色彩，强调往后看的思维方式。这两种方式恰好代表了当代西方建筑设计模式的两种趋势，即以经验为主导的传统模式及以试验为主导的实证研究模式，这种对立也成了当代的另一个发展悖论。

西方科技在第二次世界大战后取得了大量突破，而西方社会的复杂性也日益增加。在这两方面因素影响下，当代西方建筑学领域出现了鲜明的

① 王岳川．后现代主义文化研究[M]．北京：北京大学出版社，1992：8。
② Charles Jencks. Why Critical Modernism?[J]. Architectural Design, 2007, 77: 140－145.

“技术-社会”倾向，即一方面强调对于新技术的应用和研究，另一方面则更多地关注社会现实问题的解决。这既是得益于技术的进步，另外也是建筑学领域面临的现实压力所致。在快速城市化阶段过后，西方社会种种城市问题不断暴露。社会领域专家从社会的现实困境出发，希望能解决环境可持续、城市更新、社区发展等问题，当代西方建筑师和规划师也融入了这种“危机宣示”（crisis-pronouncement）的文化，城市空间的研究与发展在当代西方不可避免地与单调、贫困、种族冲突和公共设施衰败相联系。

在“技术-社会”趋势影响下，当代西方建筑设计思维体现出了鲜明的研究色彩。收集和处理大量的数据与系统化搭建技术框架成了必不可少的手段，而复杂的城市问题成了新技术应用的极佳案例。早在20世纪60年代，就有学者认为伴随着社会复杂程度的提升，社会问题已经是一套复杂的系统，而“复杂系统是有悖直觉的……直观过程往往会选择错误的解决方案”①。系统性、复杂性这些强调整体研究问题的思维模式逐渐代替了以美学或技艺统一为代表的传统设计思维模式。1962年，英国举办了包括建筑学在内的“系统和直觉方法会议”（The Conference on Systematic and Intuitive Methods in Engineering, Industrial Design, Architecture and Communications）；②而在美国，克里斯托弗·亚历山大同样开展了针对建筑设计方法系统化的研究。这种将建成环境看成一个系统的研究对象，并以此入手展开建筑与城市研究的范式一直延续至今。

环境恶化、城市衰败等问题既具有研究的必要性，同时这些问题的综合性、复杂性又具有可以通过新的科学系统进行推理演化的特征，这些都使得环境、可持续、城市、社会等关键词成了当代西方建筑设计关注的新热点问题，众多带有研究色彩的新机构与新领域相继出现。有学者从机构命名的角度解读了这种研究化的倾向，认为有越来越多的以“特别、联合、中心、实验室、环境、城市、研究”等研究色彩浓重的词汇命名的机构开始出现。③而跨学科的新领域如景观都市主义、智慧城市等也在逐渐成为热点，相关研究问题框架的复杂性也在不断增加。

在学科交叉、系统化研究的趋势影响下，新的建筑设计知识与方法开始从一个由多学科共同构成的系统中合成产生。而当各种学科理论如语言学、信息科学、系统理论等被引入到了传统建筑学之后，建筑学的直觉经验体系也在被科学的可证伪体系所取代，原先设计中的传统美学范畴在逐渐弱化。众多坚守设计传统的学者针对这种系统化切入研究设计的思维

① Jay W. Forrester, Urban Dynamics[M]. Cambridge, MA: The MIT Press, 1969: 9.

② John Christopher Jones and Denis Thornley（Eds）. The Conference on Design Methods: papers presented at the conference on systematic and intuitive methods in engineering, industrial design, architecture and communications[C]. London, September 1962, Pergamon Press.

③ Mary Louise Lobsinger. Two Cambridges: Models, Methods, Systems, and Expertise. A Second Modernism[M]. Cambridge: MIT Press, 2013: 652–685.

还是比较谨慎的，有人就提出："我不相信设计可以或应该减少到一套逻辑命题……相反，我想要探索可能性来更有效地利用理性的力量来进行设计。"①

还有一些建筑理论家和设计师则对这种研究的倾向，尤其是借助于其他学科成果科学化、实证式地进行设计的思路表达了激烈的看法。彼得·埃森曼描述他的博士研究就是对亚历山大博士论文的"激怒"反应，亚历山大的论文后来成为了他的第一本书《形式综合论》(*Notes on the Synthesis of Form*)，而埃森曼的论文题为《现代建筑的形式基础》(*The Formal Basis of Modern Architecture*)②。不满源自于种种来自于科学研究的方法在逐渐取代传统的设计方法。这种将建筑设计转化为逻辑或数学模型的尝试确实能引发对于建筑的再思考，但其中体现出的对于逻辑推理或科学实验的过分强调，对于那些希望能追求精神内涵的建筑师显然是不能接受的。如果说研究模式是在希望自下而上通过科学思维寻找一套有机的建筑语法模型与规则的话，而坚守传统的另一派显然是希望通过自身的智力

Discord Over Harmony in Architecture: The Eisenman/Alexander Debate

Editor's Note: *From time to time the HGSD News extends its coverage of activities at the school to present a debate or controversy in greater detail. The following pages contain an edited transcript of a discussion between Peter Eisenman and Christopher Alexander. Eisenman, who received his PhD in architectural design theory from the University of Cambridge, England in 1963, was the director of the Institute for Architecture and Urban Studies in New York from 1976-1982, and began a three-year appointment at the GSD this fall as the Arthur Rotch Adjunct Professor of Architecture. In addition to teaching a studio/seminar this spring, he has been holding a series of informal discussions with GSD faculty and visitors. Christopher Alexander received his PhD in architecture from Harvard in 1963 and is currently professor of architecture at Berkeley and the director of the independent Center for Environmental Structures at Berkeley. The Eisenman/Alexander discussion took place on November 18, the day after Alexander gave a public lecture on his current research attempts to identify "deep structures," or the order in built forms that precedes the dichotomous orders of formalism and functionalism (see January/February issue of the HGSD News).*

Peter Eisenman: I met Christopher Alexander for the first time just two minutes ago, but I feel like I have known him for a long time. I suddenly sense that we have been placed in a circus-like atmosphere, where the adversarial relationship which we might have, which already exists, might be blown out of proportion. I do not know who the Christian is and who the lion, but I always get nervous in a situation like this. I guess it is disingenuous on my part to think that with Chris Alexander here something other than a performance would be possible. Back in 1959, I was working in Cambridge, U.S.A., for Ben Thompson and TAC. I believe Chris Alexander was at Harvard. I then went to Cambridge, England, again not knowing that he had already been there. He had studied mathematics at Cambridge and turned to architecture. I was there for no particular reason, except that Michael McKinnell told me that I was uninformed and that I should go to England to become more intelligent.

Christopher Alexander

Christopher Alexander: I'm very glad you volunteered that information. It clears things up.

Laughter.

PE: In any case, Sandy Wilson, who was then a colleague of mine on the faculty at Cambridge and is now professor at the School of Architecture at Cambridge, gave me a manuscript that he said I should read. It was Alexander's PhD thesis, which was to become the text of Chris's first book, *Notes on the Synthesis of Form*. The text so infuriated me, that I was moved to do a PhD thesis myself. It was called *The Formal Basis of Modern Architecture* and was an attempt to dialectically refute the arguments made in his book. He got his book published; my thesis is so primitive that I never even thought of publishing it.

In any case, I thought that today we could deal with some of my problems with his book. But then I listened to the tape of his lecture last night, and again I find myself in a very similar situation. Christopher Alexander, who is not quite as frightening as I thought—he seems a very nice man—again presents an argument which I find the need to contest. Since I have never met him prior to this occasion, it cannot be personal; it must have something to do with his ideas.

Chris, you said we need to change our cosmology, that it is a cosmology that grew out of physics and the sciences in the past and is, in a sense, 300 years old. I probably agree with every word of that. You said that only certain kinds of order can be understood, given that cosmology. You said that the order of a coke machine is available to us because of our causal, mechanistic view of the world. And then you brought up that the order of a Mozart symphony is not available to us. Don't you think that the activity of the French "Structuralists" is an attempt to find out the order of things as opposed to the order of mechanisms, the ontology of things as opposed to the epistemology of things, i.e., their internal structure? This kind of philosophical enquiry has been part of current French thought for the last 20 years. Don't you think that it is something like what you're talking about?

CA: I don't know the people you are talking about.

PE: I am talking about people like Roland Barthes, Michel Foucault, Jacques Derrida.

CA: What do they say?

PE: They say that there are structures, in things like a Mozart symphony or a piece of literature, and that we can get beyond the function of a symphony or the function of a piece of literature to provide a story or knowledge, that we can get beyond those functions to talk about the innate structure

12 HGSDNEWS

图7-3 20世纪80年代初哈佛报道的埃森曼与亚历山大之间的论战（来源：*Instigations Engaging Architecture Landscape and The City*）

① William L. Porter. Three Episodes, Three Roles. A Second Modernism[M]. Cambridge: MIT Press, 740–769.

② Instigations: engaging architecture landscape and the city: GSD075, Harvard University Graduate School of Design[M]// Mohsen Mostafavi and Peter Christensen (Eds.). Lars Müller, 2012: 502–503.

思考探讨建筑的神秘性与精神内核。在他们看来，建筑设计不能简化为由系统思想或经济理性所决定对错的事实问题，建筑设计也不应该成为连续、可以自我完善的、有机的模型。

这种模式转向带来的争议在建筑教育方面也有着体现，有学者曾在20世纪80年代撰文提出，当前建筑教育中传统建筑设计核心课程重要性在减弱，学生在学习过程中缺乏与建筑职业接触的感觉，而只是不断与各种大的目标与各种问题进行毫无止境的斗争。[①]在《冲击下的大学》(*Universities Under Attack*)一文中，作者对于这种研究化的趋势进行了总结："教学程序、组织结构和研究重点，所有的一切都必须在荒谬的加速度内获得……这样的实用主义也许并没有很好的研究……研究本身已经开始成为'内容'的自由飘浮……这些做法在日益强调广泛和交叉学科。"[②]

如果从积极的角度来看的话，这两种思维模式的对立恰恰反映了当代西方建筑设计在新维度的突破与尝试。研究模式的兴起源自于西方战后技术的大幅进步以及社会的发展，这也为建筑学科的向外拓展提供了必要性与可行性。与此同时，针对这种研究模式的批判必将持续，因为思维模式的不断拓展必然导致内容与定义的含混，这也必然引发更为根本的、关于建筑设计本体与建筑学专业边界问题的讨论和争议。

这种设计与研究的悖论还体现在人们对于建筑设计理论与设计实践的不同态度。建筑理论与建筑实践应该是联系在一起并相互促进的，但这一对概念在现代之后的一段时间内似乎变得越来越隔离。理论看起来与现实世界离得越来越远，而由建筑理论所直接指导形成的建筑实践也变得越来越难以解读；与此同时，各学科领域的蓬勃发展又要求建筑学从学术研究角度进行跨学科交流，这又加强了理论研究的抽象性，建筑学的实践属性不得不暂时被剥离。这些现象似乎成了建筑教育内部的另一悖论，并且在现代之后的发展历程中不断出现。

近年来，最年轻一代的建筑师和教育者似乎在理论与实践之间做出了自己的选择。美国普林斯顿大学建筑学院院长斯坦·艾伦（Stan Allen）在《未来即现在》(*The Future That Is Now*)一文中对当前的年轻建筑师的从业状况进行了总结，他选取了2010年的杂志*Praxis*作为论述的案例。[③]该份杂志编辑出版了一期特辑《11建筑师12对话》(*11 Architects 12 Conversations*)，呈现了11位年轻建筑师的工作和对话。这份杂志在1999年发行，创刊之初就将自己定义为一份《写作与建造》(writing and building)的杂志。从这份杂

① Roy Strickland. In Search of a School[M]//Plan 1980: Perspectives on Two Decades, 139-143.

② Rachel Malik. Universities Under Attack[J/OL]. London Review of Books, 2015, 11 (2). http://www.lrb.co.uk/2011/12/16/rachel-malik/universities-under-attack.

③ Stan Allen. The Future That Is Now[M]//Joan Ockman. Architecture School: Three Centuries of Educating Architects in North America.Cambridge: MIT Press, 2012: 217.

志的定位似乎也可以出，近几十年来建筑学领域中一直在纠结的技术冲击下学科如何自律问题隐约有了答案。这期报道的年轻一代建筑师和教育者正在从理论批评向注重实践的建造文化转变，在教育背景方面，这些建筑师普遍受教育于现代之后的美国建筑教育体系，被各种理论争论与新技术变化的氛围熏陶。他们都有或多或少的实践经历，而且作品位于全世界各地，通过这些作品他们对于这个时代和未来的趋势给出了答案。

图7-4　11 *Architects 12 Conversations*专辑封面

在对于建筑师职业的认识上，他们认为建筑师更大程度上是问题解决者，显然这也是社会不断发展对建筑师职业提出的要求相适应的。为了应对气候变化、环境可持续、自然灾害频发、全球化、经济危机等重大问题，面向现实世界的需求在不断增长。在这些问题面前，关于理论和实践的争辩与迟疑已经不太合时宜了，他们希望能通过自己的大量实践来解决当前的现实问题。

不可否认，当代建筑实践的对象与手段都极为丰富，这些年轻建筑师也确实在号召从解决问题出发来发现新的设计策略，但斯坦·艾伦提出，如果认为实践已经可以完全替代理论显然是不合适的。首先，新一代建筑师的工作实践方式得益于先前一代对理论与实践模式的探索，受之前如20世纪80年代装置派艺术实践和库哈斯等人的研究与实践模式启发，才逐步形成了包括研究、展览、出版、城市研究和建筑设计的实践体系。与前一代相比，新的实践方式更为直接与多元，视觉效果也更为突出，他们能灵活运用各种手段如装置、互动媒体与建筑设计等。另外，手段的多元、对“话语”形式的突破以及对“语境”的重视，这些是新一代建筑师的特征，而这些显然也是得益于之前建筑理论工作者对建筑学本质的思考。也正是因为他们成长于现代之后的美国建筑教育土壤，才使得他们吸收了各种理论与技术，才能在新阶段从容应对当代实践问题的复杂性，寻找各种创造性的解决方法。

不过斯坦·艾伦也表达了对于理论与实践两者关系的犹豫，他借用了亨利·考伯（Henry Cobb）的论述来阐述理论研究与创造性实践之间的相悖之处：一方面，学术世界看起来会将建筑学从富有活力的真实世界中割裂开来；另一方面，它实践导向的特征又可能会有碍建筑学作为一门学科与大学里其他学科的对话①。新一代建筑师显然认为他们已经建立了全新的实践模式，但这种新的实践模式能否成为当代复杂建筑现象与理论之间的桥梁，重新激活当代的建筑理论研究呢？

① Stan Allen. The Future That Is Now[M]//Joan Ockman. Architecture School: Three Centuries of Educating Architects in North America. Cambridge: MIT Press, 2012: 220.

7.1.3 建筑 / 非建筑：边界的争议

经历了各种“主义”思潮的冲击，并在“技术–社会”趋势的主导之下，越来越多的西方建筑研究与实践者开始注重“向前看”，积极地向外拓展突破传统的边界。这一现象又进一步加剧了受当代西方文化影响形成的非、反设计观。于是，在力争向外拓展的研究导向与追求反叛的当代文化的双重影响下，有关建筑设计的本体与学科边界似乎变得越来越模糊。

如果用当代西方文化中的空间观来衡量这一现象的话，建筑设计边界的模糊与拓展是值得肯定的。自20世纪中期以来，众多西方思想家将关注点从时间转向空间，比如詹姆逊认为当今世界已经从由时间定义走向由空间定义，不仅时间具有空间性特征，而且一切都空间化了；①法国思想家米歇尔·福柯则提出传统上人们关注的是历史或时间问题，而当代则需要关注到空间问题，并需要继续完成空间的去神圣化与去边界化。②因此，当时间让位于空间之后，传统建筑设计中时间维度的重要性必然会被削弱。

但与此同时，这种向外拓展与追求反叛的趋势必然会导致执着于“建筑本质、内涵”观念的人的批判。如同埃森曼对于以实证研究来看待建筑学进行批判一样，柯林·罗曾在20世纪70年代对研究为导向进行拓展的趋势进行了抨击，提出这些人不过是建立在假定的经验主义基础上的自然主义者、行为主义者和技术爱好者，建筑教育与研究日益成为一种跨学科的课程汇编。③而在注重试验的美国大陆，也有一些建筑师如路易斯·康在以富有哲理的建筑思想与高艺术品质的建筑作品宣示着建筑本质内涵的重要性。

作为对于建筑本质的捍卫者，这些理论家与建筑师显然还在坚守以美学和精神为先导的建筑观，他们的思想与作品有着一定的理想主义色彩。借用理论家对路易斯·康的评价，他们将建筑看作为一项精神活动，而拒绝一种简单的、即使是面向社会的功能主义，强调建筑作品必须要加上高度精神性的内涵。建筑是将时间与空间融为一体的活动，如果剥离了时间属性，建筑的力量感与让人为之着迷的神秘气质都会大大削弱。因此，不管技术或社会形态如何发展，建筑总是应该具有属于自身的本质内涵，而这种本质内涵可能是无法通过实证研究获得的，定量、输入、输出等词也不能完全取代和谐、神秘性这些传统范畴。在他们看来，历史久远的建筑

---

① 胡亚敏：《文化转向》译者前言[M]//（美）弗雷德里克·詹姆逊．文化转向[M]．胡亚敏等译．北京：中国社会科学出版社，2000。

② 米歇尔·福柯．不同空间的正文与上下文[M]//包亚明．后现代性与地理学的政治．上海：上海教育出版社，2001：18–28。

③ Colin Rowe. Architectural Education: USA[M]//Colin Rowe, Alexander Caragonne（Eds.）. As I Was Saying: Recollections and Miscellaneous Essays. Cambridge: MIT Press, 1996: 54.

设计的传统本质就是要守卫某种专属于建筑的特质，这些特质即使不用所谓神秘性来形容，也应该是能在纷繁复杂的社会形态下有所传承与延续的某种精神内核。

如果将这一有关建筑本体与边界的讨论放大，这一话题背后隐含的是长久以来一直存在的有关科学技术与人文精神的讨论。正是在第二次世界大战后西方科技大发展、高度重视技术的背景下，一种新的人文精神开始出现，这既是对“技术–社会”趋势的一种反思，同时也是对人的复杂性的再次深挖。当时一批持着“人本主义批判”思想的理论家包括福柯、德里达、德勒兹和利奥塔等人的思想开始流行。当代西方科学和人文的分野与之前传统的技术和艺术，以及现代性精神中的启蒙现代性与审美现代性之争相对应，但又有了新的内涵。新的科学思维倾向对真理的深度挖掘，同时高度重视技术领域的综合性与复杂性。与之相伴，当代西方也出现了制度化和专业化的人文学科，这些人文学科的作用是积累人类经验，梳理各种人文和社会科学的相互关系。

这两种方向确实为现代主义之后的建筑设计发展提供了新的可能性，但不管是关注于系统、环境等范畴的科学式出发点，还是执着于语言学、哲学的人文式出发点，似乎都还未能拿出能深入阐释建筑内涵的结论。当代西方建筑发展的一大特点就是对于以语言学为代表的西方思潮的重视，但这似乎带来了另一重困境，语言学等当代西方哲学一方面成了一种取之不尽的理论源泉，但与此同时这些主义思潮又成了桎梏新思想发展的一个“困境”；①而埃森曼等理论家从理论到设计的尝试似乎也并不能太令人信服。各种从科学角度切入的相关研究，得到了很多关于可证伪性与自主性的工作模型系统，而在阐述设计或创意工作内涵机制方面却收效甚少。

不管是科学还是人文，系统还是哲学，探寻句法规则还是挖掘语义内涵，都为建筑的深入发展提供了参照，但当代西方建筑设计的多元状况并不止于这两个方向。另外有人试图将科学与人文进行综合研究，还有人则是远离这两者的争议进行实践探索。当前西方建筑思维的一个方向就是将科学与人文这两者结合起来。麻省理工学院媒体实验室的创始人尼古拉斯·尼葛洛庞帝（Nicholas Negroponte）就曾发文《因机器而人文》（*Towards a Humanism Through Machines*），他一直在努力探索借助于新的科技思维与技术手段实现人文创意精神。在这种角度看来，为了应对未来的复杂需求，设计就需要成为一个更为自洽的系统，其中既要保持科学的崇高与明确，又要借助于人本的思维来完善系统自身。而与这种企图综合两者的尝试相背离，就是远离这两者的争议来进行建筑实践。在持有这种观点的人

① （美）弗雷德里克·詹姆逊．语言的牢笼[M]．钱佼汝，李自修译．南昌：百花洲文艺出版社，2010.

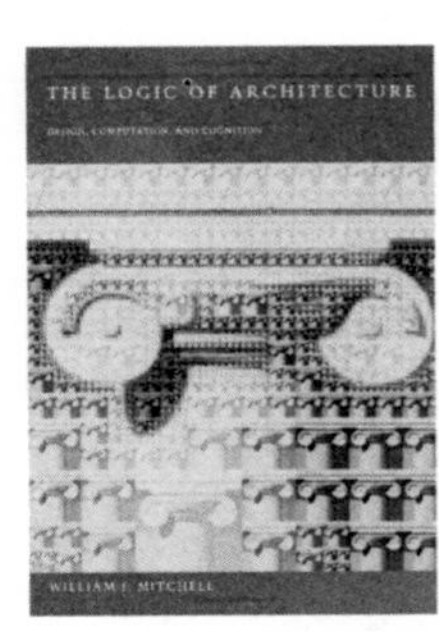

图7-5 美国建筑学家威廉·米切尔1990年的著作《建筑的逻辑》，借助于新科学手段探讨建筑的语法规则

看来，发展到当代社会，英雄主义式的建筑师实际上已经落幕了，之前各种主义思潮与争论已经使人感到疲倦。建筑设计也不应再纠结于本质是否能获得，形式创造与实践又成了人们摆脱思想束缚的工具。而在原先被视为有碍于建筑本质表达的手段开始大量出现，所谓时髦的形式包装在当代西方的语境下成了合适的手段。

在反叛与超越精神之下，否定性审美的价值观被提到了极高的地位，新形式的创造建立在对原有形式“否定”的基础之上。正像在解构主义建筑中看到的，原有建筑空间“结构”被打破，创作者高举解构大旗对结构进行反叛与超越，强调空间形式的无中心性，形成散乱、突变与动态的形式特点。[①]当代西方建筑师们在不断否定之中获得新生，人们相信只要否定了传统，获得了新的视觉感受，就获得了新的审美价值、吻合了新的时代精神。这也使得审美意识与价值不断变异与重构，形式背后的意义以及有关审美的权威标准不再确定，全新的范畴与思潮不断涌现。

与此同时，创作者与欣赏者的思维方式从理性转变为非理性，原先形式背后的传统理性内涵也逐渐被当代的非理性与反理性所代替。与思维方式的转变相适应，当代建筑审美对象范围不断扩大，越来越多的美学范畴开始出现，如解构、游戏、新奇、反讽等，甚至连传统意义上的“丑陋”都成为审美对象。为了追求新奇与刺激，在重视非理性的当代人看来，怪或丑的形式最多只是不完善，它们仍然具有自身独特的审美价值。

之前的两种争议的一大问题就是在建立自身句法规则的同时却在语义挖掘方面进展乏力，而后两种或综合或超脱的尝试似乎都在摆脱语义或内涵的束缚，转而以自己的实践探索来重新宣示属于当代西方建筑文化的时代精神。它们都在通过多维度的挖掘实现对于当代多元精神的再阐释，但这并不能表明，在当代西方文化语境中对于本质或边界的探索就失去了意义。对于系统内在逻辑或句法的挖掘不能被实用主义式、强调经济理性的综合操作所替换，而对于美学品质或意义的执着同样不能被表皮图像化、强调视觉冲击的形式游戏所取代。

7.2 从异托邦到多维之境

20世纪60年代，法国思想家福柯对于西方空间的发展提出了异托邦的概念；MIT建筑与城规学院的院长威廉·米切尔在21世纪初使用了

① 结构主义认为文本之后有着起决定作用的结构，到了当代，以德里达为代表的解构主义思潮蓬勃发展，批判否定原有的结构主义思想，解构主义思潮也被借鉴到建筑创作中。

“e-Topia”一词来描绘未来信息化影响之下的建筑与城市现象。在社会越发多元、科技不断进步下，同时伴随着建设量缩减以及设计主战场转移的现实状况，西方建筑与城市发展正如e托邦或异托邦所预示的那样，建筑设计思维与审美似乎越来越呈现出一种虚幻与难以把握的状况。

这种状况也可以认为是之前种种争议与悖论持续的结果。当代西方建筑设计发展越来越多元化，建筑实践背后缺乏能够作为基本纲领的建筑思想，一些人甚至认为这是建筑继续发展的动力。早在1961年的美国举办了一场有关建筑发展的研讨会，研讨会前半部分的主题就是“混沌主义时期”（The Period of Chaotism），主办者美国建筑评论家T.克莱顿使用“混沌主义”一词来形容当时建筑发展多元化的特点，同时这也是他对未来建筑发展趋势的一种预测。在后现代以来的建筑设计确实包含了许多重叠和冲突的倾向，其中除了关注社会、技术发展因素而强调他律的尝试，还有一些建筑师和学者希望挖掘建筑“自主性”而进行的实验。曾编辑出版《1968年以来的建筑理论》（*Architecture Theory Since 1968*）一书的建筑理论家迈克尔·海斯在《建筑的欲望：解读新先锋》（*Architecture's Desire: Reading the Late Avant-Garde*）一书中对于这些实验进行了梳理与解读。[①]伴随着这些先锋性的尝试，大量关于建筑设计的探索都争先恐后地与当代西方思想如批判理论、后结构主义、现象学相关联，也有人认为在建筑多元化时代中社会批判理论与后结构主义可能占到了上风。[②]进入新世纪以来形势又发生了变化，在2010年出版的建筑理论专著中，作者认为有关建筑理论的探索日渐式微，在新的时代背景下建筑设计的研究中实用主义、建造、实践等关键词开始大量出现。[③]

可以认为，在经历了种种多元思潮的洗礼，同时在“技术-社会”趋势的影响下，近年来西方建筑设计的发展获得了极大的可能性与必要性，而与此同时当代西方文化中的种种特征又使得有关空间的多维度体验成了新时代的评判标准。在混沌与多元的条件之下，技术、社会、空间、身体等维度的综合确实呈现出了另一种独特的超现实语境。在经验与试验、本质与外延多个维度游走的建筑师们试图通过各种可能性的探索来丰富建筑与城市空间体验，在应对纷繁复杂社会的同时描绘了一幅多维度的当代空间图景。

---

① K. Michael Hays. Architecture's Desire: Reading the Late Avant-Garde[M]. Cambridge: The MIT Press, 2009.

② A. Krista Sykes, K. Michael Hays. Constructing a New Agenda ：Architectural Theory, 1993-2009[M]. New York: Princeton Architectural Press, 2010: Introduction 14.

③ A. Krista Sykes, K. Michael Hays. Constructing a New Agenda: Architectural Theory, 1993-2009[M]. New York: Princeton Architectural Press, 2010: 15-18.

7.2.1 乌托邦、异托邦与目标的转向

美国思想家丹尼尔·贝尔认为西方现代社会用乌托邦取代了宗教——这里所谓的乌托邦不是那种超验的空想，而是一种靠技术的营养和革命催生、通过历史（进步、理性与科学）来实现的世俗理想。①在建筑与城市设计领域，乌托邦思想也一直与近现代以来的西方建筑与城市发展相联系，有研究者针对这两者之间的潜在关系展开了研究。②他们将近现代以来的种种实验性的建筑与城市设想及实践与乌托邦观念相联系，认为以现代主义建筑为代表的设想或实践是与“靠技术营养和革命催生、通过历史（进步、理性与科学）来实现的世俗理想”相匹配的；在其中一些研究者看来，乌托邦的设想离不开对于建筑空间的设计与营造。

这些研究认为无论是乌托邦还是建筑都是有关于如何为个人或团体营造适当空间的问题，另外乌托邦对于建筑与城市发展的启发在于，它表达了对更好生活方式的愿望，同时提供了对于现状个人的生存状态与社会状态进行反思与批判的思维方式；乌托邦的功能是将现状进行隔阂和陌生化，并质疑事件的存在状态。③而在审美方面，有的思想家在现代主义初期为了应对现代文化和古典文化之间的冲突，避免物质对于精神、对象对于主体以及群体对于个体的侵害，就提出现代主义的艺术发展必须要走上一条自律的乌托邦之路。阿多诺提出现代艺术的自律特征建构了一个新的乌托邦世界，以此对抗资本主义的物化和交换逻辑，保持审美的救赎功能。可以认为，乌托邦为思维与审美现代性的建立提供了模板，成为当时人们努力争取的、将现实与想象相统一的理想范例。

在肯定乌托邦式现代主义建筑运动的价值同时，一些研究者同样提出了乌托邦的局限性。首先这些设想与尝试大多还是基于一种乌托邦的想象，多数情况下这些强调改造社会的项目还是被建筑师、规划师或开发商和政府部门单方面的主观意志所主导，而不是来自于更为多数的普通居民。另外，有人提出当现代主义建筑运动逐渐过渡成为一种形式风格并在全世界推广时，那它和后来的后现代主义、解构主义等时尚运动没有什么区别了。④而意大利建筑理论家塔夫里在20世纪70年代出版了《建筑与乌托邦》一文，认为社会的发展使得建筑设计陷入了危机，当代建筑与城市

---

① （美）丹尼尔·贝尔. 资本主义文化矛盾[M]. 赵一凡等译. 北京：生活·读书·新知三联书店，1989：74.

② 相关研究包括Peter Blake的*No Place Like Utopia*, Nathaniel Coleman的*Utopias and Architecture*, Alastair Gordon的*Weekend Utopia*, Hubert-Jan Henket与Hilde Heynen的*Back from Utopia*, Malcolm Miles的*Urban Utopias*, Felicity Scott的*Architecture or Techno-Utopia*, Robert Fishman的*Urban Utopias in the Twentieth Century*等。

③ Ralahine Utopian Studies：Imagining and Making the World：Reconsidering Architecture and Utopia[M]. Oxford: Peter Lang AG, Internationaler Verlag der Wissenschaften, 2011.

④ Peter Blake. No Place Like Utopia[M]. W W Norton & Co Inc., 1996.

的发展将脱离乌托邦，而建筑职业角色在新的时代背景下也需要重新确立。与这些想法相对应的是，还是有人坚持肯定乌托邦思想的价值，认为未来建筑设计发展仍然是一个有关于重新寻求乌托邦的问题。[①]

在这些或支持或批判乌托邦的争议背后隐含的还是对于未来建筑与城市发展目标的探寻和想象。从这个角度出发，法国思想家福柯在20世纪60年代提出的异托邦概念似乎能在对乌托邦的讨论之后为理解当代性的发展提供新的启示。1967 年，福柯针对西方空间现象的演变进行了论述，提出了一个与“乌托邦”相对的概念“异托邦”（heterotopias）[②]。与乌托邦相对应同时又有所区别的是，异托邦指的是在世界上实际存在的异质空间，这类空间同时具有想象和真实的属性。

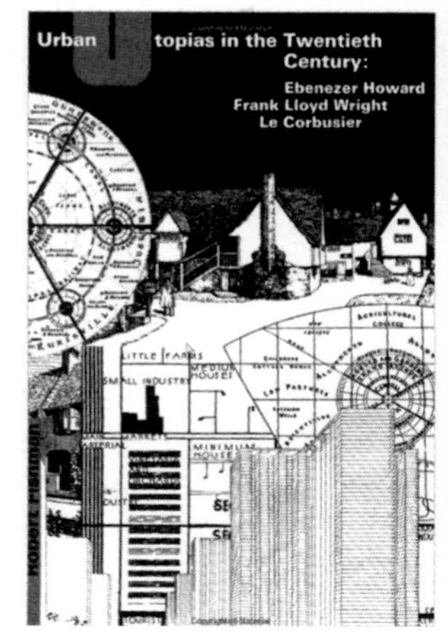

图7-6 《20世纪的城市乌托邦》（*Urban Utopias in the Twentieth Century*）封面

为了阐述异托邦的内涵，福柯首先在文中提出，19世纪人们关注的是历史或时间问题，人们用时间构造神话故事；当前的时代更像是一个网状的时代，他认为除了时间的历史以外，还应该关注到空间的历史。福柯概括了西方各个时期的空间特征，认为中世纪的空间是一种有关于等级划分的空间，是一种需要定位或确定地点的空间，具体的空间类型可以分为神圣的地点与凡俗的地点、城市与乡村等。接着他提出从伽利略开始，延伸性取代了地点定位的确定性；他认为当代空间中场地取代了延伸性，而场地是由许多点或元素的相邻关系进行确定的。

福柯提出当代的空间需要继续完成“去神圣化”，要将传统对于空间的简单类型划分偏见消除，比如私人空间与公共空间、家庭空间与社会空间、文化空间与实用空间、休闲空间与工作空间之间的对立，这些对立还在因为隐蔽的神圣化而存在着。他认为当代的空间不再局限于单一性质的空间，而是包括了多种类型，包括想象的空间、感觉的空间、梦的空间和热情空间，这些含混、边界模糊的空间构成了各种各样的内部空间。[③]除了内部空间之外，还有外部的空间即由各种关系集合所相互限定的空间位置的组合。

福柯认为相较于并不真实存在、没有确定位置场所的乌托邦，现实中存在着一些实现了乌托邦意象的场所空间，这类空间就可以被认为是异托邦。他以镜子为例进行说明，镜子是真实存在的，但镜子又相当于一个异托邦，因为镜子提供了一种介于虚拟与现实之间的复杂体验。于是，能提供虚拟与现实双重体验、带有乌托邦感同时又真实存在的场所

① Ralahine Utopian Studies : Imagining and Making the World : Reconsidering Architecture and Utopia[M]. Oxford: Peter Lang AG, Internationaler Verlag der Wissenschaften, 2011.

② Michel Foucault. Texts/contexts of other spaces[J]. Diacritics, 2004 16（1）：22–7. 法文原出自Foucault的演讲“Des Espace Autres”（1967）. 后刊于1984年的法国期刊*Architecture / Mouvement/ Continuité*上。

③（法）米歇尔·福柯. 不同空间的正文与上下文[M]//包亚明. 后现代与地理学的政治. 上海：上海教育出版社. 2001.18–28.

或空间，就可以被称作为异托邦。福柯以迪斯尼主题公园、度假村、图书馆等空间为例，对于异托邦进行了说明，并在文章中从多个方面概括了异托邦的特征。虽然福柯后来并未对异托邦做进一步的深入阐释，他在文章中对于异托邦的定义与特征的描述也还较为宽泛，但异托邦这一思想的提出却在不经意间为理解当代西方建筑设计思维与审美提供了一个独特的视角。

相较于融合个人与社会等多种元素、较为宏大叙事的乌托邦，异托邦巧妙地从另一个角度为当代建筑设计划定了可能的目标。在现代主义之后多元化的“混沌时期”，建筑设计思维包含了众多复杂甚至冲突的倾向，很难在其中定义一种具有统率意义的价值观与思维方式。异托邦的提法回避了这些潜在的矛盾与争议，从审美的角度思考了当代空间的价值与发展可能，并在其中重新融合了现实与想象、经验与创新等话题，使之成为新时期有关于社会想象的乌托邦目标的替代品。正如福柯在阐释“异托邦”特征时所提出的，异托邦意味着空间的两极：一方面它创造出一个虚幻的幻想空间，以揭露所有的真实空间是更具幻觉性的；另一方面，他认为这是在创造另一个不同的空间，另外一个完美的、仔细安排的真实空间，可以与周围原来的空间一样精细完美，甚至显现原有空间的混乱。这就为生活世界创造出了全新的空间模式，就像是对于原有空间的差异性增补。这一新创造出的空间也必然会给人们带来全新的复杂体验，它既独立于现有世界同时又由于它的异质性与虚拟感而映射原有世界，人们在其中也必将体验到多样的可能性。于是，从乌托邦到乌托邦批判，再到异托邦的提出，现代之后的设计思维与审美也同样在逐渐演化，预示着当代西方建筑发展的异质化趋势。

7.2.2 本质的消解与异质的未来

当代西方建筑设计思维变得越来越多元，其中有关本质的追求在逐渐弱化甚至消解，而对于空间自身品质与人本主观体验的关注在逐渐加强，这也成为建筑设计思维与审美当代性的另一特征。西方现代主义是关于表达的危机，为了展现与传统不同的风格和特色，追求本质的深度模式成为当时众多创作者的出发点，这是一个针对社会现实并试图改善社会问题的乌托邦式追求。而这之后人们逐渐意识到这一目标与相关实践的局限之处，一些学者如塔夫里更认为现代主义建筑不仅未能改善社会，而且实际上在不知情的情况下使事情变得更糟，现代主义建筑也成了后来者批判与超越的对象。[①]在这种背景之下，大量的当代西方建筑设计放弃了现代

---

① A. Krista Sykes, K. Michael Hays. Constructing a New Agenda: Architectural Theory, 1993–2009[M]. New York: Princeton Architectural Press, 2010: Introduction 14.

图7-7　透明的苹果店入口

图7-8　美国纽约时代广场光怪陆离的夜景

主义中追求宏大与表现真理的追求，原来的本质解读模式转变成全新的感受体验模式。以往被强调的中心、意义、结构等范畴在强调边缘、过程与发散的语境中被逐渐消解，现代性中宏大叙事式的本质与意义被具体的感受及体验所替代。

现代建筑的审美意义可以通过观者的解读与创作者的解释进行加强，而伴随着“反对阐释”[①]这种振聋发聩的话语出现，当代西方建筑设计与审美的深度感在向着更为开放与多元转化，游戏、反讽等全新的思维方式与价值观开始出现。与此同时，当代审美生活化、生活审美化将进一步加剧空间的异质化趋势。在以往的设计思维中，为了强化建筑形式的独特性，陌生化与距离感是观者欣赏与思考建筑的必要条件。在审美泛化的影响之下，当代西方语境中主体与客体的边界趋于模糊，建筑创作与各领域的联系越来越紧密。当代西方建筑设计文化涉及了艺术、媒体、商业和社会生活等领域，体现出了多领域、多角度杂糅的特点。这一状况形成了一种被西方理论家称之为“中介的艺术”，如果引用安东尼·维德勒的话来说明这一现象，就是这种艺术的阐释需要依赖于其他外在的解释。[②]于是，现代所关注的类型与选择演化成了变体与组合，现代的确定性与非此即彼也被模糊性与杂糅不清所取代。

这种设计的中介性在当代建筑设计思维与审美中广泛出现，这一新的源于现实又超越现实的美学观是非中心、多元与模糊的，它与之前强调本质、追求确定性的精神相悖，传统意义上的审美所承载的隐喻与象征功能被消解，确定的审美范畴与审美标准也被解构。审美活动拓展到了社会生活的各个领域，并结合不同于传统的各种新的体验与可能性，实现了一种全新的带有超越意味的美学观。

本质的消解与异质化的趋势也充分反映了当代对于空间的关注与解读，也即前文所提到的西方理论界所谓的“空间的转向”现象。自20世纪中期以来，正如前文提到的福柯从关注空间出发提出异托邦一样，西方一些思想家将立足点从时间转向空间，这些研究以空间为立足点关注到了西方城市与建筑中的种种问题，并通过多学科领域的交叉对于空间问题进行研究。空间不再是固定与静止的客体对象，而是与时间一样在西方社会文化中具有了丰富的内涵。美国理论家詹姆逊在《文化转向》一书中提出，后现代社会具有两个新特点：一是“形象就是商品”，追求快感满足的视像文化已不再限于艺术领域而成为公共领域的基本存在形态；另一个是“在后现代中，时间不管怎样都已变成了空间”，即时间被空间化，历史上前后各个时代的异质的作品和产品，都变成了在不同空间多个层面上共时

① （美）苏珊·桑塔格. 反对阐释[M]. 魏巍译. 上海：上海译文出版社，2003.

② Anthony Kiendl. Informal Architectures: Space and Contemporary Culture[M]. Black Dog Publishing, 2008.

图7-9　美国洛杉矶迪士尼音乐厅

存在的东西；美学也已转移到感知领域，开始转向以感觉为核心的生产，追求视觉快感成为人们的基本需求。[①]

空间的转向意味着在日益复杂与多元的社会条件下空间具有了独立且更为突出的意义，与当代生活相匹配也使得空间有了与以往不同的内涵与特质，当然这也反映了当代西方社会中空间与时间维度的错位。当代西方文化中的去中心化、扁平化、多元化的思想与现代或传统思维中的中心式、单向度的进步理念相对，曾经被时间历史维度所限定的深度感被消解，不同性质、不同层次的事物在同一个空间内并置；传统意义上的时间与空间的统一体也在逐渐转化为多个空间状态同时存在又相互交织的多维度、立体的甚至虚幻的空间体系，而这一趋势在新时期科技发展的影响之下也变得越发明显。

可以认为，在当代西方文化中一种以空间为导向，异质、边缘、偶然和非纪念碑性的去解读世界和阐述深度的思维方式开始出现。在创作的过程中，现代所关注的语义、范式、结构与隐喻被修辞、句法、并列与转喻所取代，人们更多考察空间客体与观者主体之间的互动，强调受众在空间中的感受与体验。如果说20世纪现代性的西方建筑文化突出摩天楼、纪念碑和技术进步的话，那当代的新建筑文化可能会去追寻有些短暂的、假设的甚至虚构的异质未来。这并不是说，这种异质甚至虚幻的审美观会完全代替以往的价值观，当代西方多元的状态也正体现在，短暂与不朽或无形与有形这两种不同甚至完全对立的状态也在同时共存，共同预示着充满可能性的多维发展趋势。

7.2.3 多维之境与新图景的涌现

在本质的消解与异质化的趋势之下，体验与情境取代了功能与形式，成了当代西方建筑的新标签。正如福柯所提出的，当代的空间更多地体现出了一种相互关系，传统对于空间的简单类型划分需要消除，取而代之的是含混、边界模糊的体验式的情境。不仅如此，这些新的空间又是相互结合、彼此联系的，共同构成了当代西方空间的多维度发展状况，这种多维之境的形成是与当代西方文化以及建筑设计发展的多元状况相匹配的。

首先，当代西方建筑设计思维与审美中不再强调分离的倾向，而是再次关注到了建筑与环境、技术等相关要素的连续性，这种新的整体性体现出了建筑与当代生活的整合特征。大量的建筑创作开始从生活世界中提取灵感，艺术和生活、建筑设计与日常空间的边界在逐渐消失，这

① 胡亚敏.《文化转向》译者前言。见：（美）弗雷德里克·詹姆逊. 文化转向[M]. 胡亚敏等译. 北京：中国社会科学出版社，2000。

也得益于工业化大发展之下感知力、消费力以及生产力的大幅提升。与此同时，生活与艺术的结合使得传统对于艺术品欣赏的距离静观模式的消解，全方位的空间感知投入创作与欣赏的过程之中。本雅明曾提出传统艺术具有韵味的审美价值，而到了机械复制时代艺术品的韵味在逐渐丧失，艺术品的膜拜价值转变为展示价值，审美方式则从有距离的审美静观到无距离的直接反应、从个体的品位到群体的共同反应等方面。① 这就要求建筑创作摆脱以往传统语境中抽象、静态的审美感受，而是强调多维度、多感知方式的全面体验。建筑多维度的整体性带来的也不仅仅只是形式的审美，而是融合了审美、使用、互动、体验等多维度的可能性。

其次，主体的身体感知文化开始全方位主宰和渗透，这使得有关身心的愉悦体验成了新时代的判断标准。西方社会一直以来有着二分式的切入方式，如理性和感性、普遍性和特殊性、话语和形象等，而且在传统的价值观中前者往往比后者要更为重要；而当代西方则在反叛与超越中以后者为基础定义了属于新时代的价值观。从现代到当代的变化可以体现在话语和形象的区别上，话语对应理性、自我和现实，而形象则对应欲望、本我和体验。在话语的体系中，文化对象的形式特征具有重要意义，受众与文化对象之间存在一定的距离；而在形象的体系中，感受将更为直接，受众沉浸其中将自己的体验与文化对象直接对话。于是，主体的身体投入成了当代的趋势，建筑的创作与欣赏逐渐从静态的传统模式转化为动态的、富有生命力的可能性探讨。另外以往对于建筑功能与形式的二元判断也被逐渐消解，当代的建筑已不再以功能、形式的简单融合为判断标准，而更多强调主体的人与客体的建筑对象间的积极互动。建筑作为人与世界联系的一个重要接口，成为人们体验世界与生活情境的载体及对象。

这种趋势代表了当代西方文化对传统思维的一种反思，其中高度宣扬了人的身体的重要性，从身体出发成了新的时期展现人的生存与体验的时代宣言。大卫・哈维在《希望的空间》一书中提出在全球化影响下当代文化的无边界和非中心化，而身体在这一趋势下则成为了事物的中心。②与之相对应，马歇尔・麦克卢汉在关于媒介的理论中则提出传统的视觉社会被触觉社会代替，有关视觉的特性如质量、力量和重量被有关触觉的特质即流动、相互关系和无形的价值等关键词所代替；埃森曼在20世纪90年代初提出，新的时代在抛弃传统的建筑视觉审美方式，传统的主体占据固定位置对于空间进行欣赏的方式已经发生转变，在从反映透视角度的智力

① （德）本雅明．机械复制时代的艺术作品[M]．王才勇译．杭州：浙江摄影出版社，1993。
② （美）大卫・哈维．希望的空间[M]．胡大平译．南京：南京大学出版社，2006。

图7-10　美国麻省理工学院学生宿舍楼外观

图7-11　美国麻省理工学院学生宿舍内部空间

活动向纯粹图像式的情感事实转变。[1]当时间模式转化为空间模式之后，厚重、线性就被碎片、扁平所取代，而在以身体为出发点的评价体系中，空间的不同层面与维度也获得了同等独立的价值，中心化、单一的模式被更多元与更多维度的空间层次所取代，建筑审美成了一个涉及身体全方位感知的多要素立体网络。借助于全新的科技手段，一些当代建筑设计创造出了富于幻想的空间体验，用一种声音、景象和运动交织成的全方位环境围绕体验者。建筑空间不仅包含了各种艺术形式，而且激发人们感官的参与，成为一种既是物理意义的又是感知意义上的环境，一种体验与形式相结合的人造物；越来越多的新建筑通过更为多元与感性的方式形成富有生命力的空间体验。

另外，在当代"技术–社会"趋势影响之下，建筑设计过程也体现出了一定的多维"复杂性"，这种复杂性体现在技术、社会、文化等多个方面。而这种相对系统的思维模式又与具体的身心感知联系在了一起，这就意味着当代西方建筑设计思维与审美不只关心有关环境可持续、社会发展之类的大问题，在以系统的思维与全方位的感知切入问题研究之后，还将大的设计问题分解成了不同的层面进行阐释。这种多维度的切入方式并不排斥对于新技术与科技手段的利用，而是在充分了解各种新学科发展与技术手段基础上，探寻建筑学与其他学科如社会学、心理学、计算机科学、视觉艺术等各门学科渗透与融合，寻求更多的创新与突破。

在20世纪90年代初，库哈斯曾针对城市中不断涌现的大尺度空间进行了研究，他认为大型化空间会导致传统和谐理念与内外肯定关系的丧失，同时这类空间也会为城市带来新的可能性。[2]在建设规模放缓的现状之下，当代西方新的建筑设计并未朝向规模尺度方面的大型化发展，而是从多个维度对于具体的建筑与城市问题进行了探讨。这些设计探索所呈现的结果异质而多元，物质、意识、文化、技术等维度杂糅其中，成为设计者表达他们眼中世界多样性的一座桥梁。在多维度的建筑观之下，不仅仅是空间层面的大与小、部分与整体、简单与复杂被并置到了一起，有关更多维度的命题包括结构与解构、永恒与瞬时、厚重与透明等也都被重新阐释。于是，在将以往的主导现代性精神反叛、分离、异化与超越之后，当代西方建筑设计组成了一个自由的多元体系，或者更像是由多重要素组成的一个多维度矩阵，其中包含了理念、形象、故事、历史与技术的种种维度，所有这一切凝聚成了一幅混沌多元的空间图景。

---

① Peter Eisenman. Visions Unfolding: Architecture in The Age of Electronic Media[J]. Domus, 1993, 734: 17–25.

② Rem Koolhaas. Bigness or the problem of large[J]. Domus, 1994, 764: 87–90.

7.3 结语

2013年12月，尼葛洛庞帝在哈佛大学设计研究生院发表演讲，哈佛大学设计研究生院院长莫森·莫斯塔法维向他提出了未来建筑将如何发展的问题。20世纪70年代尼葛洛庞帝就预测了未来人与机器以及建筑环境之间的互动；而在嘉宾介绍环节中，莫斯塔法维评价尼葛洛庞帝的工作影响到了建筑设计、计算机与人文学科的联系与发展。因此，提出了生态都市主义、热衷于向外拓展建筑学的莫斯塔法维显然希望一直走在学科交叉前沿的尼葛洛庞帝能就这一问题给出确定的答案，但尼葛洛庞帝的回答显然让他失望了。尼葛洛庞帝谦虚地说他现在并不预测未来，不过他却极为肯定建筑学教育对他产生的积极影响。而在同年举办的另一场学术会议上，当被问及类似的问题时，当时的耶鲁大学建筑学院院长、曾经一直坚定捍卫建筑传统的罗伯特·斯特恩（Robert A. M. Stern）也机智地避实就虚："未来应该是你们去发现而不是我这个老人。"在面对预测未来的问题时，这两位分别代表两个方向的美国建筑学家却选取了近似的态度来应对。这似乎也在给我们启发，尽管目前存在着种种争议和悖论，其中针锋相对的正反命题却可能并不是完全割裂的，它们互相促进、共同演化，不断加深与启发着人们对于建筑学的认识与理解。

本雅明在《历史哲学论纲》中对于克利的画《新天使》进行了解读，"历史的天使"在废墟之上飞离他凝神注目之物，他似乎愿意留下，但一场所谓"进步"的风暴在把他推向他背对着的未来。这段话被引到了《现代建筑：一部批判的历史》一书的前言中，这似乎也在表达西方建筑未来发展状况的混沌与不可预测。一方面，多维度的可能性确实为建筑的进一步发展提供了更多的可能性，但与此同时我们还必须要注意到，多维度的探索必将进一步模糊传统设计边界，建筑价值观与评价标准将更为多元。《现代建筑：一部批判的历史》一书曾提出当代西方的多元探索似乎只有两种极端尝试有可能取得有意义的结果：第一种是完全迎合当前流行的生产和消费方式，把建筑任务还原为一项大规模的工业设计，实现一种服务良好、包装完美的功能主义；第二种则是试图建立一种合理开放而又具体的人与人以及人与自然之间的关系；作者认为未来的希望在于使上述两种极端之间取得某种创意的接触。因此，在当代西方建筑成了一个包罗万象的多元系统之后，种种不同方向与维度的探索虽未完全给出发展的权威答案，但却在不断启发人们对于建筑的认识，为“创意的接触”提供可能；而对于当前的探索与未来的发展不管持何种态度，在多元条件的持续影响下，建筑设计的发展还需要继续去明确属于新时代的建筑逻辑。

第8章

结语：中国建筑设计之美

一直以来，以梁思成先生为代表的历代研究者与设计者们在如何找到适合中国的发展道路问题上不断摸索，希望找到适合中国的建筑与城市发展方向，其中种种思想、理论与实践既启发了我们，同时也激励着我们更加努力，为尽快找到中国的建筑与城市发展道路而努力。进入21世纪以来，随着我们国家综合国力的日益提升，越来越多的人开始在各个方面探讨有关“中国模式”“中国特色”的问题。2015年中央城市工作会议指出，城市工作要建设和谐宜居、富有活力、各具特色的现代化城市，提高新型城镇化水平，走出一条中国特色城市发展道路；同时提出要留住城市特有的地域环境、文化特色、建筑风格等“基因”。吴良镛先生在《中国建筑与城市文化》一书中也提出要“迎接中国建筑文化的伟大复兴”①，中国建筑文化的复兴必将是“实现中华民族伟大复兴”的有机组成部分。这些要求都为未来建筑设计发展的中国特色建构明确了努力的方向。

在大规模、高速度城市化影响之下，我国的建筑与城市面貌日新月异，建筑学领域各种标新立异、令人眼花缭乱的新思想与新观念层出不穷；一些创作者竞相模仿这些新潮、时尚甚至怪诞的设计语言，而忽视了建筑标准与基本建筑观的树立。与此同时，时代的快速发展导致人们的审美心理不断变化，有关建筑美的判断标准越来越多元，建筑审美趋势不断变化。与国内建设实践的火热现状形成对比的是，当前建筑设计理论的基础研究还有待进一步商榷。

另外，建筑学科研重点不仅包括国家城乡建设中面对的重大建筑问题，也包括人类今天面对的种种发展难题，例如环境、资源、空间等问题。而在教育领域，建筑学专业教育的目的是培养建筑学专门人才，但是建筑学教育又不该仅仅是职业教育，而是应该在传授基本的技术与技巧的基础上，帮助建筑学专业学生树立正确的价值观，要能以建筑专业为载体将理想与实际结合起来。这些目标的实现就需要我们提高自己的眼界、境界和格调，带着理想与责任感前行，努力做到既熟悉建筑学专业的基本技巧和技能、脚踏实地做事，同时又要能树立理想与价值观。

作为对于以上宏大目标的一种回应，本章希望能对未来的中国建筑设计之美进行一些思考。建筑之美是建筑文化的有机组成部分，要建构属于中国的建筑美学，就必须从中西古今比较入手，采取一种开放性的研究方式，认清中国建筑文化的特色与启示，以此建构未来能指导建筑实践的中国建筑设计美学。

① 吴良镛. 中国建筑与城市文化[M]. 北京：昆仑出版社，2009。

8.1　当代中国建筑设计发展的背景

伴随着当前形势的快速发展，我国建筑与城市建设面临着一系列的挑战。在全球化冲击之下，以西方文化为代表的外来文化对当代中国建筑发展产生了极大冲击；而国家的快速发展与城市化进程的加速，导致了传统建筑与城市文化保护与发展间的矛盾。这些也成为当代中国建筑设计发展的基本背景。

8.1.1　全球化下的中西对话

当前西方社会已经进入了新的发展时期，对于这种新的社会形态人们有着各种各样的描述，如媒体社会、信息社会、消费社会、后工业社会等，这些社会形态带着种种鲜明的当代西方文化特征，并借助于信息与资本的力量影响了世界。可以认为，经济的全球化促成了文化交流的全球化趋势，而西方文化的强势地位对于我国也产生了极强的冲击。

美国文化理论家詹姆逊提出，文化与经济的商品化趋势要渗透到世界各地，“文化逐渐与经济重叠，通常被视觉形式殖民化的现实与全球规模的同样强大的商品殖民化的现实一致和同步”地发展。[①]不可否认，在这种趋势之下，当代中国建筑与城市文化受到了西方文化的影响与冲击。在建筑与城市设计领域，国外建筑师的创作仍然在持续影响着当代的建筑审美趋势，一些明星建筑师在全球化浪潮中得以继续推广、宣传自己的建筑思想。在当代中国声势浩大的追星浪潮中，中国自身的建筑审美文化如何传承似乎并不受到重视，中国所具有的独特语境问题也不被广泛关注，有关中国特色的宏大命题在建筑实践持续狂飙之中渐渐被忽略了。

为了寻求新的突破，并与国际最新前沿接轨，种种时髦的新潮建筑思想在国内迅速发展，各种与其他学科交叉的前沿理论不断出现并快速生根，这些新潮的西方思想成为建筑理论借鉴的来源。在人们不断追赶西方先锋建筑理论的同时，对于西方新潮建筑形式的模仿与山寨风气丝毫不减，种种带有舶来色彩的建筑形式仍然层出不穷。在与国际接轨、实现国际化的口号之下，学习西方或者说直接照搬西方模式已经成为社会大众甚至一些专业工作者的一般认识与惯性思维，这种状况也正说明了当前能够指导建筑实践的基本建筑理论的匮乏与模糊。

当今西方建筑发展越来越多元化，建筑实践背后缺乏能够作为基本纲领的建筑理论，一些人甚至认为这是建筑继续发展的动力。在多元发展的

---

① 胡亚敏.《文化转向》译者前言。见：（美）弗雷德里克·詹姆逊. 文化转向[M]. 胡亚敏等译. 北京：中国社会科学出版社，2000。

背景之下，当前建筑实践与理论构建中的“矛盾性与复杂性”问题也日益凸显，形式背后的意义以及有关审美的权威标准不再确定。

不可否认，西方在建筑的演化发展过程中已经创造出了极为丰富的物质与精神财富，有关建筑与城市的理论实践甚至仍然在为解决各种建设问题提供解决思路与技术手段，其中一些实践案例还在为我国的建筑与城市建设提供模板。我们需要借鉴学习西方的先进经验与科学技术，但这些毕竟只是解决问题的手段。在利用工具和手段之前，我们必须要认清发展的方向，形成自己的价值判断。建筑与城市既是文化的物质载体，同时也是文化的有机组成部分，是通过时间、空间、人间（社会）来加以限定的。建筑的美绝不仅仅是一层表皮形式，而是在综合自然、文化、社会、经济等多种因素下、由多条件共同作用下的结果。尤其是在全球化程度不断加深的背景之下，各种文化之间的交流越来越频繁，我们更要清楚自己的定位，找到属于自身的个性语言，从中西对话而非片面学习西方的角度寻求新的发展。

作为中国文化的重要载体，中国建筑与城市建设必须承担起足够的责任。专业工作者们应具有社会责任感与历史使命感，不仅要妥善处理好发展中出现的各种问题，还要勇于创新、不断摸索。既要学习西方先进经验，又不局限于照搬照抄，要尽快找到适合自己的独特模式。如果当代中国建筑与城市建设能处理好机遇与挑战，不仅能找到传承中国传统建筑与城市文化、适应未来建设需要的新模式，同时也有可能为中国建筑文化的复兴做出贡献。

要树立这样宏大的目标，就需要我们转变思维，摆脱以西方为中心的路径依赖，从中西对话的角度看待新建筑与城市文化创造的问题，这也将成为我们切实开展中西比较的逻辑起点，即形成从西方中心转到中西平行的思维方式。因此，我们需要将研究视角从中心论转换到两者相互激发与促进的平行论上去，这一研究视角的确立也将成为我们进一步挖掘能传承中国建筑与城市文化、适应当代建设实践的建筑美学理论的出发点。

8.1.2 现代化下的新旧冲突

本书在第2章对西方现代社会的现代性精神做了简要介绍，现代性在马克斯·韦伯看来是祛魅的，在德鲁兹看来则是“解符码化”的。[①]丹尼尔·贝尔则指出，在这一社会中，经济冲动力成为社会冒进的尺度本身，

---

① （美）弗雷德里克·杰姆逊．后现代主义与文化理论：弗·杰姆逊教授讲演录[M]．唐小兵译．西安：陕西师范大学出版社，1987：45。

渎神成为社会世俗化的节日，终极意义的丧失将使人生变得没有目标。①在全球化影响之下，当代中国发展态势与西方现代社会发展既有着一定暗合之处，同时又有着极大的差异。西方在从古典往现代社会转型过程中经历了一系列的阵痛，伴随着对过往传统的怀疑，种种带有反叛色彩甚至具有启蒙意义的思潮不断涌现，在百家争鸣之中，逐渐形成了较为统一的现代性思想。而当代中国在快速发展过程中，直接将当代西方的种种时髦思想、实际已是代表后现代文化的东西加以吸收，这一过程缺乏对本国传统与现代性两者关系的深入考察。可以认为，中国建筑与城市发展并没有完全完成从传统建筑制度与文化到现代性的连接和转型，受到复杂的历史因素影响，中国建筑文化的传承出现了断层，中国现代建筑文化更像是急于赶工、追上西方发展步伐的半成品。

可以认为，脱离了西方现代性的漫长形成过程，同时又直接嫁接西方现代性之后的结果，必然会导致当代中国建筑与城市文化建构中的时空错位。于是，社会大众看到了西方现代社会建筑与城市面貌的现代化结果，也以此结果作为我们奋斗的目标，但又缺乏对于何为“现代”建筑、建筑“现代性”形成过程的深入持续的讨论。这种错位导致所谓建筑与城市面貌“现代化”的发展与大跨度的改变成为全社会追求的目标，速度、激情与变化似乎也成为当代中国社会的重要标签。

在城市化快速发展的宏观背景之下，当代中国建筑与城市建设呈现出了相似的状态，城乡发展速度惊人，城市空间面貌日新月异。在这种以城市空间面貌“现代化”为目标的快速建设之下，建筑与城市中的新旧冲突也越来越明显。究其深层原因，新旧冲突集中表现在新时代价值观的变化之上，这种变化同样受到了西方文化的影响。可以说，当现代化与西方化被人们直接联系之后，人们很难理解本土文化在现代化构建中的重要作用。

在物质建设得到迅速发展之后，人们忽然发现，在快速建设过程中的中国建筑与城市文化构建问题被忽视了。在经济“现代化”影响之下，消费社会的强大力量开始展现，各种贴近商业文化、现实生活的趣味被关注，建筑与城市建设越来越时尚化或快餐化，时间与历史因此被空间化及商品化，众多仿古建筑开始出现。同时，一些人关注到了这种变化，并试图以“理想化”的先锋态度进行批判，于是，为了反“旧”立“新”的目标，他们开始追求先锋性的实验态度，众多新奇甚至惊世骇俗的作品不断出现。这些多元、纷乱的新趋向都在试图创新，但这些创新似乎大多与传统中国建筑与城市文化之间有着极大的距离，甚至其中大量新的建设直接对历史文化环境产生了破坏。

① （美）丹尼尔·贝尔．资本主义文化矛盾[M]．北京：生活·读书·新知三联书店，1989。

在快速城市化背景下，如何对待历史建筑保护是建筑与城市建设发展中的一项重要内容。当前，由于缺乏对中国传统建筑与城市特色的持续研究，众多城市在快速发展过程中，原有建筑与城市的风貌整体性遭到破坏。由于忽视历史地段的保护与更新，这些地段环境的持续衰败进一步导致了传统风貌的破坏。其中的核心问题在于，如何才能为当代中国建筑与城市发展找到合适的空间发展模式，如何才能处理好文化保护与新区发展之间的矛盾与问题。

与此同时，我们可以看到，在现代化理念冲击下，众多形式奇特、夸张甚至怪异的“新”建筑不断出现，求新、求变成为当前时代建筑与城市“现代化”的代名词，仿佛没有新颖奇特的建筑形式就不能称之为现代化。于是，众多脱离中国语境、宛如天外来客般的建筑在当代中国城市中扎根。

不仅是在历史悠久的文化名城之中，就是在一些新建城市区域，这些形式奇特的新建筑都很难与周围环境进行对话。这些建筑不仅缺乏对中国传统建筑与城市文化的尊重，甚至直接对传统建筑与城市风貌产生冲击。在一些历史文化名城，旧城空间新旧冲突、混杂，历史文化区域不断被蚕食，新旧冲突激烈、显而易见；而在这些历史文化名城旧城区域以外，城市新建发展区域无序蔓延，新的建筑与城市空间建设发展模式尚未形成，这种状况仍然可以看作是缺乏指导思想之下的另一种新旧冲突。梁思成先生曾经提出，“每一座建筑物本身可能是一件很好的创作，但是事实上建筑物是不能脱离了环境而独善其身的”，他认为在片面地否定一切传统后必将导致“每一个城市成为一个千奇百怪的假古董摊，成了一个建筑奇装跳舞会。请看近来英美建筑杂志中多少优秀的作品，在它单独本身上的优秀作品，都是在高高的山崖上，葱幽的密林中，或是无人的沙漠上。这充分表明了个人自由主义的建筑之失败，它经不起城市环境的考验，只好逃避现实，脱离群众，单独地去寻找自己的世外桃源”[①]。

在当前国家越来越重视文化建设的大背景之下，面向未来的建筑与城市建设必须体现出新与旧的结合，局部与整体、历史与现代的和谐。在现代化目标之下，我们必须处理好传统空间保护与新建空间拓展这一核心问题，要从现实情况出发，做到保护与发展并举、统筹考虑。以传统历史建筑与街区为代表的传统空间，是传统城市社会生活的重要载体，具有文化传承与展示传统文化特色方面的重要作用。因此，在涉及历史建筑与街区保护的城市建筑中，应当充分考虑传统建筑，在历史保存以及当地城市发展的现代需要之间做到平衡和统一。而在完全新建区域中，则要充分挖掘中国传统建筑与城市文化，结合新问题与新手段，努力创造既符合传统文

① 梁思成《建筑的民族形式》，本文系作者1950年1月22日在营建学研究会的讲话稿。见：梁思成．梁思成全集（第五卷）[M]．北京：中国建筑工业出版社，2001：57。

化特色又满足现代功能需求的新模式。这既是对过去历史文化传统、历史文化空间传承保护的需要，也是构建新文化、迎接中国建筑与城市文化复兴的需要。

8.2　中国传统建筑美学思维的当代意义

如前所述，当代的发展需要与国际接轨，与此同时，我们还应深入挖掘中国传统建筑与城市文化，将着眼点贯穿过去、现在与未来，从传统中寻求启示，使传统建筑美学思维富有当代新的生命力。结合当前与未来的建筑与城市发展的情况，我们试图对中国传统建筑美学思维进一步提炼概括，以使这些传统启示更加具有当代意义。具体说来，中国传统建筑美学思维中的基本意识包括，和谐统一的整体观、因宜适变的适中观、自然天成的环境观、心物交融的人本观与虚实相生的空间观。

首先，不管是统一辩证的思维方式还是有无相生的整体创造，都说明中国传统所具有的整体意识，以自然、社会等多种要素的和谐统一作为基本的美学标准。其次，因宜适变的适中观就是美的价值判断守中致和，追求最终状态适宜、合情合理，注重适度与适中得体，同时这也体现了当时人们借助适宜技术进行创造的状况。再次，心物交融的人本观就是中国传统建筑审美注重以人为本，这不只是一种生物的、功能的人本，更是文化的、精神的人本；审美追求强调在现实环境中获得人生理想境界与审美栖居，并以此“畅神游心”，实现精神的自由与升华。然后是自然天成的环境观，这是指中国传统建筑自觉地亲近自然，以大自然为可居可游的精神家园，人与自然之间亲密无间。在这种“天人合一”式的环境生态意识下，自然是栖居之所、审美对象，同时也是人们的精神家园。环境的创造必须以与自然相协调为原则。最后是虚实相生的空间观，即中国传统建筑美学注重虚与实的关系处理，空间中的虚与实同样重要。空间中有关虚实的各组成部分均相互关联，形成有机统一的整体架构与整体意境，这也是中国传统建筑关于空间形式的原则。这些传统观念意识仍然值得现代的我们借鉴，也只有对传统中优秀文化遗产的学习、借鉴与吸收，才有可能在当今创造出新的既具有时代感又具有中国特色的建筑文化。

8.2.1　和谐统一的整体观

中国传统建筑美学思维首先体现在统一辩证的思维观方面。与西方从哲学本体出发探究对象本质的思维方式不同，中国传统文化注重的是统一辩证的思维观，是从人与环境整体出发的人类情怀与整体关怀。[①]

中国传统建筑美学思维重整体讲辩证，与西方通过对影响建筑的各种因素加以解剖分析不同，中国建筑美讲求形神兼备、情景契合，注重对建筑整体美的考察。中国传统建筑中的“内容”和“形式”并不是割裂的，而是浑然一体的。[②]这种统一辩证的思维观，类似系统思维，是非演绎非归纳的，但却不是非逻辑非思维的。它蕴含着理论的积淀，又总与个体的感性、情感、经验、历史相关，是一个有机的思维整体。[③]中国古典建筑美学的思维是一种广义的思维，是内容反映与形式推敲的有机结合，介乎感性体验与理论认识、具体直观与抽象思辨之间。

这种理性与感性融合的思维观在中国传统建筑中有着集中的体现。理性对应着“礼”，可以看作是儒家秩序严谨、等级明确的文化象征，感性则对应着“乐”，可以看作是道家自由浪漫、逍遥出世的文化象征，这两种追求共同构成了中国传统建筑美的整一和谐。

理性情神与传统的“儒家文化”有着密切联系。儒家文化注重社会规范的明确，以“礼”为社会标准和纲领，并为“礼”的实现制定了严格的、明确的标准“理”。这种理性精神的“理”在传统建筑中也十分明显，极大地影响了传统建筑的创作，如不同等级阶层对应于不同的建筑形制和规范。以“礼”作为原则的中国理性精神显然与西方的理性精神截然不同，中国的“理”注重社会的“礼”以及和谐秩序的实现，本身就是工具与价值相统一的理性。

与理性精神相对应，中国传统的感性精神则与传统的“道家文化”与“佛家文化”有着一定的传承关系，讲求与入世相平衡的出世以及审美化的人身栖居，追求“采菊东篱下，悠然见南山”的人生境界。李泽厚先

---

① 李约瑟提出中国传统是有机自然观，普里戈金认为中国传统文化重关系；中国传统文化看重事物的整体功能与相互联系，就是从整体本身出发，它绝不离开整体来谈部分，离开整体功能来谈结构，而被分割开来的部分再也不具有其在整体里的性质。整体功能是整体决定部分，而不是部分决定整体。现代西方建立系统论学说，其核心思想是从整体去考察对象，不过这种整体是建立在部分及结构清晰的基础上的，是实体性的，在其中部分决定了整体。张法. 中西美学与文化精神[M]. 北京：北京大学出版社，1994：29。

② 中国美学是将对象作为一个浑然的整体进行把握的，同黑格尔的“美是理念的感性显现”的定义大不相同。在西方美学中，形式（理式）或被置于现实的对立面（柏拉图、康德等），或同质料（内容）相对而言（亚里士多德、黑格尔等），即使那些具体的形式规律研究，对于形式概念及其“亚概念”“子概念”等，也是首先将对象分割为若干“部分”或“成分”，即通过“部分”来认识“整体”的。在黑格尔的定义中，“理念”就是内容，“感性显现”就是形式，于是美就被分割为两大部分，并且是两者的辩证统一。赵宪章，张辉，王雄. 西方形式美学[M]. 南京：南京大学出版社，2008：23。

③ 李泽厚指出，中国在原始思维影响下形成的古代思维机制，与生活保持着直接联系，不向分析、推理、判断的思辨理性方向发展，也不向观察、归纳、实验的经验理性方向发展，而是横向铺开，向事物的性质、功能、序列、效用间的相互关系和联系的整体把握方向开拓。这种思维机制强调天与人、自然与社会以及身体与精神和谐统一的整体存在。李泽厚. 李泽厚十年集 1979—1989 第3卷 中国古代思想史论（1985年）[M]. 合肥：安徽文艺出版社，1994：35-37。

生将中国传统文化心理结构概括为实用理性与乐感文化，不仅如此，他还认为即使是在儒学之中也是“强调情感与理性的合理调节，以取得社会存在和个体身心的均衡稳定：不需要外在神灵的膜拜、非理性的狂热激情或追求超世的拯救，在此岸中达到济世救民和自我实现”[①]。李泽厚还对传统建筑中理性的一面进行了论述：“中国建筑的平面纵深空间，使人慢慢游历在一个复杂多样楼台亭阁的不断进程中，感受到生活的安适和对环境的和谐。瞬间直观把握的巨大空间感受，在这里变成长久漫游的时间历程。实用的、入世的、理智的、历史的因素在这里占着明显的优势，从而排斥了反理性的迷狂意识。……中国的这种理性精神还表现在建筑物严格对称结构上，以展现严肃、方正、井井有条（理性）”；李泽厚在认可传统建筑理性特点的同时，也认可传统建筑存在感性因素，他认为这只是对于理性的补充：“但在中国古代文艺中，浪漫主义始终没有太多越出古典理性的范围，在建筑中，它们也仍然没有离开平面铺展的理性精神的基本线索，

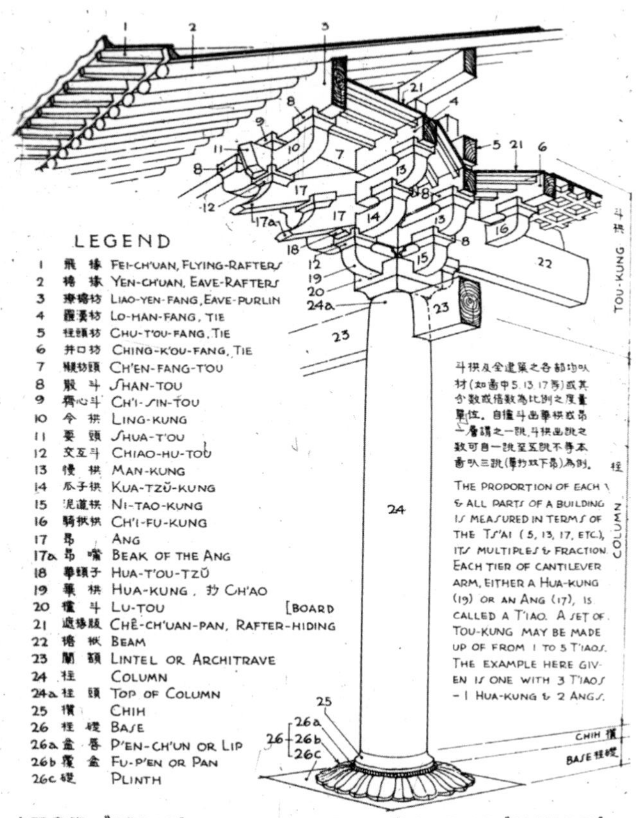

图8-1　梁思成先生对于中国建筑之“Order”的分析，反映出中国传统建筑美情理交织、浪漫想象与严谨规则的统一（来源：清华大学建筑学院资料室）

① 李泽厚．李泽厚十年集 1979–1989 第3卷 中国古代思想史论（1985年）[M]．合肥：安徽文艺出版社，1994：5。

仍然是把空间意识转化为时间过程；渲染表达的仍然是现实世间的生活意绪，而不是超越现实的宗教神秘。实际上，它是以玩赏的自由园林（道）来补足居住的整齐屋宇（儒）罢了。”[①]

理性与感性的结合，既是对中国传统建筑美学整体的一种诠释，也是对具体类型不同风格的传统建筑的一种概括。这种中和的特色既体现在不同建筑类型的性质与特征上，如理性的、等级森严的宫殿衙署，或者感性的、充满个人情怀的私家园林；也在某些具体建筑中或建筑构件中有着集中的体现。如被看作是中国传统建筑主要特征的大屋顶造型，既根据建筑物等级的需要将屋顶严格分出不同的形制，同时又形成了出檐深远、曲线优美的生动形式。

在统一辩证的思维之下，一切有形甚至无形的东西都能成为审美对象，这也是人们整体创造的思维起点。人居环境中的各种要素都可以成为创造或审美的对象。例如古人善于在各种器物之中发现美，通过对这些片段的具体器物的审美实现有限中见无限。这些片段元素之美也可以让人们更好地理解整体之美，通过对片段的审美实现对于全局的观照。在这种思想指导之下，人们在建筑美的创造过程中综合运用了各种元素。

中国传统建筑美的创造从主体内在出发，讲求对于多种客体元素的综合利用，将建筑美的创造看作是多因素的整体创造，最终实现所处空间的和谐统一与协调。在传统建筑审美文化中，整体创造意味着审美对象的扩大，从大到小各种尺度的物体都成为审美的对象，从自然中的大尺度景观环境、山水格局，到中观尺度的城镇街巷、建筑群体，到单体建筑尺度的建筑造型、立面，再到小尺度的家具器物、字画顽石，最后还包括代表“无”的虚空间，都能成为建筑美的有机组成部分。

在中国传统审美文化中，人们善于从生活中的各种要素中发现美，进而寻求精神层面的审美享受，人们也会主动地将生活中各种器物都变得富有诗情画意，实现诗意化、审美化的栖居。[②]李泽厚认为中国传统观念中神与人是同在的，建筑艺术由此表现出的特点是：“它不重在强烈的刺激或认识，而重在生活情调的感染熏陶，它不是一礼拜才去一次的灵魂洗涤之处，而是能够经常瞻仰或居住的生活场所”，同时“不是孤立的、摆脱世俗生活、象征超越人间的出世的宗教建筑，而是入世的、与世间生活环境连在一起的宫殿宗庙建筑，成了中国建筑的代表。从而，不是高耸入云、指向神秘的上苍观念，而是平面铺开、引向现实的人间联想；不是可

---

① 林徽因等．建筑之美[M]．北京：团结出版社，2006：6-8。

② 郑板桥如此描述他喜爱的庭院：“十笏茅斋，一方天井，修竹数竿，石笋数尺，其地无多，其费亦无多也。而风中雨中有声，日中月中有影，诗中酒中有情，闲中闷中有伴，非唯我爱竹石，即竹石亦爱我也。彼千金万金造园亭，或游宦四方，终其身不能归享。而吾辈欲游名山大川，又一时不得即往，何如一室小景，有情有味，历久弥新乎！对此画，构此境，何难敛之则退藏于密，亦复放之可弥六合也。”（《郑板桥集·竹石》）

以使人产生某种恐惧感的异常空旷的内部空间，而是平易的、非常接近日常生活的内部空间组合；不是阴冷的石头，而是暖和的木质，等等，构成中国建筑的艺术特征。在中国建筑的空间意识中，不是去获得某种神秘、紧张的灵感、悔悟或激情，而是提供某种明确、实用的观念情调”[①]。作为生活的空间载体，建筑的美是中国传统生活中审美的重要元素，但人们的审美对象又不止于建筑本身。中国传统的建筑美是整体的，是多元素的综合构成，这里美的整体是由部分组成，但又并不是简单地叠加各部分，而是将各部分有机结合为一个整体，整体是渗透、融汇在部分之中的。于是，自然之美、城市之美、建筑之美、器物之美与工艺之美等不同类型、不同尺度的美，都能成为人们对于建筑的审美对象。

不仅如此，中国传统习惯将时间与空间相统一，也就是说，时间作为不在场的因素，也成为构建时空美的重要因素。宗白华先生对于中国传统时间与空间相统一做出了精彩的论述：“中国人的宇宙概念本与庐舍有关。‘宇’是屋宇，‘宙’是由‘宇’中出入往来。中国古代农人的农舍就是他的世界。他们从屋宇得到空间观念。从‘日出而作，日入而息’（击壤歌），由宇中出入而得到时间观念。空间、时间合成他的宇宙而安顿着他的生活。他的生活是从容的，是有节奏的。对于他空间与时间是不能分割的。春夏秋冬配合着东南西北。这个意识表现在秦汉的哲学思想里。时间的节奏（一岁十二月二十四节）率领着空间方位（东南西北等）以构成我们的宇宙。所以我们的空间感觉随着我们的时间感觉而节奏化了、音乐化了！画家在画面所欲表现的不只是一个建筑意味的空间‘宇’而须同时具有音乐意味的时间节奏‘宙’。一个充满音乐情趣的宇宙（时空合一体）是中国画家、诗人的艺术境界。画家、诗人对这个宇宙的态度是像宗炳所说的‘身所盘桓，目所绸缪，以形写形，以色貌色’。”[②]黑格尔也提出运动的本质是成为空间与时间的直接统一；运动是通过空间而现实存在的时间，或者说，是通过时间才被真正区分的空间。[③]在时空一体的理念之下，时间这一要素在建筑空间美的创作中也被充分考虑，中国传统建筑的美是时空一体的。

在对多因素综合考虑与利用的前提之下，建筑的整体创造必然意味着、建筑美的创造过程与方法是不固定的，创作者必须要根据不同的条件进行创作，讲求因宜适变的“活法”；同时，整体创造意味着观者的欣赏感受是模糊的、多可能性的，在主观体悟之中往往能形成不同的审美体验。所谓美的模糊性，就是中国传统建筑美的营造试图将人与自然、情与景、欣

---

① 林徽因等．建筑之美[M]．北京：团结出版社，2006：6。
② 宗白华．中国诗画中所表现的空间意识[M]//宗白华．美学与意境．北京：人民出版社，2009：224-243。
③ （德）黑格尔．自然哲学[M]．梁志学等译．北京：商务印书馆，1980：59。

赏的主体与被观赏的客体等要素的界限模糊处理，达到情景和谐契合、物我两忘的审美境界，从客观景物升华为审美意境。

中国传统的建筑之美强调多因素的整体创造，以建筑空间为载体实现人与自然、人与社会的和谐，并在其中实现个人诗意化的审美栖居。以传统合院空间为例，合院的美是内向的、自省的，而同时又是等级的、社会的，正是众多合院建筑形成了中国传统合院居住文化的和谐之美；而合院空间也是自给自足的，居者能自得其乐，在虚空的院中体会四季变化、自然之景。中国传统建筑的美并不以某个建筑单体的完善作为评价标准，而是综合了多种因素，整体复合而气韵生动，人在建筑空间中就如身处长卷画轴中，亭台楼阁、树木山石、匾额题联、家具陈设等多种元素共同构成了画面的内容。

如前所述，中国传统建筑审美要素极为丰富，从自然环境到城市、建筑、园林，从工艺美术到其他造型艺术如书法、绘画、雕塑等，都成为建筑美的有机组成部分。这些众多审美要素与建筑创造互相影响、浑然一体，共同构建着具有中国传统文化特色的美的世界。[①]梁思成先生在描述

图8-2 留园建筑室内空间，楹联、家具、陈设、字画等多要素共同构成了空间之美

① 林语堂认为中国传统书法影响了建筑的创造："书法的影响竟会波及中国的建筑……这种影响可见之于雄劲的骨架结构。像柱子屋顶之属，它憎恶挺直的死的线条，而善于处理斜倾的屋面，又可见之于它的宫殿庙宇所予人的严密、可爱、匀称的印象。骨架结构的显露和掩藏问题，等于绘画中的笔触问题，宛如中国绘画，那简略的笔法不是单纯地用以描出物体的轮廓，却是大胆地表现作者自己的意象，因是在中国建筑中，墙壁间的柱子和屋顶下的栋梁桷椽，不是掩隐于无形，却是坦直地表露出来，成为建筑物的结构形体之一部。在中国建筑中，全部框架工程有意地显露在外表。吾们真欢喜看此等构造的线条，它指示出建筑物的基础型式，好像吾们欢喜看绘画底稿上有韵律的略图，它是代表对象物体的内容而呈现给我们的。为了这个理，木料的框架在墙壁间总是显露着的，而栋梁和椽桷在屋宇的内面和外面都是看得出的。"林徽因等. 建筑之美[M]. 北京：团结出版社，2006：3。

五台山佛光寺时是这样叙述的："它屹立一千一百年，至今完整如初，证明了它的结构工程是如何科学的，合理的，这个建筑如何的珍贵。殿内梁下还有建造时的题字，墙上还保存着一小片原来的壁画，殿内全部三十几尊佛像都是唐末最典型最优秀的作品。在这一座殿中，同时保存着唐代的建筑，书法，绘画，雕塑四种艺术，精华荟萃，实是文物建筑中最重要，最可珍贵的一件国宝。"[①]因此，佛光寺之美融合了建筑、书法、绘画、雕塑等多种艺术形式，这些艺术形式共同营造了中国传统建筑空间之美。中国传统建筑之美的整体性还体现在建筑结构与装饰的统一上。梁思成先生提出，在中国传统建筑中，"每一个露在外面的结构部分同时也就是它的装饰部分；那就是说，每一件装饰品都是加了工的结构部分。中国建筑的装饰与结构是完全统一的。天安门就是这一切优点的卓越的典型范例"[②]。吴良镛先生曾以福州城为例，深入剖析了中国传统建筑与城市美的整体性。吴良镛先生认为福州城的城市布局特色体现在以下几点：对山的利

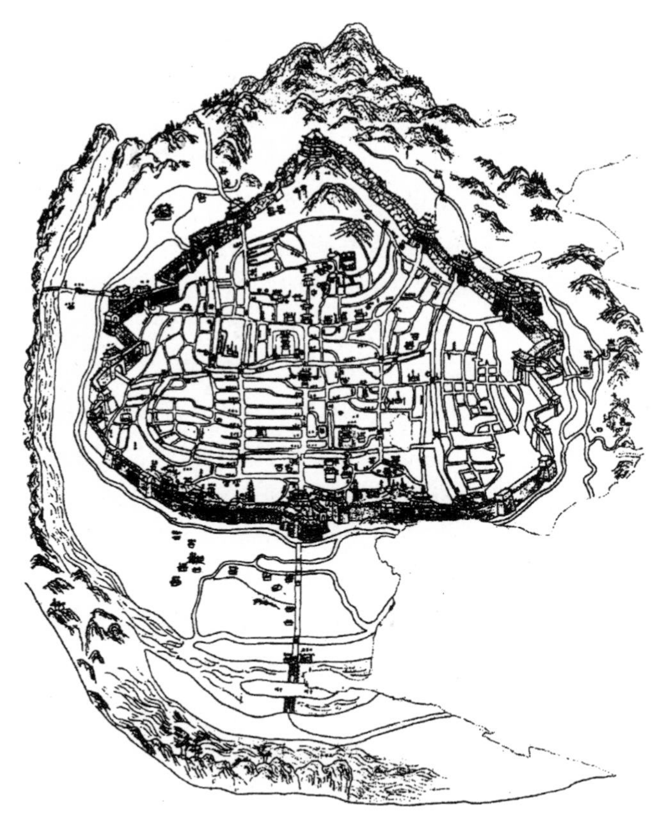

图8-3 （清）福州城图（来源：《中国建筑与城市文化》）

① 梁思成．我国伟大的建筑传统与遗产[M]//梁思成全集（第五卷）．北京：中国建筑工业出版社，2001：94。

② 梁思成．祖国的建筑传统与当前的建设问题[M]//梁思成全集（第五卷）．北京：中国建筑工业出版社，2001：137。

用、对水面的利用、重点建筑群的点缀、城墙城楼、城市的中轴线、“坊巷”的建设、城市绿化、近郊风景名胜等，并进一步提出：“这些建筑结合自然条件的空间布局，堪称绝妙的城市设计创造，其与建筑艺术、工艺美术、古典园林，乃至摩崖题字的书法艺术等综而合一，是各种艺术之集锦，包含极为丰盛的美学内涵，使城市倍增美丽。……在城市发展过程中，上述‘人工建筑’与‘自然建筑’相结合的取得，在于遵循不断追求整体性或完整性的原则，逐步达到最佳结合。”[①]这种整体创造之美既包含审美对象的多样性与丰富性，同时也体现出了众多创作主体的智慧与创造力，融合了儒释道等种种文化中的审美观念，是有关形式构图、技术建构、意境创造、审美文化的综合创造，具有十分综合、特色丰富的整体感。从和谐统一的整体创造主题切入，我们可以认识多种要素对于传统建筑空间之美的重要作用；同时，这种将多种要素进行整合的整体意识也可以成为我们未来建筑创造的一个重要出发点。

8.2.2 因宜适变的适中观

1. 守中致和

从二元中和这一角度出发，中国传统建筑美学着重二元对立的要素间动态状态的考察。《易经》中讲：“刚柔相济，不可为典要，惟迁是适。”研究对象的动态内容只能在互为关系、互为补充中得到阐释，着重动态内容的考察，就必然要着重对对象间的彼此对话、相互关系加以考察。[②]中国传统文化中对这种互为补充的观念有着种种阐述，如“有无相生，难易相成，长短相形，高下相倾，声音相和，前后相随”[③]，或“清浊、大小、短长、疾徐、哀乐、刚柔、迟速、高下、出入、周疏，以相济也”[④]，再比如“上下、内外、小大、远近皆无害焉，故曰美”。[⑤] 因此，要从多种因素的联系与平衡中寻得最优解，就要做到“惟迁是适”。

为了“惟迁是适”，也就是针对不同的条件解决问题，价值观的建立极为重要。“中和”是以合适的价值判断理念，追求事物存在状态适宜、合适、合情合理，强调对立元素的和谐，注重适度与中正平和，追求适中与得体。在这种理念指导下，中国传统建筑的创造十分注重适用性，需要根据不同的情况做出判断并针对具体问题具体解决。建筑创作讲求因地制宜、因势利导，并希望能巧妙、综合地解决人居环境问题。

---

① 吴良镛. 中国建筑与城市文化[M]. 北京：昆仑出版社，2009：80-83。
② 潘知常. 中西比较美学论稿[M]. 南昌：百花洲文艺出版社，2000：59-60。
③ 《老子·二章》。
④ 《左传·昭公二十年》。
⑤ 《国语·楚语上》。

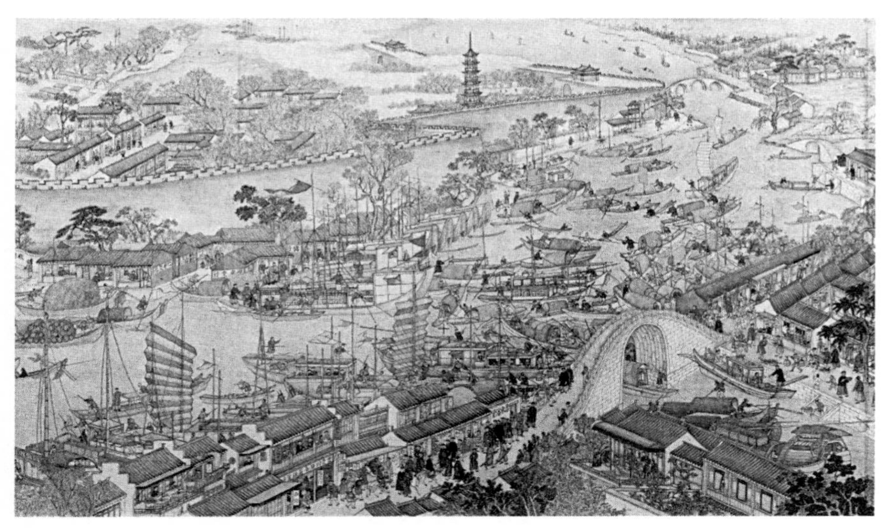

图8-4　清代徐扬所作的姑苏繁华图，从中可以看出建筑、城市与自然环境浑然一体，成为人们生活、生产的物质载体，综合地解决了人居环境问题

因此，守中致和的价值观就意味着解决问题的方式合情合理、适中得体。首先，这种守中致和的价值观体现在建筑处理手段的“巧”“妙”之中。为了营造建筑、解决“人居”问题，人们做出了种种尝试，其中好的手段必然是“巧”与“妙”的。也就是说，用“减”的手段获得“繁”的效果，以最简的方法获取最大的效果，同时切实解决多种问题。在采用最轻松、聪明、省力的手段将方法简化的同时，所获得的意蕴却十分丰富，取得和谐的效果。因此，对于建筑创作的高评价是“巧”与“妙”，所谓巧夺天工、妙不可言，追求“辞约而旨丰”的意境。其次，守中致和的价值观还体现在对于和谐的空间形式的追求。中国传统空间善于在复杂中寻求单纯、在不规则中找到规则，同时又在纯净中求丰富、统一中求变化，在“一”与“杂”中寻求动态的平衡。在这里，最终的和谐统一是追求的目标，实现所谓“一则杂而不乱，杂则一而能多”的审美效果。

追求守中致和并不代表过分屈从于规范而放弃创新。在解决问题的过程中把握好各种因素与条件之间的联系与平衡，比如必须要处理好“新意”与“法度”的关系，力争做到“出新意于法度，寄妙理于自然”。要不拘泥于具体的规则，针对具体问题采用不同的解决方案，要采用“活法”，切实把“新意”和“法度”有机地统一在一起，要注重对于各种情况的深入考察并以此做出较为适中得体的解决方案。所谓适中与得体，很重要的就是对于在既定规则下对于创新的追求，强调“因宜适变”。

建筑与人们的生活与生产密切相关，建筑的创作要能解决具体的问题。因此，每一个建筑所面临的问题各不相同，于是设计创作的结果也会根据这些问题的不同而不同，是因时、因地、因人而异的，要能有独特的匠心。看似不露痕迹、自然天成、不用全力，实则已遵循既定规则，化有法为无法。从这一角度来说，创作者必须熟悉各种规范，全面掌握需要应对的具体情况，并根据对于现状问题的分析做出应对，进而才能得到合理的解决方案。要先从至工而后入于不工，先从有法然后入于无法，实现获得新意的目标，所谓"天籁须自人工求也"[①]。要在思考与创作中抛却规则与经验的限制，明白具体的手段是为背后所隐藏的目的与深刻隽永的"意"服务的。"法无定式"，在创作中需要讲求"活法"，实现从"有法"到"无法"、从"极工"到"写意"的转变，真正做到自然天成。所谓"因宜适变"[②]，或者是"随变适会"[③]，都是在表达这个意思。在这一过程中，守中致和作为基本的价值判断标准，对于人们分析问题、选取解决方案必将产生重大影响。

2. 因宜适变

所谓"因宜适变"，就是要因时、因地、因人的不同，针对具体情况制定解决方案。在这一过程中，"因"是十分重要的思维方式与创作手段，也就是说，创作者在面对具体的不同问题时，要会不断变化调整，根据具体问题的分析得到解决办法，并实现得体适中的目标。这样进行设计操作可以将固定的规则变为"活法"，将"有法"变"无法"，在每个设计中体现设计者独特的匠心，做到"从容于法度之中"。设计者需要通过自己的感受，在"相地"基础上，考察基地的各种因素并顺应着这些基本因素发现问题、分析问题，但又不拘泥于既定的规则，通过自己的感受并发挥主观能动性进行立意构思，从而提出方案解决问题。

究竟如何在设计中实现因宜适变，需要从多方面考虑，根据具体情况灵活处理。首先，在初期的意象设计时需要因地制宜、因势利导，处理好建筑与环境之间的关系，务必使两者相协调。这里的环境既包括社会文化环境，同时也包括自然环境，创作者需要结合场地的各种环境因素进行创作，力争使建筑与环境浑然一体。中国传统建筑设计中讲求"相地"，建设前必须对环境进行勘察研究，选择合适的地段，使新的建筑能与原有的环境融合在一起。管仲针对城市建设中的"相地"提出："凡立国都，非于大山之下，必于广川之上。"《园冶》中有《相地》这一章，说的就是要结合场地环境特点展开设计，先要"相地合宜，构园得体"，做到"园基不拘方向，地势自有高低"，而后使建筑空间布局与环境相协调，要进行"立基"，相地要能"巧"，立基要能"精"，做到"精在体宜""择成馆舍，余构亭台，格式随宜，栽培得致"。梁思成先生在《我国伟大的建筑传统与遗产》一文中对于自古以来我们国家的一些建筑传统进行了总结，认为

① 《诗话》卷四。转引自：钱钟书．谈艺录[M]．北京：中华书局，1984：206。
② 陆机《文赋》。
③ 刘勰《文心雕龙》。

图8-5　苏州留园中陈设的营园图

当时的人们根据不同的地质条件采用了不同的建造方法，如“利用地形和土质的隔热性能，开出洞穴作为居住的地方”，这种方法在后来还被不断地加以改进，从“周口店山洞，安阳的袋形穴……到今天的华北、西北都还普遍的窑洞，都是进步到不同水平的穴居的实例”，“在地形、地质和气候都比较不适宜于穴居的地方，我们智慧的祖先很早就利用天然材料——主要的是木料、土与石——稍微加工制作，构成了最早的房屋”①。这种传统很好地说明了当时人们能因宜适变，根据不同地形、地质和气候采用适宜的建设方式。

其次，因宜适变不仅体现在根据不同的环境条件选择不同建设手段方面，在建造不同类型建筑时，中国传统的建造方法同样是灵活并富于变化的。因此，在因地制宜之后，还要做到因材致用，就是要利用好建造技术条件，在构筑方式上根据相应的技术条件选择合适的建造方法。比如中国传统建筑匠人就善于木结构的营造方法，并在基本构建规则之下生发出种种变化以适应不同的情况。梁思成先生提出“骨架结构法”是我们国家的一个伟大传统，认为“骨架结构”就是：“先在地上筑土为台；台上安石

① 梁思成．我国伟大的建筑传统与遗产[M]//梁思成全集（第五卷）．北京：中国建筑工业出版社，2001：93。

图8-6 当时的人们能根据不同的地质条件采用了不同的建造方法

础，立木柱；柱上安置梁架，梁架与梁架之间以枋将他们牵连，上面架檩，檩上安椽，作成一个骨架，如动物之有骨架一样，以承托上面的重量。”这样做的好处就是可以灵活应对各种条件，“柱与柱之间则依照实际的需要，安装门窗。屋上部的重量完全由骨架担负，墙壁只作间隔之用。这样使门窗绝对自由，大小有无，都可以灵活处理……寻常房屋厅堂的门窗墙壁及内部的间隔等，则都可以按其特殊需要而定”，“这样的结构方法能灵活适应于各种用途……这种建筑系统都能满足每个地方人民的各种不同的需要”[①]。

不管是因地制宜还是因材致用，其实都是在适中观的理念指导之下，强调设计必须要根据具体的情况和问题寻找合适的解答。只有这样，才能最终实现建筑适中得体之美，建筑与环境也才能有机统一、共同成为和谐的整体。

8.2.3 自然天成的环境观

不管是因地制宜还是因材致用，其实都是强调设计必须因宜适变，要

---

① 梁思成. 我国伟大的建筑传统与遗产[M]//梁思成全集（第五卷）. 北京：中国建筑工业出版社，2001：93。

根据具体的情况和问题寻找合适的解答。因宜适变，为的是实现建筑与环境的有机统一，选择合适的建构方式与材料，使建筑与自然环境成为和谐的整体，实现“虽由人作，宛自天开”的自然天成的效果。郭熙在《林泉高致》中说：“山水以山为血脉，以草为毛发，以烟云为神采。”自然山水在这里仿佛都有了人的情怀。为了与自然融合为一，建筑就必须与环境相得益彰，将有限的建筑手段与无限的自然意趣相结合，使人在其中尽情感受自然天成之美。中国传统绘画理论曾尝试将画作分品，明代何良俊就将“自然”作为对于画之最高品的基本特征：“世之评画者立三品之目，一曰神品，二曰妙品，三曰能品。又有立逸品之目于神品之上者……其论以为失于自然而后神，失于神而后妙，失于妙而后精，精之为病也而为谨细。自然为上品之上，神为上品之中，妙为上品之下，精为中品之上，谨细为中品之中。立此五等，以包六法，以贯众妙。”①“自然”对应着逸品，为“上品之上”，比“神品”“妙品”“能品”境界均高。所谓“人法地，地法天，天法道，道法自然”，自然既是道的源泉所在，更是建筑之美的创作依据，同时也能成为高境界建筑之美的判断标准。

自然天成的建筑之美体现在建筑与自然的完美融合之上，通过建筑引发观者“窗含西岭千秋雪，门泊东吴万里船”的感触，实现《园冶》中所说的“纳千顷之汪洋，收四时之烂漫”的效果。自然天成就是试图在建筑空间中将宇宙相连的意趣，是“必须意在笔先，铺成大地，创造山川”。这里的“意”，并不是简单的某种理性或感性思维，而是主体的一种自由状态，在这种状态之下，主体的意识甚至都可以归于无，从顿悟、灵感的状态构思、寻找出发点，这必然需要创作主体的精神自由与解放。钱钟书先生认为自然与艺术创作之间的关系表面上可以分为两大类，一种是师法造化，另一种是功夺造化，实则两者是可以统一在一起的，因此，“盖艺之至者，从心所欲，而不逾矩；师天写实，而犁然有当于心；师心造境，而秩然勿倍于理。莎士比亚尝曰：‘人艺足补天工，然而人艺即天工也’。圆通妙澈，圣哉言乎”。②郭熙在《林泉高致》中阐释了绘画构图中顺应自

---

① 何良俊《四友斋画论》。

② 一则师法造化，以模写自然为主，其说在西方，创于柏拉图，发扬于亚里士多德，重申于西塞罗，而大行于十六、十七、十八世纪。其焰至今不衰。莎士比亚所谓持镜照自然者是。昌黎《赠东野》诗“文字观天巧”一语，可以括之。“观”字下得最好；盖此派之说，以为造化虽备众美，而不能全善全美，作者必加一番简择取舍之工，即“观巧”之意也。二则主润饰自然，功夺造化。此说在西方，萌芽于克利索斯当，申明于普罗提诺。……唯美派作者尤信奉之。但丁所谓：“造化若大匠制器，手战不能如意所出，须人代之断范。”……此派论者不特以为艺术中造境之美，非天然境界所及；至谓自然界无现成之美，只有资料，经艺术驱遣陶镕，方得佳观。……窃以为二说若反而实相成，貌异而心则同。夫模写自然，而曰“选择”，则有陶甄矫改之意。自出心裁，而曰“修补”，顺其性而扩充之曰“补”，删削之而不伤其性曰“修”，亦何尝能尽离自然哉。师造化之法，亦正如师古人，不外“拟议变化”耳。故亚里士多德自言：师自然须得其当然，写事要能穷理。钱钟书．谈艺录[M]．北京：中华书局，1984：60–61。

然的重要性："凡经营下笔，必合天地。何谓天地？谓如一尺半幅之上，上留天之位，下留地之位，中间方立意定景。"①

自然天成就是对于自然的尊重、顺应与理解，要将建筑自由并且妥帖地与天地环境相融合，使建筑这一由人创造的文化现象具有更为广阔的意境。有学者提出中国的发展一直就是将人与自然、文化与自然联系到一起的，中国的演变发展并不是以破坏性演进，即人与自然关系的改变、隔离等为特征，而是以连续性演进，即人与自然、地与天、文化与自然的同一连续为特征的。②中国传统文化中对待自然也有着种种独特的理解，人们在"天人合一"理念之下热爱自然、拥抱自然，将自然视为主体情感的源泉，正如"我见青山多妩媚，料青山见我应如是"③所描绘的，人与自然是不能被割裂的，两者交流融合相互欣赏。成中英在《中国哲学的特质》指出："中国人文主义的内在性一开始就认定人与终极的实在和人与自然之间是没有分歧的。"④与这种认识不同，西方文化对于自然的理解是将人与自然隔离开的，因此，可以认为植根于西方解析思想之中的、西方美学理论中出现的"移情"理论并不能完全解释中国传统审美中人与自然的关系。⑤中国传统文化影响之下，人们对自然的认同与热爱是与生俱来的，并且将自然视为实现审美栖居的精神家园。

为了实现这种与自然相融合的境界，当时的人们在建筑空间的营造中一定要想方设法地与场所环境协调，在自然中见人工，进而又在人工中见自然。即使是在有限的空间中，创作者也要尽力做到小中见大、在有限中见无限，将自然容纳进来。在中国传统绘画中，不论范宽、关同、董源的全景长卷，还是马远、夏圭等的截面小景，都不满足于一山一石具体形貌的刻画，而是追求以小见大，营造"一沙一世界，一石一乾坤"的象征境界。而在中国传统建筑与城市营造中，既有将城市营建与大山水格局相融合的气势，也有私家园林在小空间中容纳自然万物的意境。比如在隋唐长安、洛阳城的营造过程中，宇文恺结合原有地形与周边山水环境进行城市空间的选址布局，营造出山水自然与城市建设浑然一体的空间意象；而在传统私家园林中，建造者则是善于"以一卷代山，一勺代水"⑥，正如郑板桥形容自己小庭院时所说的："十笏茅斋，一方天井，修竹数竿，石择数尺。其地无多，其费亦无多也。而风中雨中有声，日中月中有

---

① 郭熙《林泉高致》。
② 张光直. 中国青铜时代（二集）[M]. 北京：生活·读书·新知三联书店，1990。
③ 辛弃疾《贺新郎·甚矣吾衰矣》。
④ （美）成中英. 中国文化的现代化与世界化[M]. 北京：中国和平出版社，1988：95。
⑤ （英）比尼恩. 亚洲艺术中人的精神[M]. 孙乃修译. 沈阳：辽宁人民出版社，1988。转引自：刘方. 中国美学的基本精神及其现代意义[M]. 成都：巴蜀书社，2003：53。
⑥ 李渔《闲情偶寄》。

图8-7　留园一角，“风中雨中有声，日中月中有影”，小小空间也可尽情体会观照自然

影”[①]，小小庭院可以使居住者尽情体会观照自然。

要实现自然天成，就必须要向自然学习，从自然中汲取营养、找到规律，并将这些规律运用到建筑美的营造之中，真正做到建筑与自然和谐统一。所谓“道法自然”，正说明了艺术创作的最高原则在自然之中，再抽象的道也与具体的感性形象尤其是大自然中的各种现象相联系。庄子提出逍遥游，将大自然看作精神家园。王国维先生对于自然的启发意义是如此论述的：“自然中之物，互相关系，互相限制，故不能有完全之美。然其写之于文学中也，必遗其关系、限制之处。故虽写实家亦理想家也。又虽如何虚构之境，其材料必求之于自然，而其构造亦必从自然之法则。故虽理想家亦写实家也。”[②]创作者们往往也会从自然中汲取灵感，将形式的获得与自然界的规律相联系，遵从自然之法则，虚心地向自然学习。

究竟如何把握自然的规律并进而进行建筑创作，具体可分为如下几个层面。首先，在处理环境手法上首先要在宏观的空间尺度层面做到“象天法地”，这可以理解为在建筑与城市设计上以自然天地为参照。“相土尝水，象天法地”，“体象乎天地”，这一点在中国传统处理建筑与城市和自然环境关系方面有着大量运用。其次，在中观尺度空间层面要做到“融天入地”，将人居环境的营造与自然天地相融合，使建筑造型与自然环境共同构成整体之美；最后，还可以在微观的空间层面“移天缩地、模山范水”，通过对于自然的写意与模拟，将自然的意境缩微到具体的微观尺度空间营

① 郑板桥《竹石》。

② 王国维. 王国维文集：观堂集林[M]. 北京：北京燕山出版社，1997。

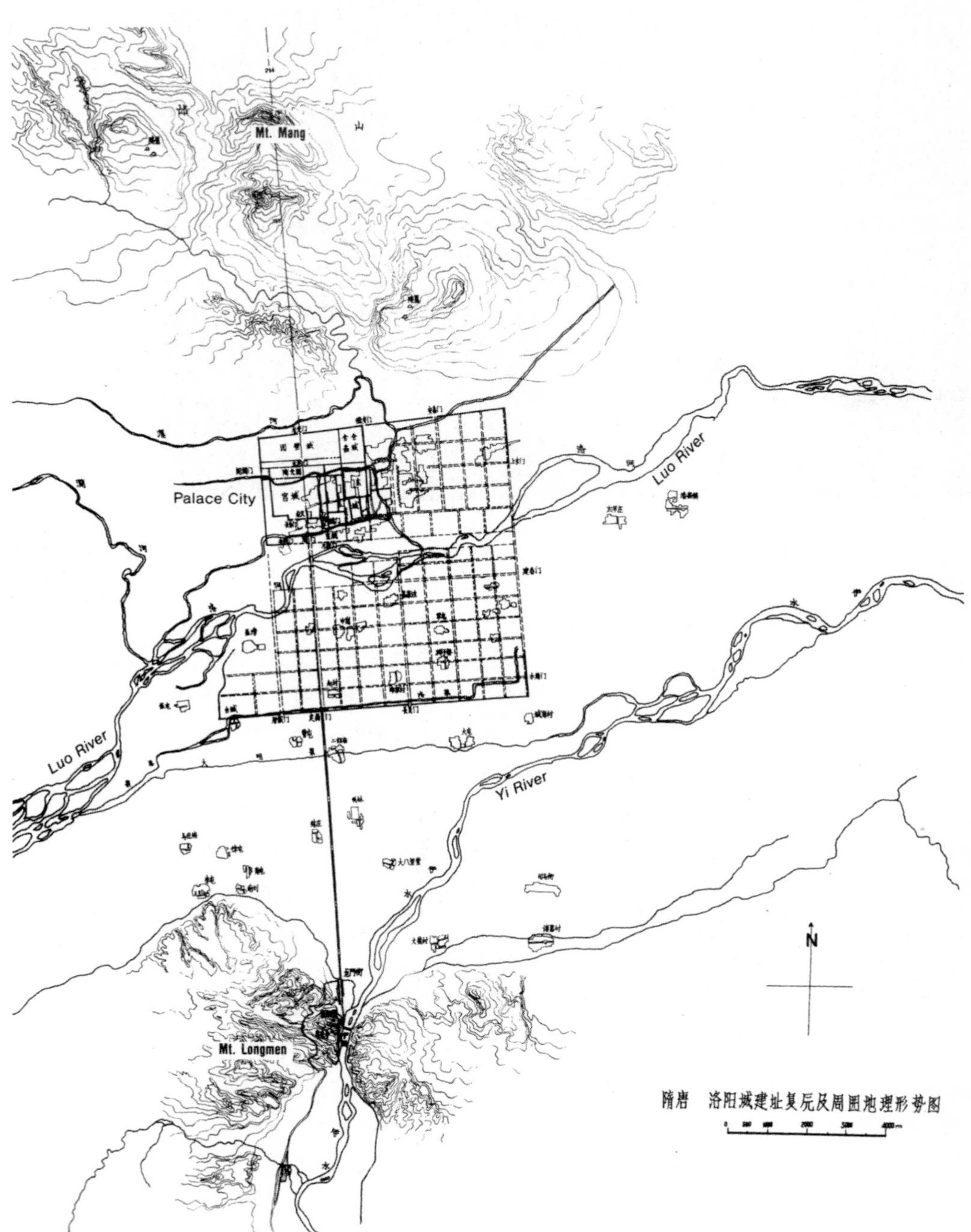

图8-8　隋唐洛阳与邙山、伊阙关系图，体现宏观尺度的“象天法地”（来源：*A Brief History of Ancient Chinese City Planning*）

图8-9 拙政园一景，将建筑环境的营造与自然天地相融合，体现了中观尺度的“融天入地”

图8-10 留园中展出的盆景，通过对自然的写意与模拟，在微观的空间层面“移天缩地”

造之中。[①]

自然天成不仅意味着与自然相协调，还意味着要主动借鉴自然甚至模拟自然，动态地创造自然之美，实现创境以游心。如在传统园林的设计中，有的园林注意利用一年四季、气象时令的变化来营造景观，使时空相通，将有限的空间与无限的自然相对接。如扬州个园在营造中就容纳了四

① 所谓法天象地，是指建筑和城市规划在形态上以天地为参照。所谓融天入地，表现在中国建筑足以群体组合作平面展开，从而与大地广泛接触，形成物与境的融合。所谓移天缩地，表现为中国传统园林思想，模山范水，阴阳交合，构成中国园林的基本骨架。张燕. 论中国造物艺术中的天人合一哲学观[J]. 文艺研究，2003（6）.

图8-11　明代仇英画作《莲溪鱼隐图》，描绘了人与自然和谐共处的美妙画卷

图8-12　苏州留园一景，利用假山造景，营造出大自然山水之趣

时之景，运用不同的石头堆山叠石，表现春夏秋冬四季景色，游客也可以按照春夏秋冬四季的顺序观赏园林景色。

自然天成也在一定程度上反映了当时的人们所具有的朴素的尊重自然的生态意识。人们在创造建筑中自觉地亲近自然，以大自然为可居可游的精神家园。自然天成意味着人与自然、人造环境与自然环境之间亲密无间的关系。自然是栖居之所、审美对象，更是精神家园，建筑环境的创造必须以与自然相协调为原则。不仅如此，自然天成还意味着创作者在创作中应具有的“天人合一”般的创作态度。清代沈宗骞描绘了在绘画创作中自然天成、挥洒自如的状态。[①]可以认为，自然天成不光是对于创作结果“自然”如天成的一种描述，同时也是对于创造过程“自然”而生成的一种概括，自然与人的关系在这种自然天成的建筑之美中得到了很好的体现。

① “机神所到，无事迟回顾虑，以其出于天也。其不可遏也，如弩箭之离弦；其不可测也，如震雷之出地。前乎此者，杳不知其所自起；后乎此者，杳不知其所由终。不前不后，恰值其时，兴与机会，则可遇而不可求之杰作成焉。复欲为之，虽倍力追寻，愈求愈远。夫岂知后此之追寻，已属人为而非天也……天人合发，应手而得……或难之曰：机神之妙，既尽出于天，而非人为之所得几，固已。今者吾欲为之心，独非属人乎？曰：盖有道焉。所谓天者，人之天也。人能不去乎天，则天亦岂长去乎人。当夫运思落笔时，觉心手间有勃勃欲发之势，便是机神初到之候，更能迎机而导，愈引而愈长，心花怒放，笔态横生，出我腕下，恍若天工，触我毫端，无非妙绪，前者之所未有，后此之所难期，一旦得之，笔以发意，意以发笔。笔意相发之机，即作者亦不自知所以然。”见：沈宗骞芥舟学画编[M]. 北京：人民美术出版社，1959. 史怡公标点注译。

8.2.4 心物交融的人本观

有学者提出，中国传统审美文化中存在着“神游”这一核心范畴，在这个范畴之下又有着种种审美的心理感受，如“澄怀”“目想”“心虑”“妙悟”等。[①]可以认为，中国传统审美强调以象悟道，审美注重感悟，审美主体需要进行感性体验，要在体验的过程中领悟背后的“道”。围绕着体验这一具体的审美方式，又形成了“游”“味”“悟”等一系列描述如何审美、同时又带有中国传统文化特色的范畴。与这些独特的审美方式相对应，在对传统建筑空间的审美过程中，人们将个体主观的感性与客观的理性相融合，重视体验、提倡领悟，从个人主观悟性与社会群体认知的角度去领会、感知建筑空间之美。

1. 心物交融

在对中国传统建筑审美的过程中，观者往往不只是进行感性欣赏与直观感受。更为重要的是，中国传统建筑的美将引发他们进入更深层次的审美境界，结合个人体验与认知对形式美背后的意蕴进行感知。这种综合的、多层次的审美方式同时也实现了中国传统建筑美游心畅神、和谐教化等重要审美功能。中国传统建筑审美注重居、观、游、赏的统一，人在建筑中可居、可观，同时又可游、可赏。通过这一完整的审美全过程，中国传统建筑美将基本的功能需要提升到了人生的审美栖居层面，将基本人居环境的创造与畅神游心的审美状态相结合。在审美过程中，客体的“物”与主体的“心”融为一体，观者是心物交融，进而是物我两忘的。

观者究竟如何进行建筑审美，这可以从两个层次去理解，一是较为浅层次的感受层面，这是基本的“物”的“象”层面，另一层次是较为深层次的知觉层面，这是较深入的“心”的“意”层面。具体来说，当观者欣赏建筑之美的时候，首先是以物为中心进行感官体验；其次，在初步的视听体验之后，观者会进入“心”的层面，从而获得更为深层次的精神体验。

王国维先生曾提出“以物观物”与“以我观物”这两个层次[②]，这两个层次为我们从“物”与“心”这两个层次理解建筑审美提供了参照与依据。

---

① 有学者提出，中国传统审美体验的心理结构的逻辑形式重要特点之一，是“以‘神游’为核心统合‘澄怀’‘目想’‘心虑’‘妙悟’等多种审美心理态势的共时性审美心理结构”；其中“澄怀”指主体进行审美体验活动的心理准备，“目想”侧重主体想象力的发挥，“心虑”蕴含着审美体验中主体性的高扬，“目想”侧重于以“物”为触发点，而这些又都统合于“神游”之中，“神游”打开了心与物、形与神、意与象、虚与实、动与静、情与景之间的障碍，实现了心与物的同形同构或异质同构。详见：黄念然. 中国古典文艺美学论稿[M]. 桂林：广西师范大学出版社，2010：304–311。

② 王国维. 人间词话[M]. 上海：上海古籍出版社，2008：1。

首先在“物”这一层面，审美方式可以用“以物观物”来概括。刘勰在《文心雕龙》中对于审美的心物之间的关系进行了论述，认为先要感物，也就是要从大自然、从环境本身发现灵感。《文心雕龙·物色》篇云：“诗人感物，联类不穷，流连万象之际，沉吟视听之区。”《明诗》篇也云：“人禀七情，应物斯感，感物吟志，莫非自然。”这里的感即感觉，包括了视觉、听觉、触觉、味觉等。在建筑审美中的“感物”就是重视感知建筑形式自身的客观逻辑，审美主体会寻求建筑形式在客观层面合理的解释。这种审美需求反过来就要求建筑不仅具有逻辑清晰的外在形式，同时在材料使用、结构组织、功能安排上都合理有序，也就是说，要使建筑的规格、布局、风格、装饰等都要符合“物”自身的客观逻辑与规律。

中国传统建筑在营造时有其自身的客观逻辑。例如建筑的风格形式与其所在环境的性质特点密切相关，为了与周边环境相融合，不同的地段环境自然会产生不同风格的建筑形式；建筑的风格形式还与其所具有的功能性质密切相关，如在礼仪性的皇家宫殿之中，建筑的布局、规模、造型与装饰细部必然是庄重大气的，而在休闲性的私家园林之中，建筑形式要素的选择则是灵活轻盈的。

在初步的感受之中，美的环境与建筑使观者形成了视觉和谐的基本快感，这种审美的直觉快感来源于形式美的和谐，也可理解为建筑作为客体与其他客体包括自然环境之间的和谐统一。建筑的环境处理、布局体量、造型规模、风格样式、细部装饰要能搭配和谐，观者看来便会和谐悦目，这便形成了建筑美的客观基础。如前所述，这种形式层面的和谐美感主要来源于虚实之间的有机组合，即统筹协调好空间形式的节奏变化与主次关系。具体来说，在从宏观到微观的感受过程中，不同风格形式的建筑会引起观者不同的感受，这种感受多是一种感性的直观感受。所谓“千尺为势，百尺为形”①，观者将会首先把握建筑客体的“势”，感受对象的整体环境氛围；其次观者会对中观尺度的建筑造型进行观赏，这就从最初对宏观整体环境的感性把握开始过渡到对建筑造型的细细体味。这种对于不同尺度建筑形式的审美感受是基于审美主体以往的经验与认识基础，对建筑所在的整体环境、建筑造型、色彩、细部等形式美的要素进行体验与把握。

在对客体形式美欣赏把握之后，美的欣赏便进入“心”的层面。所谓以我观物，就是观者深入领略建筑形式背后的深厚内涵，通过自己的主观联想使建筑形式承载更多的意蕴与内容，领会形式背后的意义，将形式与内容、形与意、情与境等多种要素和谐统一。与“以物观物”主要涉及建筑与物之间的关系不同，“以我观物”这一层面主要涉及的是建筑与人之间的相互关系。

---

① “形”主要是指近观的、较小的、个体性的视觉感知对象，“势”主要指远观的、较大的、群体性的视觉感知对象。

刘勰在《文心雕龙》中提出要虚静感物，《神思》篇云："陶钧文思，贵在虚静。"进而可以"触物圆览"[①]，又"睹物兴情"[②]。这也可以理解为，主体对美的欣赏先是进行直观的感受，不带主观的情绪而以虚静的心态去感物，其后便可融入自己的个人情绪以情感物，进入深层次的知觉层面。建筑形式的意义并不仅仅是外在形式本身，建筑形式还具有内在的象征性。这些优美的、富有象征意味的建筑形式往往会引起观者的想象与联想，作用于观者的主观心理并引发更为深层的心理活动与主观感受。在近现代西方的符号美学中，有学者提出了符号具有象征意义进而能成为审美对象的思想，认为特定的符号形式会蕴含一些公共的文化性质，通过符号可以建构起既具有个人情怀又带有集体记忆、富有情感的象征体系，并因此实现艺术创造，同时可以将艺术理解为人类情感符号形式的创造。[③]这些西方符号美学的思想在一定程度上也可以成为中国传统建筑美学欣赏"以我观物"的一种佐证。

建筑的形制与建筑类型相关，有着严密的秩序逻辑，这些建筑逻辑已经深入人心。建筑的布局、体量、造型、构件、模数关系、细部装饰等都受这种秩序的影响。为了配合秩序的获得，不同功能需求的建筑规模不同，如皇家建筑规格最高，官员、平民相应的建筑等级依次降低，建筑形式各不相同，建筑规格上的这种变化与传统社会严谨的秩序密切相关。通过对于建筑形式背后秩序与象征意味的感知与联想，观者的审美从表层的形式欣赏进入深层的意味认识。到了这一阶段，建筑审美的教化功能得以实现，建筑艺术的美与社会秩序、人文精神的传达实现了统一。在这一层次，建筑的审美摆脱了对建筑形式的简单欣赏，而是将初步的感受、体验，与后来的思考、联想相统一，这些全方位的审美方式便构成了完整的建筑审美过程。

为了进一步启发人们深层次的审美认知，传统建筑往往在形式之外设置提示元素或是直接的文字说明，比如一些具有纪念意义的建筑小品如牌坊、华表的引入，又比如在入口或重要建筑上的题字与对联等。这些元素都进一步强化了建筑的审美意味，加强了特定建筑"意"的表达，引起观者更多的思考与联想。这种手法类似于中国传统文学中的比兴方法，即通过文字或具体形象的比拟传达主体的思想精神。比如中国传统建筑的意境之美不仅表现在具体空间形式的处理上，还经常通过建筑匾额上的题字与诗文来表达。这些点题的文字对建筑内容起着重要的提示作用，能将观者的审美感受带到更高的意境美层次。在这些提示空间意味的文字之中，观者能进一步感受、领悟空间的独特之处与精神意蕴。比如在庄严的宫

---

① 刘勰《文心雕龙·比兴篇》。
② 刘勰《文心雕龙·诠赋篇》。
③（美）朗格. 情感与形式[M]. 刘大基等译. 北京：中国社会科学出版社，1986。

图8-13　拙政园一景，匾额上的题字以及楹联上的“借风、借月、观水、观山”点出了主人的审美趣味，加强了特定建筑“意”的表达

殿中，为了体现至高无上的皇权，建筑会被题名为“太和”“承天”“乾清”“坤宁”等，又比如在休闲的园林建筑中，为了体现人与自然环境的完美融合，建筑会被题名为“蓬岛瑶台”“方壶胜境”等。这些题名对于突显建筑象征意味、营造审美意境起着重要的作用。

在中国传统建筑审美的过程中，“人”是核心，“物”是载体。中国传统建筑美判断的出发点与依据是“人”，围绕着“人”的感受来展开对“物”的理解与组织。邵尧夫《皇极经世》反复论及人在观物中“我”与“物”之间的辩证关系。如《观物外篇》云：“不我物，则能物物”；又云：“易地而处，则无我也。”《渔樵问答》云：“以我徇物，则我亦物也；以物徇我，则物亦我也。万物亦我也，我亦万物也。”①王国维先生同样曾对审美中的“有我”与“无我”进行过论述：“有有我之境，有无我之境。‘泪眼问花花不语，乱红飞过秋千去’，‘可堪孤馆闭春寒，杜鹃声里斜阳暮’，有我之境也。‘采菊东篱下，悠然见南山’，‘寒波淡淡起，白鸟悠悠下’，无我之境也。有我之境，物皆著我之色彩。无我之境，不知何者为我，何者为物。此即主观诗与客观诗之所由分也……无我之境，人唯于静中得之。有我之境，于由动之静时得之。故一优美，一宏壮也。”②

不管是“有我”还是“无我”审美状态，对于美的欣赏的出发点仍然是以人为本的，在此基础上追求心物交融，并以人的主观理解力为审美的主要依据。钱钟书先生提出：“不仅发肤心性为‘我’，即身外之物、意中

① 转引自：钱钟书. 谈艺录[M]. 北京：中华书局，1984：237。
② 王国维. 王国维文集：观堂集林[M]. 北京：北京燕山出版社，1997：10-11。

图8-14 匾额上的“太和”提示着建筑的庄严气氛

图8-15（明）文徵明《兰亭修禊图》局部，建筑空间的创造与畅神游心的审美状态巧妙结合

之人，凡足以应我需、牵我情、供我用者，亦莫非我有。”[①]清代沈宗骞在《芥舟学画编》中提出，创作先要定势，在将客观之物的势确定之后还需进一步“酝酿”，要“停笔静观，澄心抑志”，所谓“酝酿云者，敛蓄之谓也。意以敛而愈深，气以蓄而愈厚，神乃斯全”，这也同样说明了“我”的主观意志在美的创造中的重要性。[②]

在中国传统美学中，众多评判审美的标准与范畴都与人的气质、修养有关，如气韵、神韵、风骨等范畴，这些范畴的存在也证明了中国传统审美重视人本性的特征。[③]所谓建筑形式审美的人本性，就是以人的理解力

① “A man’s self is the sum total of all that he can call his.” William James. Principles of Psychology[M]. 1890: 291. 转引自：钱钟书. 谈艺录[M]. 北京：中华书局，1984：206。

② 书中是如此描述的：“一切位置，林峦高下，烟云掩映，水泉道路，篱落桥梁，俱已停当，且各得势矣。若再以躁急之笔，以几速成，不但神韵短浅，亦且暴气将乘。虽有好势，而无闲静恬适之意，何足登鉴者之堂。于是停笔静观，澄心抑志，细细斟酌，务使轻重浓淡，疏密虚实之间，无丝毫不惬，更思如何可得深厚，如何可得生动，如何可得古雅堪玩，如何可得意思不尽，如何可得通幅联络，如何可得上下照应。凡此皆当反覆推究，而非欲速者所得与也。……吾所谓酝酿云者，敛蓄之谓也。意以敛而愈深，气以蓄而愈厚，神乃斯全。暴著者能敛蓄，则将反乎退藏；轻易者能敛蓄，则将归乎厚重。能退藏则神长，能厚重则神固。夫神至能固而且长，又何患乎不望见古人。……有毕生之酝酿者，有一时之酝酿者。少壮之时，兼收并蓄，凡材之堪为吾用者，尽力取之，惟恐或后，惟恐不多。若少缓焉，其难免失时之叹。及至取资已富，别择已精，则当平其心气，抑其才力，以求古人之所以陶淑其性情，而自成一种气象者，又不在于猛烹极炼之功，是则一生之酝酿者也”。见：沈宗骞. 芥舟学画编[M]. 北京：人民美术出版社，1959。

③ 形、神、气、韵、骨、筋、血、肉，将原本属于人的，描绘、评判人的从生理到精神、气质的一系列范畴，运用于对艺术对象的美学评判，并形成彼此相关的美学范畴序列，从而体现出鲜明的“人化”特征。发展出了关于“形神”“风骨”“气韵”“神韵”等，形成一个十分宏大的美学理论体系与美学范畴体系。详见：刘方. 中国美学的基本精神及其现代意义[M]. 成都：巴蜀书社，2003：42。

为判断标准，空间布局方式、建筑基本构件以及主要的装饰细部都是以人的尺度为依据，按照人的欣赏习惯进行设计建造；同时建筑形式的完善也是从人的情感表达出发，以引发人的审美感受为目的。

在西方美学研究中，有学者从审美心理学的角度提出了“移情说”等审美学说，认为观者在将自己的所有经验与情绪代入到了作品之中，实现了对于作品的审美。这种学说为理解中国传统人本的审美方式提供了一定帮助，但与“移情”审美理论不一样的是，中国传统建筑审美从心与物这两个层面入手，并以“人”为本、从“人”出发，最终是希望将两者相统一，实现“心物交融，物我合一”的审美境界。也就是说，审美将人的感受作为联系的中介，将物与心两层面相联系后，讲求情景交融、主观与客观的统一。而在将主体与客体同时超越的时候，观者获得了更高的审美感受。因此，将审美分为“以物观物”与“以我观物”这两个层次，并不是指这两者之间就是割裂的，而实际上在审美过程中物与我是相统一的，最终实现心物交融、物我两忘。[①]

因此，虽然中国传统建筑审美是围绕着观者的主观情绪而开展，但是审美并没有只是关注主体自身或着眼于外在客体，而是将主体的情与客体的物相联系。欣赏是从主体情感始，注意到主体生命与客体自然之间的微妙联系，同时建立（严格说来是发现）起外物—人心—艺术三者间的同构关系；[②]最终实现物与心相交融，做到“乘物以游心”[③]。心物交融的审美方式就好比古人“比兴”的手法，只要创作者的主观之情与客观之物之间能对应上，就有可能将情与物、主观与客观完全融合在一起。因此，不仅仅是“造境以游心”，同时也是“依心而造境”，所谓“凡音之起，由人心生也。人心之动，物使之然也。感于物而动，故形于声，声相应，故生变。变成方，谓之音”[④]。《物色》篇中提出：“山沓水匝，树杂云合；目既往还，心亦吐纳。春日迟迟，秋风飒飒；情往以赠，兴来如答。”这里主体对于客体的审美的方式包括观察（目既往还）、体验（心亦吐纳）和移情（情往以赠）等多种方式，实现了“神与物游”，人在景物中自由徜徉。

正如前文所述，中国传统建筑之美是在充分利用多种要素的基础上进行地综合创造。在建筑的营造过程中，其他艺术形式如雕塑、家具陈设、绘画、书法等被巧妙借用，与建筑共同构成了建筑之美。创作者自表达个人的主观情感始，将与人们生活密切相关的多种元素纳入到建筑美的建构中来，在这些元素中充分体现自己的匠心独具，在以人为本的基础上通过

---

① 宋代郭熙在《林泉高致》中说：“山以水为血脉，以草木为毛发，以烟云为神采，故山得水而活，得草木而华，得烟云而秀媚。水以山为面，以亭榭为眉目，以渔钓为精神，故水得山而媚，得亭榭而明快，得渔钓而旷落，此山水之布置也。”

② 薛富兴. 东方神韵——意境论[M]. 北京：人民文学出版社，2000：89。

③ 庄子《人间世》。

④ 吉联抗译注. 阴法鲁校订. 乐记[M]. 北京：人民音乐出版社，1958。

图8-16 留园一景，创作者将主观之情与客观之物对应上，充分体现自己的审美意趣，不仅仅是“造境以游心”，同时也是“依心而造境”

多元素、系统性建构建筑之美来表达心中之情，最终实现心物交融、审美化的人生栖居。

2. 俯仰往还，远近取与

在心物交融的人本观之下，俯仰往还、远近取与可以被看作对于中国传统建筑具体审美方式的解读，是人们身处建筑空间中所采用的游赏方式。宗白华先生提出：“俯仰往还，远近取与，是中国哲人的观照法，也是诗人的观照法。”[①]这种审美方式是整体的、动态的，不只是单纯对建筑审美的描述，同时也是当时人们游历山水、亲近自然的方式，其中同样体现出了明显的以人为本的审美观。

中国传统文化有着众多有关“俯仰往还”的描写，《周易·系辞（下）》云：“古之包牺氏之王天下也，仰则观象于天，俯则观法于地，观鸟兽之文与地之宜，近取诸身，远取诸物，于是始作八卦，以通神明之德，以类万物之情。”“仰观俯察”的观察方法使观赏者能够从无穷的空间着眼，追求空间无限与深远的意境。与“仰观俯察、远近取与”这种动态、整体的中国传统审美方式不同，西方古典的审美方式是相对固定、片段的。宗白华先生提出：“西洋人站在固定地点，由固定角度透视深空，他的视线失落于无穷，驰于无极。他对这无穷空间的态度是追寻的、控制的、冒险的、探索的。”[②]西方人对于特定空间采取固定角度获取

① 宗白华．中国诗画中所表现的空间意识[M]//宗白华．美学与意境．北京：人民出版社，2009：237。

② 宗白华．中国诗画中所表现的空间意识[M]//宗白华．美学与意境．北京：人民出版社，2009：237。

静态影响的审美方式由来已久，在一些学者看来，采取动态、流动的审美方式来欣赏建筑空间，进而对于流动空间产生审美，这种审美方式有可能到现代主义建筑萌芽初期才逐渐出现。有学者提出，当时考古学者对古希腊罗马时期的建筑遗迹与废墟的研究兴趣引发了新的欣赏态度和视角。①

与从固定视角观赏追求相对凝固的建筑形式不同，中国传统欣赏方式追求循环往复、流动回旋的意趣之美。这种欣赏方式强调的是以某一空间为支点，将视线拓展向外，上下远近之间整体地把握空间的层次与深远意境。为了观景，人们习惯在自然山水中建亭台楼阁，为人们观赏景物提供特定空间，同时人又身在景中仰观俯察、远近取与。因此，亭台楼阁这一类建筑的存在也成为仰观俯察审美方式的注解。宋代郭熙论山水画说“山水有可行者，有可望者，有可游者，有可居者。”②宗白华先生由此展开论述，认为“望”这一行为在中国传统园林建筑中的重要性：“可行、可望、可游、可居，这也是园林艺术的基本思想。园林中也有建筑，要能够居人，使人获得休息。但它不只是为了居人，它还必须可游，可行，可望。其中‘望’是最重要的。……窗子并不仅仅为了透空气，也是为了能够望出去，望到一个新的境界，使我们获得美的感受。……不但走廊、窗子，而且中国园林中的一切楼、台、亭、阁，都是为了‘望’，都是为了得到和丰富对于空间的美的感受。”③

中西方传统观赏景物方式不同导致了审美结果的不一样。中国传统欣赏者得到的结果是动态的，是俯仰往还、亲近自然的，是言有尽而意

图8-17　明代谢时臣《虎丘图卷》局部，亭台楼阁建筑既作为造景中的主要景点供人欣赏，同时也为人们欣赏美景提供绝佳的空间与观赏角度。这些建筑既是人们欣赏的对象，成为整体美景的一部分，同时又成为主体赏景的支点，与主体一起建构起审美的可能性

① （英）彼得·柯林斯．现代建筑设计思想的演变[M]．英若聪译．北京：中国建筑工业出版社，2003：16。

② 世之笃论，谓山水有可行者，有可望者，有可游者，有可居者。画凡至此，皆入妙品。但可行可望不如可居可游之为得，何者？观今山川，地占数百里，可游可居之处十无三四，而必取可居可游之品。君子之所以渴慕林泉者，正谓此佳处故也。故画者当以此意造，而鉴者又当以此意穷之，此之谓不失其本意。（宋）郭熙《林泉高致》。

③ 宗白华．中国园林建筑艺术所表现的美学思想[M]//宗白华全集（第3卷）．合肥：安徽教育出版社，2008：477-478。

图8-18　明代仇英画作《桃园仙境图》，人在景中俯仰往还、远近取与，得以全面地欣赏建筑、环境以及它们共同组成的整体意境之美

无穷的，通过人在景物间的徜徉而获得天人合一般的审美感受。与中国传统建筑空间将时空相融合一致，“仰观俯察”，“观古今于须臾，抚四海于一瞬”，就是认为时间与空间是一体的，是流动的，因此要欣赏中国传统建筑美必须要远近结合、多角度、全景式地把握建筑美。在这种观赏方式中，观赏者得以全面地欣赏建筑、环境以及它们共同组成的整体意境之美。这种美既有远处大尺度的大地环境、自然风貌之美，所谓天地之大美，又有近处的建筑单体造型、建筑细部装饰之美。

远近之间，人们在把握住建筑空间与环境的整体之美同时，又能欣赏细节之丰富与动人，进而领略建筑形式背后深远的意。观者在建筑空间中视点与观赏角度不断变化。人们既要看到细部装饰的细节，又要看到大的山水格局、建筑布局，视线不断游于空间远近内外，由此形成动态连绵、丰富多样的空间意象。观者在建筑空间中徜徉，边行边望、既居且游，不断感受着建筑空间的时空变换之妙，同时领略体悟着有限空间之外的无限畅怀之美。在观赏过程中主体的视线是不固定的、不断变化的，是游移的甚至是有节奏的。

中国传统建筑审美是动态的，是将人的主体与景物客体融为一体的，两者不可分离。这种“游心”的审美态度与审美方式体现了观者精神的自由，也要求观者不受观察手段的限制，身要动、眼要观、心要察。在观者的观赏过程中，即使对象被东西挡住（挡或隔本来就是中国传统空间营造的一个常用手段），观赏者仍然要想办法走过去瞧一瞧。观赏者的视线角度也在不断变化，在远近、上下、左右之间，全方位、多角度的欣赏、感受景物。

仰观俯察、远近取与，不仅是将时间与空间相统一，同时也是将主观与客观相统一。在“仰观俯察、远近取与”之间，主观与客观统一在了一起，个人的意识与外在的有形事物紧密联系。由此，审美主体从直观感受、到一般经验、再到理性认识，最后到审美体悟，实现了“逍遥游”式的审美栖居，而其中人本式的审美方式值得我们去思考与研究。

8.2.5 虚实相生的空间观

“虚实相生、无画处皆成妙境”这句话可以被认为是对中国传统建筑空间美规则的基本描述。在虚实相生的原则指导下，中国传统建筑之美注重虚与实的关系处理。虚实相生，就是空间中的虚与实同样重要，两者的有机统一构成了空间的整体意境，这也是中国传统建筑关于空间形式的原则。在这一原则之下，形式中的“空白”不是无意为之，而是形式整体中不可缺少、精心安排的重要部分。空间中有关虚实的各组成部分均相互关联，形成有机统一的整体架构。中国传统建筑美学对于空间中虚实关系的

图8-19　明代徐渭画作黄甲图，画中的虚与实一起构成整体之美

处理与重视，与中国画讲“计白当黑”、着重空白处经营的原理是相通的。在中国传统绘画中，画面中的虚与实一起构成整体的画面意境，其空白处是“无”中的“有”“无形”中的“有形”。[①]

中国传统画论中有着众多对于虚实相生关系的论述，绘画中的“计白当黑”强调对于无笔墨处“白”的利用，认为正是由于空虚的“白”的存在，有关实体的笔墨才有了意义。“白”是为了容纳更为广阔深远的空间而存在的，这些虚无的“白”成了整个艺术创作中的“画眼”和“精神”，“中国书画用墨，其实着眼点不在黑处，正是在白处。用黑来‘挤’出白，这白才是‘画眼’，也即精神所在。”[②]这些描述虽是在讲绘画中经营空白的原理，却对于如何处理空间形式有着一定的启发，也就是说，要在空间处理中注重空白处的安排与布置。

在中国传统空间形式处理的虚实相生之中，“虚”是根本，是目的，“实”是手段，是工具。为了体现虚空间的精妙之处，就必须要切实处理好空间的“实”，使人们注意并欣赏“实”，进而自然而然地领悟和想象到“实”之外的“虚”。可以认为，空间虚的部分虽然以不确定的形态存在，但却会因人们的意会和感悟而深刻作用于对空间的审美。“虚”总是要以“实”为前提和基础，“虚”的形成依赖于“实”。《老子》说：“凿户牖以为室，当其无，有室之用。故有之以为利，无之以为用。”中国传统建筑最吸引人的部分不一定在于实的部分，而是在于由实体围合而成的虚的部分，这也导致了中国传统建筑审美对于空的部分如“院”空间的重视。因此，与西方重视实体形式不同，中国传统空间更注重建筑群体之间以及建筑与周围环境之间的关系处理，对于空间相互关系组织的关注一定程度上也超过了对于单体建筑造型的考虑。

陈从周在《续说园》说，“园林中求色，不能以实求之”，“白本非色，而色自生；池水无色，而色最丰。色中求色，不如无色中求色。故园林当于无景处求景，无声处求声。动中求动，不如静中求动。景中有景，园林之大镜、大池也，皆于无景中得之。”[③]当人们精心布置空间之“虚”，使其积极参与到美的营造之中，虚与实就一起构成了空间整体之美，虚也就

---

① 清代笪重光在《画筌》中说：“空本难图，实景清而空景现；神无可绘，真境逼而神境生。位置相戾，有画处多属赘疣；虚实相生，无画处皆成妙境”。清代汤贻汾在《画筌析览》中说“人但知有画处是画，不知无画处皆画，画之空处全局所关，即虚实相生法，人多不著眼空处，妙在通幅皆灵，故云妙境也。”清代华琳在《南宗抉秘》中说：“夫此白本笔墨所不及，能令为画中之白，并非纸素之白，乃为有情。否则画无生趣矣。然但于白处求之，岂能得乎！禅家云：‘色不异空，空不异色。色即是空，空即是色。’真道出画中之白，即画中之画，亦即画外之画也。特恐初学未易造此境界，仍当于不落言诠之中，求其可以言诠者，而指示之笔固要矣。亦贵墨与白合，不可用孤笔孤墨，在空白之处，令人一眼先觑著。他又有偏于白处，用极黑之笔界开，白者极白，黑者极黑，不合而合，而白者反多余韵。”

② 黄苗子．师造化，法前贤[J]．文艺研究，1982（6）。

③ 陈从周．说园[M]．北京：书目文献出版社，1984：20–21。

图8-20　苏州拙政园，中国传统建筑审美对于空的部分如“院”空间的重视，院内别有洞天

有了积极的意义。而且，“虚”的意义与力量耐人寻味，其中蕴藏的空灵内涵有时甚至比实的形式更为吸引人，给人丰富的联想空间。当然，虚实相生意味着不能只是从单方面切入理解空间形式，在空间形式的创作中虚实不能被割裂，两者相互交织才能形成空间的整体之美。虚实并不仅仅是指空间的虚空与实体，作为空间形式的原则，虚还可以指代简洁空灵的形式，实则可以指代复杂充实的形式；虚可以是曲线的、无指向性的，而实则是规整的、有方向感的。好的形式处理需要将这两者很好地结合到一起，使虚实互相依存、互为补充。

作为中国传统形式美的基本原则，虚实相生为人们理解建筑空间形式提供了依据。在操作中如何才能处理好空间之间的相互关系、做到空间虚实相生，则需要创作者推敲经营、安排好两者之间关系。为了进一步说明空间形式如何虚实相生，本节从节奏层面的“张弛有度、起伏相倚”以及主次层面的“一则杂而不乱、杂则一而能多”切入展开论述，尝试说明虚实相生背后的规律。

1. 张弛有度，起伏相倚

在空间的组织中，虚实相生强调空间各个部分之间的相关性处理，重视空间相互之间的有机联系，并以此为依据处理好各个空间之间的组合关系。清代钱泳在《履园丛话》中说：“造园如作诗文，必使曲折有法，前后呼应，最忌堆砌，最忌错杂，方称佳构。”空间相互之间的既要有所变化又要加强联系，要做到“曲折有法，前后呼应”。

在中国传统空间营造之中，空间的有机联系与合理组织是有节奏感的，是将空间与时间两者统筹考虑的。宗白华论中国传统绘画时所说的空

图8-21　留园入口的空间序列变化，建筑空间动与静、收与放、远与近、疏与密不断变化，空间一张一弛、起伏相倚，一系列片段的空间形象共同组成了整体的空间序列之美

间和时间的统一一样，中国传统空间的营造体现出了同样的特点，空间虚实的变化必须要在时空的统一中才能充分展现出来，而实现时空统一就必须要重视空间节奏的变化与组织。

空间虚实相生首先体现在空间观感的变化之上，通过不同特征空间的精心组织和有序转换，才能够实现张弛有度、起伏相倚的空间秩序，形成富有节奏感的空间序列。伴随着人们在空间中的游走，人们感受到的空间形象发生着转换，空间的节奏感也在不断变化。空间形式因节奏变化具有了一定的时间性，加深了人们关于时空一体的审美意象，空间与时间这两者也因此实现了统一。这种空间与时间相统一的特色在中国传统园林空间中有着充分的体现。以颐和园为例，颐和园的主入口在万寿山东，造园者在入口处设置了以仁寿殿为主的殿堂，暂时将昆明湖与万寿山的景色挡住，经过仁寿殿西的乐寿堂，空间豁然开朗，湖光山色尽收眼底；然后再由长廊一道沿湖向西行，过了一段时间之后一个较为开阔的广场又出现在眼前，一组建筑群依山而建，由山底一直延续到山顶，这就是颐和园主要建筑群排云殿与佛香阁。颐和园从入口到景区中心这一路径设计成为了传统空间节奏变化的一个经典案例。

空间虚实的节奏变化体现在建筑空间动与静、收与放、远与近、疏与密以及显与隐的变化及平衡之上。在节奏感的演绎之中，空间一张一弛、时疏时密、远近相宜，层次丰富并均衡和谐，空间虚实变化的优美秩序也由此被创造了出来。观者在对空间审美的行进过程中，一系列片段的空间形象共同组成了整体的空间序列，空间依次逐渐展开。空间的丰富层次因此形成，观者对于空间节奏变化的审美也在不断加深。

徜徉于节奏不断变化的空间之中，观者的视线是不固定的、“散点”式的，在一定程度上也是随性的、诗意的，这种不固定视点的观察方法是具有中国传统文化特色的。在欣赏视角不断转换之中，空间的层次因此展开并且不断延伸，空间的美也因此具有了不断变化的节奏感。为了营造和加强这种节奏感，创作者进行空间组织的目的不只是为了创造出静态的画面，而是希望将自己对于山水自然、建筑空间的整体理解与感受传达给欣赏者。欣赏者好似被创作者邀请而进入空间的多幅画面之中漫游，并通过不同的视点与角度尽情地观赏空间之美，在建筑空间中实现居、观、游、赏等多种功能。

空间节奏的联系与变化需要通过大量的具体空间处理手段来实现，如空间的因借、对比等。《园冶》中对于借景的手法进行了阐述：“夫借景，林园之最要者也。如远借，邻借，仰借，俯借，应时而借。然物情所逗，目寄心期，似意在笔先，庶几描写之尽哉。”创作者在营造园林空间时会大量采用“有景则借、无景则蔽”之法，即通过空间的连通与隔断对观者的视线进行控制，把一般“无景”的地方隐蔽起来，“有景”的地方则要充分利用起来。

在传统的造园手法中，园林中的各个空间互相穿插贯通、似隔非隔，造成空间的深度和层次，使空间实体和围合成的空间之间形成多方位多角度的各种空间景观。正是借景、对景等空间处理手法的大量应用，扩大了园林空间的层次，将空间虚实的界限打破，在有限的空间中造成了延绵不绝的时空感。空间因此而流动起来，人身处其中也会觉得空间密而不塞、疏而不空。通过这些处理手法的运用，空间节奏感在不断发生变化，同时也造成了小中见大的空间意象，在有限空间中造成了无限的审美感受。

图8-22（宋）范宽画作《溪山行旅图》，远景、中景与近景融合交织

为了形成空间节奏变化，"远近"变化的空间层次感是必要的，只有通过空间远近层次的变化组织才能使空间开阔深远、远近相宜，并形成立体的并具有纵深感的空间趣味。中国传统绘画讲求三远：高远、深远、平远，宗白华先生提出："由这'三远法'所构的空间不复是几何学的科学性的透视空间，而是诗意的创造性的艺术空间。趋向着音乐境界，渗透了时间节奏。它的构成不依据算学，而依据动力学。"[①]在空间处理中，利用远近氛围的对比可以拓展空间的深度与广度，丰富空间的层次感，使空间整分合宜、疏密有致，形成虚实相生、气韵生动的空间意境。空间因此连而不断、相互穿插，且曲径通幽、曲折而有变化。"远近"变化的层次感在传统园林中十分重要，梁思成先生在论述颐和园造境中巧妙借用远处景观时提出："由湖上或龙王庙北望对岸，则见白石护岸栏杆之上，一带纤秀的长廊，后面是万寿山、排云殿和佛香阁居中，左右许多组群衬托，左右均衡而不是机械地对称。这整座山和它的建筑群，则巧妙地与玉泉山和西山的景色组成一片，正是中国园林布置中'借景'的绝好样本。"[②]

空间节奏感的变化也不仅是空间远近、疏密的变化，同时也是颜色、明暗、起伏等多种空间要素的变化与组织。也只有充分组织各种空间要素以形成节奏感的变换，才能形成中国传统建筑空间循环往复的空间之美，使空间意境深远而耐人寻味。

张弛有度、起伏相倚的空间节奏变化，形成了中国传统空间中赋有特色的序列组织。运用序列的空间组织方式在中国传统建筑与城市空间营造中十分常见，序列的尺度可大可小，小至一座建筑、一个园子，大至一组宫殿建筑群、一座城市，都可能存在组织空间节奏变化的序列。以传统北京城市空间为例，其中既有尺度巨大、绵延数公里的城市南北中轴线序列，中观尺度对于故宫建筑群的轴线序列，更有尺度小巧的传统民居四合院建筑中的轴线序列。序列的形式也变化多端，既可以是直线，也可以是曲线、折线；既可以规则严整，也可以自由灵动。但不管如何采用何种形式，运用序列组织空间就是要形成空间节奏感的变化，使张弛有度、起伏相倚，要达到使观者"步移景异"的审美效果。沿着设计与处理好的序列空间行进，空间形式、尺度、气氛、格局在不断变化，这样也就创造出了节奏变化之美，空间曲折婉转、生动优美。

不只在空间组合方面，在单体造型中，对于空间节奏与韵律变化的运用也十分常见，如房屋的横向开间设计或塔的竖向楼层设计的变化就形成了建筑立面形式的节奏。梁思成先生认为节奏和韵律是"构成一座建筑物的艺术形象的重要因素"，而且"差不多所有的建筑物，无论在水平方向

---

① 宗白华. 中国诗画中所表现的空间意识[M]//美学散步. 上海：上海人民出版社，1981：95-118。

② 梁思成. 祖国的建筑[M]//梁思成全集（第五卷）. 北京：中国建筑工业出版社，2001：225。

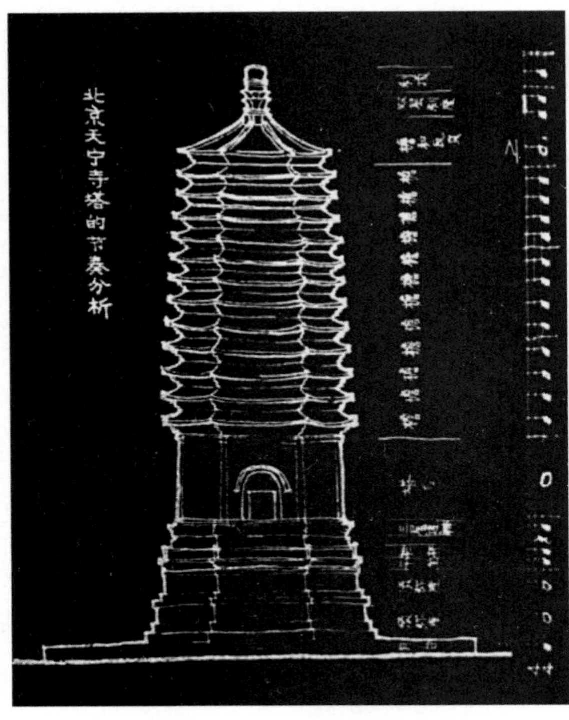

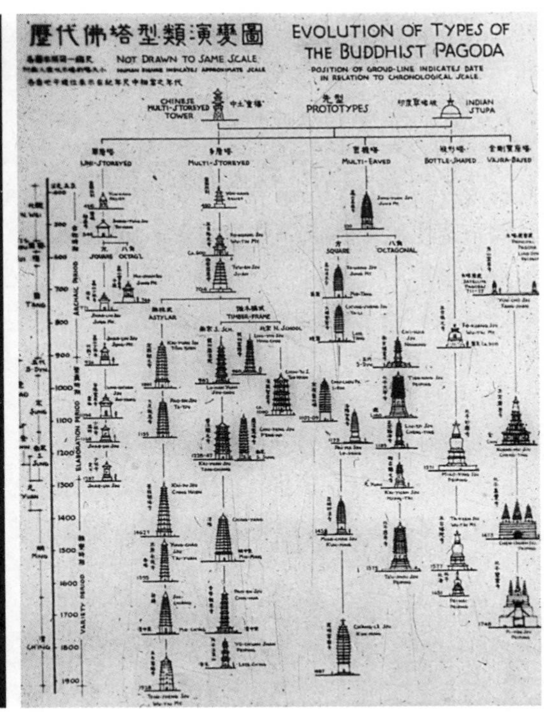

图8-23　梁思成先生对北京天宁寺塔的节奏分析（来源：清华大学建筑学院资料室）

图8-24　梁思成先生对历代佛塔类型演变的分析，体现了塔的竖向节奏变化之美（来源：同上）

上或者垂直方向上，都有它的节奏和韵律”①。梁先生认为建筑的节奏与音乐很像，曾将音乐的节奏变化与建筑立面造型的处理联系起来，②并以北京的天宁寺塔的立面为例进行了说明；③喻皓在《木经》中提出建筑物分上中下三段的比例法则，而宋《营造法式》中提出的“以材为祖”的模数化营造规则，将结构构件的有序组织与建筑造型的变化巧妙结合了起来，

① “例如从天安门经过端门到午门，天安门是重点的一节或者一个拍子，然后左右两边的千步廊，各用一排等距离的柱子，有节奏地排列下去。但是每九间或十一间，节奏就要断一下，加一道墙，屋顶的脊也跟着断一下，经过这样几段之后，就出现了东西对峙的两道门，好像引进了一个新的主题。这样有节奏有韵律地一直达到端门，然后又重复一遍达到午门”。原载于《人民日报》1961年7月26日第一版。梁思成. 建筑和建筑的艺术[M]//梁思成全集（第五卷）. 北京：中国建筑工业出版社，2001：363。

② 这种节奏与韵律的变化其实在西方现代主义建筑中也可以见到，现代建筑强调建筑构件的自律，强调建筑基本建筑构件的审美功能并加以强化。标准、重复、工业化的新型建筑构件构成了现代主义建筑之美，这在一定程度上与中国传统建筑单体造型强调建构之美有了暗合之意，这也成了向传统学习、实现中国传统建筑语言现代化的一种手段。

③ “北京广安门外的天宁寺塔就是一个有趣的例子、由下看上去，最下面是一个扁平的不显著的月台；正面是两层大致同样高的重叠的须弥座，再上去是一周小挑台。专门名词叫平坐；平坐上面是一圈栏杆，栏杆上是一个三层莲办座，再上去是塔的本身，高度和两层须弥座大致相等；再上去是十三层担子：最上是攒尖瓦顶，顶尖就是塔尖的宝珠。按照这个层次和它们高低不同的比例，我们大致（只是大致）可以看到（而不是听到）这样一段节奏”。原载于1961年7月26日《人民日报》第一版. 梁思成. 建筑和建筑的艺术[M]//梁思成全集（第五卷）. 北京：中国建筑工业出版社，2001：363。

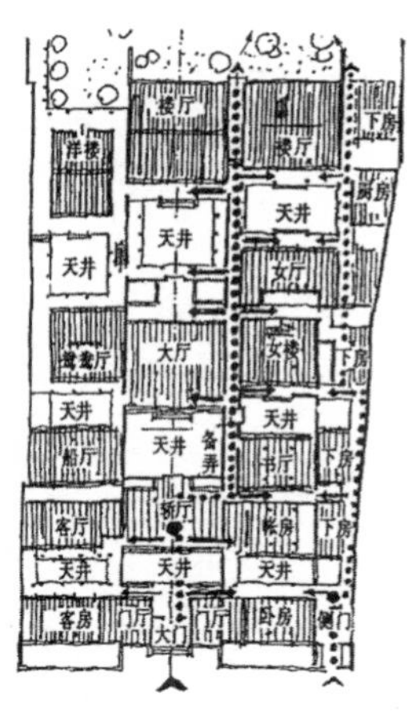

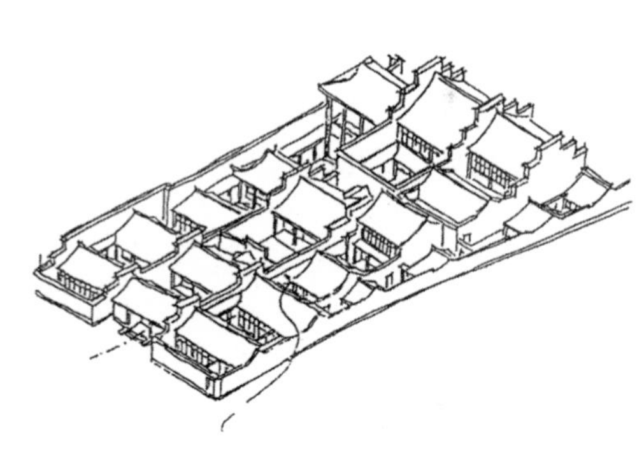

图8-25　苏州某大型住宅，体现了空间虚实节奏的不断转换（来源：《中国建筑与城市文化》）

这些都在一定程度上体现出了节奏对于建筑造型的重要性。另外，在建筑造型的形式构图方面，曲与直、繁与简也是互为渗透与补充的，如严整规矩的平面的直与大屋顶的曲的对比统一；而在装饰细部方面，中国传统建筑的装饰细部很多，但其实并没有多少多余繁复的地方，大多程式化、标准化，且被合理、有节奏地组织到了一起，在建筑造型中形成整体的韵律节奏。

不管是单座建筑的形式与风格，还是多座建筑形成的组团与群体组织，中国传统都具有十分丰富的经验与心得。张弛起伏之间，空间的节奏变化既统率着全局的空间序列组织，又渗透到建筑造型的装饰细部之中，这就形成了中国传统空间似断实连的连续性与整体性，在错落有致之间形成了传统空间多样统一之美。

2. 一则杂而不乱，杂则一而能多

除了节奏变化之外，有关空间虚实关系处理还涉及形式的主次，这可以用“一则杂而不乱、杂则一而能多”来概括，也就是空间形式处理需要讲求主次的均衡与协调。在空间形式处理上，中国传统建筑美学努力寻求“一”与“杂”的平衡，试图在复杂中寻求单纯、在不规则中找到规则，同时又在纯净中求丰富、在统一中求变化，最终实现形式统一与变化的和谐。

“一”是统一、是基础，可以理解为空间中较为“虚”的部分，意味着空间形式的整体效果；“杂”是变化、是重点，可以理解为空间中较为“实”的部分，意味着空间形式的局部变化。具有美感的空间构图就要处理好空间形式“一”与“杂”、统一与变化的辩证关系，使“一”与“杂”和谐统一。

所谓空间“一”与“杂”的和谐，就是要处理好整体与部分、共性与个性、一般与个别、普遍与差异的关系，其中统一是基础，而变化则是美的活力与个性所在。统一是基本的规则，变化则是对于规则的突破与变异，通过赋予形式中各部分以具体的个性来实现。要能在变化中求统一、差异中显一致、矛盾中见秩序，这正如黑格尔提出的："要有平衡对称，就须有大小、地位、形状、颜色、音调之类定性方面的差异，这些差异还要以一致的方式结合起来。只有这种把彼此不一致的定性结合为一致的形式，才能产生平衡对称。"①

为了在"一"与"杂"中找平衡，就要确定主次。主次关系是空间形式结构的基本关系，主次没有分清，必然导致"一多则乱""一少则空"。以"一"为主、有了"一"的"杂"，才能百变不离其宗；而变化的"杂"则可通过形式局部在造型、色彩、尺度上的变异来实现。这些变化并不是随心所欲的，必须要在以"一"为根本的基础上进行操作才能实现。为了获得典雅又独特、纯净又丰富的美，就必须使建筑空间具有较为一致的形式表达手段与方法，使建筑美既有个性，又在个性中相统一。阿恩海姆说："艺术品也不是仅仅追求平衡、和谐、统一，而是为了得到一种由方向性的力所构成的式样。在这一式样中，那些具有方向的力是平衡的、有秩序和统一的。"②其中提到的"一种由方向性的力所构成的式样"便可以看作是对于"一"的描述。

通过主次关系的确立可以将对比的元素相统一，就是只要确立了主次之后，即使形式处理手段较为复杂也仍然可能获得统一的形式美效果，实现将复杂与纯净相统一、不规则与规则相统一、不平衡与平衡相统一。

中国传统绘画需要"经营位置"，要"先立宾主之位，次定远近之形，然后穿凿景物，摆布高低"③。中国传统画论中的有关主次之间关系的论述十分精辟，与中国传统建筑空间的主次营造有着异曲同工之妙。在建筑空间处理中同样需要从整体入手"经营位置"、确定主宾，使空间主次有序，从总体上构建空间的主次、大小、远近等结构关系，将主要点突出出来，这样才能获得整体的布局关系。《园冶》说："凡园圃立基，定厅党为主"，然后"择成馆舍，余构亭台"。中国传统建筑造型往往以群体取胜，其中必须有能作为空间秩序核心的"主"，要"定厅党为主"。围绕着"主"还需要有"宾"，使之成为核心的补充与点缀，主次两者之间共同构成和谐

---

① （德）黑格尔．朱光潜．美学（第1卷）[M]．北京：商务印书馆，1979：174。

② 阿恩海姆提出："所有艺术构图中的平衡反映了一种趋势，这种趋势也就是宇宙中一切活动所具有的趋势。艺术品所要达到的平衡，是构成人类生活的那些反复出现、重叠发生的动机所永远无法达到的。"（美）鲁道夫·阿恩海姆．艺术与视知觉：视觉艺术心理学[M]．滕守尧，朱疆源译．北京：中国社会科学出版社，1984：38−39。

③ 李成．山水诀[M]//沈子丞编．历代论画名著汇编．上海：上海世界书局，1943。

图8-26　太和殿是故宫建筑群的主要建筑，为故宫建筑的变化提供了基础

图8-27　中轴对称的建筑形式

的整体。①以北京故宫为例，故宫建筑群规模十分巨大同时又变化无穷，整个建筑群又以三大殿为主要空间核心来统率全局，也正是因为有了这一空间之“主”，故宫的无穷变化才有了基础，形成了故宫气势磅礴的美。

需要注意的是，空间美的主次关系在一定的处理手段下是可以相互转换的，不同的环境中能产生不同的主次关系，这种转换在强调空间节奏变化的中国传统空间营造中体现得尤为明显。比如在传统园林空间中，一些空间节点相互对景、借景，互为主宾。

在基本确立了空间要素的主次之后，还需要顺应空间的主次关系，进一步将空间形式要素有效的组织到一起，使得空间主与次能有机的串联到一起。在中国传统建筑空间美的营造中，在主次基础上实现各类空间要素的统一和谐可以包括以下几种手法。

首先，中国传统建筑空间布局和单体设计注重对称与均衡，使形式中出现“一”，以此来实现建筑群体或单体之美。对称的构图方式在中国传统空间中被普遍采用。中轴对称的建筑形式会产生均衡感，使整个形式构图相统一。在对称的基础上，建筑形式可以适当地变化，形成不完全对称的生动效果，这种处理手法在建筑群体的组织安排中表现得尤为明显。

其次，当建筑形式复杂或建筑群体数量较多时，需要通过设定一定的建筑母题来实现整体形式的统一。在确定了主要的母题之后，空间形式中的变化就有了统一的基调，于是统一于母题之下的局部变化可以成为形式共性之中的独特个性。在不同尺度的空间处理中确立一定的母题，就意味着在多样复杂的空间形式中找到了潜在的“一”。不管是建筑小品还是单体建筑，不管是建筑群体组合还是整体城市空间，为了形成统一有序的空间效果，明确而一致的母题是必不可少的。在建筑或城市空间中需要设定母题，并在整体的空间形式塑造中从多个角度与层次展示这一母题，比如屋顶造型、墙面颜色等都可成为母题要素。中国传统建筑的各个部分形状相似或一致，或是将相似或一致的建筑组成一个群体，并通过这种空间组织方式将尺度扩大，即使大到一座城市，都可以看出基本空间母题的存在。可以认为，中国传统建筑组群在空间布局上并没有求奇求怪，而是追求在统一的基础上形成细腻丰富的变化。不同尺度、功能的建筑通过统一母题组织在一起之时，就形成了绵长统一而又富于精致变化的建筑长卷。

---

① 林语堂先生将建筑类比于书法，认为建筑必须要有最主要的“中心支撑点”：“这是导源于书法上的一大原理，便是人人知道的‘间架’。一个字的许多笔画中间，吾们通常拣选其中的一直或一划，或有时拣一个方腔，作为其余笔画的中心支撑点，这一笔吾们必定使他格外有力，或格外颀长一些，使它自别于其余的笔画。这一个支撑点既经立定，则其余的笔画，或向它作求心的密集，或向它作濉心的辐射。就是在聚集的多数建筑物中间其意匠上亦存在有‘轴线’的原理，好似许多中国字也都有一个轴线，北平全城的设计——它是全世界最美丽的古城之一——存在着一个暗中的轴线，南北延展至数里之长，一直从外前门通过皇座而抵煤山及后面的鼓楼。这样的轴线可显明的见之于许多中国字中，像‘中’‘东’‘束’‘東’‘律’‘乘’等。”林徽因等. 建筑之美[M]. 北京：团结出版社，2006：3。

图8-28　安徽宏村，不同尺度、功能的建筑通过统一母题白墙等组织在一起之时，就形成了绵长统一而又富于精致变化的建筑长卷

图8-29　故宫建筑群统一又富于变化的屋顶

在中国传统的建筑群组织之中，建筑大小虽然不一，建筑形式也略有不同，但建筑一般都具有基本母题如传统大屋顶形式，这也成为建筑群组合能够统一的重要原因。而在具体的组织过程中，建筑形式往往主次分明，通过或体量大小、或多次重复的方式来确定主次，将主要的建筑凸显出来，其他次要的建筑则居于配角地位，主和次共同构成和谐的建筑空间形式。

除了具体的建筑形式符号之外，建筑中的母题还包括抽象模数的应用。模数作为一项基本要素母题，在中国传统建筑形式的统一方面同样起着重要的作用。所谓模数，就是以基本的数为“母题”，以此规定建筑构件的尺寸或建筑空间的尺度。因此，数学关系也成为中国传统建筑美获得主次关系、实现统一和谐美的重要手段。前文已经说过，西方古典时代正是通过严谨的数来获得和谐的柱式、比例与尺度的，通过数学关系规定建筑构图的几何相似性，使建筑的整体与局部之间或各个构件局部之间形成相似形，构成和谐的比例关系。正是由于建筑形式对于数学关系的强调，也有人将建筑艺术类比为音乐艺术。在中国传统建筑美学中，数学关系通过材料组织的模数关系得以实现，这在古代的相关著作中也有所体现。《考工记》就曾为建筑与城市营造设定模数，如将道路的模数定为轨，将都城制度定为：“匠人营国，方九里，旁三门，国中九经九纬，经涂九轨，左祖右社，面朝后市，市朝一夫”；《营造法式》将建筑构件拱的断面尺寸定为“材”，“材”又被分为“分”，建筑的组成都是由“材”和“分”加以限定的。梁思成先生认为可能在唐以前，“斗栱本身各部已有标准化的比例尺度，但要到宋代，我们才确实知道斗栱结构各种标准的规定。全座建筑物中无数构成材料的比例尺度就都以一个栱的宽度作度量单位，以它的倍数或分数来计算的。宋时且把每一构材的做法，把天然材料修整加工到什么程度的曲线，榫卯如何衔接等都规格化了”；在这种规格化之下，在实际的运用过程中，“却是千变万化，少见有两个相同的结构”①。

当前也有学者从空间的组织布局入手，探讨建筑与城市平面布置及空间组织中的几何关系与模数。在数字这一母题之下，生发出了种种有关均衡构图的规律，如对于建筑尺度的强调和运用。尺度在客观上是指建筑构件或建筑形式的大小，但由于建筑牵涉因素众多，因此尺度在一定程度上与人们的心理感受以及认识有关，相当于是人们心目中对于建筑构件尺寸认知的默认俗成。关系适合的尺度往往是人们习以为常、视为固定，甚至不可改变的基本数字关系。建筑的尺度往往以人为参照，并且与人的活动、文化习惯和心理感受等要素都相关。在这里，具体的建筑构件尺寸已经与人们的主观心理感受之间形成了一种同构关系。

---

① 梁思成. 我国伟大的建筑传统与遗产[M]//梁思成全集（第五卷）. 北京：中国建筑工业出版社，2001：94。

梁思成先生曾经撰写文章《千篇一律与千变万化》，提出好的建筑形式必须处理好千篇一律与千变万化之间的辩证关系。以中国传统建筑大屋顶形式为例，不论如何变化，大屋顶的基本组成是不变的，甚至可以认为是千篇一律的；但当面对不同情况，如为了应对不一样的环境或使用功能需求，大屋顶造型又有了种种变形，形成了有关中国传统大屋顶千变万化的美。千篇一律与千变万化也就是相当于统一与变化或者“一”与“杂”之间的关系，梁先生这样写道：“翻开一部世界建筑史，凡是较优秀的个体建筑或者组群，一条街道或者一个广场，往往都以建筑物形象重复与变化的统一而取胜。说是千篇一律，却又千变万化。”因此，在中国传统建筑与城市营造中，只有确定空间中的主次、处理好“一”与“杂”的关系，才能使整体的形式构图匀称。所谓“一则杂而不乱、杂则一而能多”，就是空间形式处理需要讲求主次的均衡与协调，寻求“一”与“杂”的平衡，进而也才可以获得和谐统一的美，使空间中的实和虚能够有机统一起来。

8.3　意境美学：面向未来的中国建筑美学之思

面向未来，我们必须要熟悉中国的国情和实际，把建筑学理论与中国实际相结合。只有接触中国的现实的建筑实践，这样才能产生在中国行之有效的建筑学理论。另外，我们还要明了世界建筑学、建筑的最新状态，深入了解西方建筑学理论发展的来龙去脉。中国传统建筑曾经在世界上独树一帜，今天中国的建筑也需要形成独特的理论和实践。我们不仅要注重理论联系中国实际，而且要进一步立足于中国语境的建筑学理论的形成与确立。

之所以提出在同国际接轨同时要保持中国特色，既要挖掘传统启示又要寻找这些启示的现代意义，其根本着眼点还是要综合、辩证地看待新时期中国建筑美学的建构问题。这种系统融贯的系统思维方式需要我们了解和分析当代多维度的现实状况，以求全面深入地发掘中国建筑之美的可能内涵。在对中国建筑之美的特色提炼过程中，我们仍然可以博采众家之长，将建筑美学研究分解成多个维度的子系统，从多个方面进行解读剖析。模式提取的基础是对于系统的各个维度充分了解，针对不同的要素与层次分别展开，这也是为了避免研究流于泛泛，有针对性地开展问题的研究。

基于以上认识，针对中国建筑设计发展的机遇与挑战，同时面向未来可能的多维度发展，本书尝试提出一种中国语境之下以意境为主题的建筑美学。

图8-30（明）戴进《溪塘诗意图》，画中美景是寄托了创作主体主观精神的产物，成为创作者以及画中人物情感思绪的一部分，成为主体主观情绪的客观对应物，实现了意与境浑、情景交融

本书前文曾对中国传统的建筑意境进行论述，我们可以对于意境这一范畴进行进一步的讨论。意境一词从词面上可以理解为“意与境浑”，李泽厚先生认为“意”与“境”本身又包含着两对范畴的统一：“意是‘情’与‘理’的统一，‘境’是‘形’与‘神’的统一。”[①]所谓“意与境浑”，就是内在精神与外在环境的完美统一，这里的境既包括自然环境，又可以指代文化环境。当主观情绪与客观实体之间形成某种共鸣之后，意与境便被巧妙统一了起来，两者相互交融形成了异质同构的关系。这种联系将形式与内容融合到了一起，创造与欣赏、客体与主体、情与景等都浑然一体、相互交融。

我们可以将“意”理解为一种心理上的感受，而“境”可以理解为对于环境即自然环境与文化环境的营造，只有当两者高度呼应甚或异质同构、实现意与境浑了，才能获得美的意境。前文提过美的意境是妙不可言的，甚至在一定程度上是无法明确加以限定的，这也就是说，如果要实现美的意境，就需要将人与自然、情与景、欣赏的主体与被观赏的客体等要素的界限模糊处理，达到情景和谐契合、物我两忘的审美境界，从情景营造升华为审美意境的获得。

意与境浑、情景交融，意味着景不可能独立而存在，尤其是涉及人工创作的建筑之景。美景的创造必然是寄托了创作主体主观精神的产物，成为主体主观情绪的客观对应物。为了体现主体的精神意志，必须将主体融到意境的创造之中。

另外，要获得丰富的意，就必然离不开景（形）的创造，只有使有限的形式传达出无限的意蕴了，并经过欣赏者的凝神观照与细细品味，得到高度的精神体验与共鸣，美的意境才算创造了出来。因此，对于意的追求并不意味着完全放弃形式。形是外在的客体形态，而意则是指内在的内涵、气质与意蕴。在中国传统的建筑美学中，形式与背后的意义不是割裂的，以意为主，强调两者的和谐共生。如传统美学论述中所出现的“意象俱足”[②]，“形神无间”[③]，“大音希声，大象无形”[④]，“辞约而旨丰”[⑤]，刘禹锡的“境生于象外”[⑥]、“感物吟志”[⑦]、“拟容取心”[⑧]、“意与境浑”[⑨]等，都是将形式与意义融合在一起进行综合考虑。

---

① 参见：李泽厚“意境”杂谈[M]//美学旧作集. 天津：天津社会科学院出版社，2002：302。

② 薛雪：《一瓢诗话》。

③ 陆时雍：《诗境总论》。

④ 《老子》。

⑤ 刘勰：《文心雕龙·宗经》。

⑥ 《董氏武陵集记》。

⑦ 刘勰：《文心雕龙·明诗》。

⑧ 刘勰：《文心雕龙·比兴》。

⑨ 王国维：《人间词话》。

图8-31 （清）袁江《梁园飞雪图》，画面气韵一以贯之，山石、树木、建筑相互交织，体现了作品的整体性与有机性

图8-32　故宫中的各种小品都在加强建筑的意与境

需要注意的是，虽然形式与意义是放在一块考虑的，但形式的基础还是建立在一定的意义之上，大象无形、大音希声，无形与希声的根本的关键还是因为象与音。具体的形式语言并不是最关键的，也不起决定性作用，形式可以简洁，而意义却必须丰富。可以认为，这些具有超脱于形式之外的独特意蕴才是中国传统审美所追求的。所谓“意在笔先”，创作必须要先立意，“若先不能立意，而遽然下笔，则胸无主宰，手心相错，断无足取”①。

另外，主体精神的生动自由在意境创造中十分重要，这既是指创作者的精神，同时也是指客体对象所能反映出的主体气韵，两者必须要进行统一。建筑的形式是可以反映主体的精神气质的，不管是天坛、皇宫，还是园林、四合院，这些建筑之美反映了当时人们的社会生活、文化习俗等。建筑的创作受到多种因素制约，不能像其他艺术形式般自由，但在限制之下却仍然可以创造出完全不同的形式出来，这就来源于创作者的构思设计。建筑的形式背后的影响因素很多，另外可供创作者选择的手段也很多样，创作者可以针对具体限制条件进行设计，充分发挥主体的创造力，使某种特定形式与人们的某些认识建立联系，反映某种精神内容，并可以形成各不相同的建筑气韵。

同时，在创作结果中，要将这种气韵一以贯之，在作品中强调整体性与有机性，这才可能实现作品的气韵生动与整体意境。这也意味着“相关性”在美的意境创造中的重要性，这种“相关性”一方面代表着主体精神与意志在作品中的自由流露，同时也意味着作品各部分之间的有机联系。中国传统建筑之美对于多种要素之间的相关性处理极为重视，这与西方重视元素之间相对性处理不一样。气韵生动就是对相关性或者从多元素相互

① “夫意者，笔之意也。先立其意而后落笔，所谓意在笔先也。然笔意亦无他焉，在品格取韵而已。品格取韵，则有曰简古，曰奇幻、曰韶秀、曰苍老、曰淋漓、曰雄厚、曰清逸、曰味外味，种种不一，皆所谓先立其意，而后落笔。”郑绩：《梦幻居画学简明》。

图8-33 苏州拙政园，空间“笔笔相生，物物相需”，形成了气韵生动之美

关系间去思考美的建构，这也成为意境实现的重要标准。建筑美的创造是多元素整体性的系统工程，意境绝不仅仅体现在局部的美之中，而是一定基于处理好局部与局部、局部与整体的关系之上。因此，气韵生动必然意味着对于节奏、层次、主次等有关形式关系处理的问题。在气韵生动之下，虚实、心物、情理便得到了有机结合。意境的美学意味着在建筑空间中建构出了一种有关人的自由审美栖居的可能，人们可以从作品中体悟出自己对于生活的感悟，实现人的自由与精神的升华。

以上对于意境美学的论述也只是对于中国建筑之美可能性的一种探索尝试。之所以提出意境的美学，是希望能通过中国传统这一重要美学范畴的再阐释，去应对未来多维度的建筑可能性。即使有更多的维度可能，意境这一范畴所体现的“意与境浑”“主客交融”“意在笔先”以及“气韵生动”等内涵思想也可以成为未来中国建筑之美的一种总体性特征概括的尝试。

当然，不管如何去阐释概括，比得出一种具体模式更为重要的是，我们要意识到中国特色的发展模式必将从自身而来，要解决中国的问题，必须要从中国的经验出发。当然，正如本书之前所提出的，为了更好地应对未来可能遇到的问题，我们需要能在多维度的形势之下，将中与西、古与

图8-34（明）沈周《盆菊幽赏图》，人在环境中自由审美栖居的美好画面

今相结合，同时要开放的去建构，要能认识到建筑设计美学问题的综合性与复杂性，将有关当代中国建筑创美与审美问题的研究建构成一个系统的、长期性的研究课题，这也值得我们广大建筑与城市设计研究者持续去进行探索。与此同时，也希望本书的思考能引发更多的讨论，未来能形成更多关于中国建筑之美以及建筑设计的理论与实践成果。

参考文献

[1] 包亚明．后现代性与地理学的政治[M]．上海：上海教育出版社，2001.

[2] 包亚明．现代性与空间的生产[M]．上海：上海教育出版社，2003.

[3] 曹建国，张玖青注说．国语[M]．郑州：河南大学出版社，2008.

[4] 陈从周．说园[M]．北京：书目文献出版社，1984.

[5] 方汉文．后现代主义文化心理：拉康研究[M]．上海：上海三联书店，2000.

[6] 郭熙．林泉高致[M]//沈子丞编．历代论画名著汇编．上海：上海世界书局，1943.

[7] 何良俊．四友斋画论．俞剑华编著．中国画论类编[M]．人民美术出版社，1986.

[8] 侯幼彬．系统建筑观初探[J]．建筑学报，1985（4）.

[9] 黄苗子．师造化，法前贤[J]．文艺研究，1982（6）.

[10] 黄念然．中国古典文艺美学论稿[M]．桂林：广西师范大学出版社，2010.

[11] 吉联抗译注．阴法鲁校订．乐记[M]．北京：人民音乐出版社，1958.

[12] 冀昀．左传[M]．北京：线装书局，2007.

[13] 蒋孔阳，朱立元．西方美学通史．第7卷 二十世纪美学（下）[M]．上海：上海文艺出版社，1999.

[14] 李成．山水诀[M]//沈子丞编．历代论画名著汇编．上海：上海世界书局，1943.

[15] 李聃．老子[M]．范永胜译注．合肥：黄山书社，2005.

[16] 李泽厚．李泽厚十年集 1979—1989 第3卷 中国古代思想史论[M]．合肥：安徽文艺出版社，1994.

[17] 李泽厚．美学旧作集[M]．天津：天津社会科学院出版社，2002.

[18] 梁思成．林徽因．平郊建筑杂录[M]//杨永生编．建筑百家杂识录．北京：中国建筑工业出版社，2004.

[19] 梁思成．梁思成全集[M]．北京：中国建筑工业出版社，2001.

[20] 林徽因等．建筑之美[M]．北京：团结出版社，2006.

[21] 刘北成．福柯思想肖像[M]．上海：上海人民出版社，2001.

[22] 刘方．中国美学的基本精神及其现代意义[M]．成都：巴蜀书社，2003.

[23] 刘勰．文心雕龙[M]．郑州：河南大学出版社，2008.

[24] 刘悦笛．生活美学——现代性批判与重构审美精神[M]．合肥：安徽教育出版社，2005.

[25] 罗庸．鸭池十讲[M]．沈阳：辽宁教育出版社，1997.

[26] 潘知常．中西比较美学论稿[M]．南昌：百花洲文艺出版社，2000.

[27] 钱钟书．谈艺录[M]．北京：中华书局，1984.

[28] 沈宗骞．芥舟学画编[M]．史怡公标点注译．北京：人民美术出版社，1959.

[29] 汪民安．罗兰·巴特[M]．长沙：湖南教育出版社，1999.

[30] 王德胜．意境的创构与人格生命的自觉[J]．厦门大学学报（哲学社会科学版），2004（3）.

[31] 王国维．人间词话[M]．上海：上海古籍出版社，2008.

[32] 王国维．王国维文集：观堂集林[M]．北京：北京燕山出版社，1997.

[33] 王岳川．后现代主义文化研究[M]．北京：北京大学出版社，1992.
[34] 吴良镛．中国建筑与城市文化[M]．北京：昆仑出版社，2009.
[35] 吴予敏．美学与现代性[M]．北京：人民出版社，2001.
[36] 薛富兴．东方神韵——意境论[M]．北京：人民文学出版社，2000.
[37] 严羽．沧浪诗话[M]．北京：中华书局，1985.
[38] 张法．美学导论[M]．北京：中国人民大学出版社，1999.
[39] 张法．中西美学与文化精神[M]．北京：北京大学出版社，1994.
[40] 张光直．中国青铜时代（二集）[M]．北京：生活·读书·新知三联书店，1990.
[41] 张燕．论中国造物艺术中的天人合一哲学观[J]．文艺研究．2003（6）.
[42] 张志伟．西方哲学十五讲[M]．北京：北京大学出版社，2004.
[43] 赵宪章，张辉，王雄．西方形式美学[M]．南京：南京大学出版社，2008.
[44] 赵宪章．形式的诱惑[M]．济南：山东友谊出版社，2007.
[45] 郑绩．梦幻居画学简明[M]．上海：上海古籍出版社，1996.
[46] 周伟民，萧华荣．《文赋》、《诗品》注译[M]．郑州：中州古籍出版社，1985.
[47] 周锡山．王国维文学美学论著集[M]．太原：北岳文艺出版社，1987.
[48] 周宪. 20世纪西方美学[M]．北京：高等教育出版社，2004.
[49] 周宪．审美现代性批判[M]．北京：商务印书馆，2005.
[50] 朱光潜．西方美学史[M]．北京：人民文学出版社，1963.
[51] 朱立元．现代西方美学二十讲[M]．武汉：武汉出版社，2006.
[52] 庄周．庄子[M]．长春：时代文艺出版社，2008.
[53] 宗白华．美学散步[M]．上海：上海人民出版社，1981.
[54] 宗白华．美学与意境[M]．北京：人民出版社，2009：190.
[55]《哲学译丛》编辑部编．近现代西方主要哲学流派资料[M]．北京：商务印书馆，1981.
[56]（澳）卡斯伯特编．设计城市——城市设计的批判性导读[M]．韩冬青等译．北京：中国建筑工业出版社，2011.
[57]（波）塔达基维奇．西方美学概念史[M]．褚朔维译．北京：学苑出版社，1990.
[58]（德）阿多诺．美学理论[M]．王柯平译．成都：四川人民出版社，1998.
[59]（德）埃德蒙德·胡塞尔．生活世界现象学[M]．倪梁康，张廷国译，上海：上海译文出版社，2005.
[60]（德）本雅明．机械复制时代的艺术作品[M]．王才勇译．杭州：浙江摄影出版社，1993.
[61]（德）海德格尔．海德格尔选集（下）[M]．北京：生活·读书·新知三联书店，1996.
[62]（德）海德格尔．人，诗意地安居：海德格尔语要[M]．郜元宝译．桂林：广西师范大学出版社，2000.
[63]（德）海德格尔．诗·语言·思[M]．彭富春译．北京：文化艺术出版社，1991.
[64]（德）汉诺–沃尔特·克鲁夫特．建筑理论史——从维特鲁威到现在[M]．王贵祥译．北京：中国建筑工业出版社，2005.
[65]（德）黑格尔．美学（第1卷）[M]．朱光潜译．北京：商务印书馆，2009.
[66]（德）黑格尔．美学（第2卷）[M]．朱光潜译．北京：商务印书馆，1979.
[67]（德）黑格尔．美学（第3卷上）[M]．朱光潜译．北京：商务印书馆，1979.
[68]（德）黑格尔．自然哲学[M]．梁志学等译．北京：商务印书馆，1980.

[69]（德）康德．纯粹理性批判[M]．邓晓芒译．杨祖陶校．北京：人民出版社，2004.
[70]（德）康德．历史理性批判文集[M]．何兆武译．北京：商务印书馆，1991.
[71]（德）叔本华．叔本华文集：作为意志和表象的世界卷[M]．陈静．西宁：青海人民出版社，1996.
[72]（德）瓦尔特·本雅明．发达资本主义时代的抒情诗人[M]．王才勇译．南京：江苏人民出版社，2005.
[73]（德）沃林格．抽象与移情：对艺术风格的心理学研究[M]．王才勇译．沈阳：辽宁人民出版社，1987.
[74]（德）席勒．席勒散文选[M]．张玉能译．天津：百花文艺出版社，1997.
[75]（法）波德莱尔．波德莱尔美学论文选[M]．郭宏安译．北京：人民文学出版社，1987.
[76]（法）德里达．论文字学[M]．上海：上海译文出版社，2015.
[77]（法）米歇尔·福柯．规训与惩罚[M]．刘北成，杨远婴译．北京：生活·读书·新知三联书店，1999.
[78]（法）莫里斯·梅洛–庞蒂．知觉现象学[M]．姜志辉译．北京：商务印书馆，2001.
[79]（法）让–弗朗索瓦·利奥塔．崇高与先锋[M]//周韵主编．先锋派理论读本．南京：南京大学出版社，2014.
[80]（法）萨特．存在与虚无[M]．陈宣良译．北京：生活·读书·新知三联书店，1987.
[81]（法）雅克·德里达：解构的时代[J]．现代外国文摘. 1997（1）.
[82]（古罗马）奥古斯丁．论自由意志：奥古斯丁对话录二篇[M]．上海：上海人民出版社，2010.
[83]（马来西亚）杨经文．生态设计手册[M]．北京：中国建筑工业出版社，2014.
[84]（美）保罗·诺克斯，史蒂文·平奇．城市社会地理学导论[M]．柴彦威，张景秋等译．北京：商务印书馆，2005.
[85]（美）F. 卡普拉．物理学之“道”：近代物理学与东方神秘主义[M]．朱润生译．北京：北京出版社，1999.
[86]（美）阿摩斯·拉普卜特．建成环境的意义——非言语表达方法[M]．黄兰谷等译．北京：中国建筑工业出版社，2003.
[87]（美）阿诺德·伯林特．环境美学[M]．张敏，周雨译．长沙：湖南科学技术出版社，2006.
[88]（美）成中英．中国文化的现代化与世界化[M]．北京：中国和平出版社，1988.
[89]（美）大卫·哈维．希望的空间[M]．胡大平译．南京：南京大学出版社，2006.
[90]（美）丹尼尔·贝尔．资本主义文化矛盾[M]．赵一凡等译．北京：生活·读书·新知三联书店，1989.
[91]（美）弗雷德里克·杰姆逊．后现代主义与文化理论：弗·杰姆逊教授讲演录[M]．唐小兵译．西安：陕西师范大学出版社，1987.
[92]（美）弗雷德里克·詹姆逊．文化转向[M]．胡亚敏等译．北京：中国社会科学出版社，2000.
[93]（美）弗雷德里克·詹姆逊．语言的牢笼[M]．钱佼汝，李自修译．南昌：百花洲文艺出版社，2010.
[94]（美）肯尼思·弗兰姆普敦．建构文化研究：论19世纪和20世纪建筑中的建造

诗学[M]．王骏阳译．北京：中国建筑工业出版社，2007.
[95]（美）朗格．情感与形式[M]．刘大基等译．北京：中国社会科学出版社，1986.
[96]（美）雷德编．现代美学文论选[M]．孙越生等译．北京：文化艺术出版社，1988.
[97]（美）鲁道夫·阿恩海姆．艺术与视知觉：视觉艺术心理学[M]．滕守尧，朱疆源译．北京：中国社会科学出版社，1984.
[98]（美）罗伯特·索科拉夫斯基．现象学导论[M]．高秉江，张建华译．武汉：武汉大学出版社，2009.
[99]（美）苏珊·桑塔格．反对阐释[M]．程巍译．上海：上海译文出版社，2003.
[100]（挪）克里斯蒂安·诺伯格-舒尔茨．西方建筑的意义[M]．李路珂，欧阳恬之译．北京：中国建筑工业出版社，2005.
[101]（挪）诺伯格·舒尔兹．存在空间建筑[M]．尹培桐译．北京：中国建筑工业出版社，1990.
[102]（挪）诺伯舒兹．场所精神：迈向建筑现象学[M]．武汉：华中科技大学出版社，2010.
[103]（瑞士）费尔迪南·德·索绪尔．普通语言学教程[M]．北京：商务印书馆，2009.
[104]（瑞士）荣格．心理类型学[M]．吴康等译．西安：华岳文艺出版社，1989.
[105]（西班牙）奥尔特加·伊·加塞特．艺术的去人性化[M]．南京：译林出版社，2010.
[106]（匈）卢卡契．卢卡契文学论文集[M]．北京：中国社会科学出版社，1980.
[107]（意大利）维特鲁威．建筑十书[M]．高履泰译．北京：中国建筑工业出版社，1986.
[108]（英）彼得·柯林斯．现代建筑设计思想的演变[M]．英若聪译．北京：中国建筑工业出版社，2003.
[109]（英）卡尔·波普尔．猜想与反．科学知识的增长[M]．傅季重等译．杭州：中国美术学院出版社，2003.
[110]（英）克莱夫·贝尔．艺术[M]．薛华译．南京：江苏教育出版社，2004.
[111]（英）肯尼思·弗兰姆普敦．现代建筑：一部批判的历史[M]．原山等译．北京：中国建筑工业出版社，1988.
[112]（英）理查德·帕多万．比例——科学·哲学·建筑[M]．周玉鹏，刘耀辉译．北京：中国建筑工业出版社，2005.
[113]（英）罗伊尔．思想家和思想导读丛书：导读德里达[M]．重庆：重庆大学出版社，2015.
[114]（英）齐格蒙特·鲍曼．现代性与矛盾性[M]．邵迎生译．北京：商务印书馆，2003.
[115] A. Krista Sykes，K. Michael Hays. Constructing a New Agenda ：Architectural Theory，1993-2009[M]. New York，NY：Princeton Architectural Press，2010.
[116] A. Walter A School of Architecture of the Future[J]. Taylor. 1959，14（2）.
[117] Adam Sharr. Heidegger for Architects[M]. New York：Routledge. 2007.
[118] Albert Borgmann. Cosmopolitanism and Provincialism：On Heidegger's Errors and Insights[J]. Philosophy Today，1992，36（2）.
[119] Andrew Tallon. Urban Regeneration in the UK[M]. 2nd edition. New York：Routledge，2013.
[120] Anthony Kiendl. Informal Architectures：Space and Contemporary Culture[M].

Black Dog Publishing，2008.
[121] Arindam Dutta. A Second Modernism：MIT，Architecture，and the ‘Techno-Social’ Moment[M]. Cambridge：MIT Press，2012.
[122] C. Doersch，S. Singh，A. Gupta，et al. What makes Paris look like Paris? [J]. ACM Transactions on Graphics，2012，31（4）.
[123] C. Taylor. Overcoming Epistemology[M]//K. Baynes，J. Bohman ，T. Mccarthy . After Philosophy：End or Transformation?. Cambridge：MIT Press，1986.
[124] Caragonne. The Texas Rangers[M]. Cambridge：MIT Press. 1995.
[125] Christian Norberg-Schulz. Heidegger's Thinking on Architecture[J]. Perspecta，1983，20.
[126] Clement Greenberg，Modernist painting[M]// Gregory Battcock（Ed.）.The New Art：A Critical Anthology. New York：E. P. Dutton and Co.，1966.
[127] Colin Rowe. Architectural Education：USA[M]// Colin Rowe，Alexander Caragonne（Eds.）. As I Was Saying：Recollections and Miscellaneous Essays. Cambridge：MIT Press，1996.
[128] Geoffrey Broadbent. A Plain Man's Guide to the Theory of Signs in Architecture[J]. Architectural Design ，1977（7）.
[129] Hans L. C. Jaffe（Ed.）.De Stijl，1917-1931：Visions of Utopia[M]. New York：Abbeville Press，1982.
[130] J. Portugali（Ed.）. Complexity Theory of Cities[M].Berlin: Springer，2012.
[131] James Jerome Gibson. The Perception of the Visual World[M]. Houghton Mifflin，1950.
[132] James Wines. Green Architecture[M]. Taschen，2000.
[133] Jay W. Forrester. Urban Dynamics[M]. Cambridge：MIT Press，1969.
[134] Joan Ockman. Architecture School：Three Centuries of Educating Architects in North America[M]. Cambridge：MIT Press，2012.
[135] Jonathan Hale. Merleau-Ponty for Architects[M]. Oxford：Routledge，2010.
[136] Juhani Pallasmaa. The Eyes of the Skin：Architecture and the Senses[M]. 2nd Edition. Chichester：John Wiley & Sons，2005.
[137] K. Michael Hays. Architecture Theory Since 1968[M]. Cambridge：MIT PRESS. 1998.
[138] K. Michael Hays. Architecture's Desire：Reading the Late Avant-Garde[M]. Cambridge：MIT PRESS, 2009.
[139] Karsten Harries. The Ethical Function of Architecture[M]. Cambridge：MIT Press, 1998.
[140] Kate Nesbitt. Theorizing a New Agenda for Architecture：An Anthology of Architectural Theory 1965 - 1995. [M]. New York：Princeton Architectural Press，1996.
[141] Keith Dinnie（Ed.）. City branding ：theory and cases[M]. New York ：Palgrave Macmillan，2011.
[142] Kenneth Frampton in conversation with Gunther Uhlig，‘Towards a Second Modernity’[J]. Domus，1999，821.
[143] Kevin Keim（Ed.）. You have to pay for the public life ：selected essays of Charles W. Moore[M]. Cambridge：The MIT Press，2001.
[144] Le Corbusier. Towards a new architecture[M]. trans. F. Etchells. London：Architectural Press，1987.

[145] Linda Steg, Agnes E. van den Berg, Judith I. M. de Groot. Environmental Psychology : An Introduction [M]. Wiley–Blackwell, 2012.

[146] Luigi Prestinenza Puglisi. New Directions in Contemporary Architecture[M]. Wiley: John Wiley distributor, 2008.

[147] M. Frascari. The tell–the–tale detail[J]. The Building of Architecture, 1984, 7.

[148] M. Merlau—Ponty, C Lefort . The visible and the Invisible; Followed by Working Notes[M]. trans. Alphonso Lingis. Evanston: Northwestern University Press , 1968.

[149] Manfred Tafuri. Modern Architecture, vol. 1 and 2[M]. New York: Rizzoli, 1976.

[150] Mark C. Taylor. Disfiguring: Art, Architecture, Religion [M]. Chicago: University of Chicago Press, 1994: 108.

[151] Mary Mcleod. Architecture and Politics in the Reagan Era: From Postmodernism to Deconstructivism[J]. Assemblage, 1989, 8.

[152] Michael Batty. The Size, Scale, and Shape of Cities[J]. Science, 2008., 319 (5864) .

[153] Michael Fried. How Modernism Works: A Response to T. J. Clark. Critical Inquiry[J].The Politics of Interpretation, 1982, 9 (1) .

[154] Mohsen Mostafavi, Gareth Doherty (Eds.) . Ecological Urbanism[M]. Lars Muller, 2010.

[155] Mohsen Mostafavi, Peter Christensen (Eds.) . Instigations Engaging Architecture Landscape and The City GSD 075[M]. Lars Muller Publishers, 2012.

[156] P. Blundell Jones, M. Meagher (Eds.) . Architecture and movement[M]. New York: Routledge, 2015.

[157] Peter Blake. No Place Like Utopia[M]. W W Norton & Co Inc., 1996.

[158] Peter Eisenman. "Visions" Unfolding: Architecture in The Age of Electronic Media[J].Domus. 1993, 734: 17–25.

[159] Peter Eisenman.From Object to Relationship II: Casa Giuliani Frigerio: Giuseppe Terragni's Casa Del Fascio [J]. Perspecta,1971, 13/14 .

[160] Peter Zumthor. Atmospheres: Architectural Environments Surrounding Objects[M]. Basel: Birkhauser, 2006.

[161] R. W. Gibbs. Embodiment and Cognitive Science[M], Cambridge: Cambridge University Press, 2005.

[162] Ralahine Utopian Studies : Imagining and Making the World : Reconsidering Architecture and Utopia[M]. Oxford: Peter Lang AG, Internationaler Verlag der Wissenschaften, 2011.

[163] Rem Koolhaas. Bigness or the problem of large[J]. Domus, 1994, 764: 87–90.

[164] Richard M. Rorty (Ed.) . The Linguistic Turn: Recent Essays in Philosophical Method[M]. Chicago: University of Chicago Press, 1967.

[165] Robert A. M. Stern.New Directions in American Architecture[M], New York: George Braziller, 1969.

[166] Robert Hughes. The shock of the new[M]. New York: Alfred Knopf, 1967.

[167] Rudolf Wittkower. 'The changing concept of proportion', Idea and image : studies in the Italian Renaissance[M]. New York: Thames and Hudson, 1978.

[168] Rudolf Wittkower. Architectural principles in the age of humanism[M]. 4th edition. London : Wiley–Academy , 1988.

[169] Sigfried Giedion. Mechanization takes command: a contribution to anonymous history[M]. New York:Oxford University Press, 1948.

[170] Stephen A. Coons. Computer Art & Architecture[J]. Art Education, 1966, 19(5).
[171] Steven Holl, Juhani Pallasmaa, Alberto Perez-Gomez. Questions of Perception: Phenomenology of Architecture[M]. William K Stout Pub., 2007.
[172] Steven Holl. Parallax[M]. New York: Princeton Architectural Press, 2000.
[173] Thomas Durisch: Peter Zumthor, 1990-1997: buildings and projects[M]. Zurich : Scheidegger & Spiess, 2014.
[174] Tom Wolfe. The Painted Word[M]. New York: Bantam Books, 1975.
[175] Walter Gropius. The New architecture and the Bauhaus[M]. trans. P. Morton Shand. Cambridge: MIT Press, 1986.
[176] Yi-Fu Tuan. Topophilia: A Study of Environmental Perception, Attitudes, and Values[M]. Reprint edition. New York: Columbia University Press, 1990.

后 记

进入21世纪以来，西方建筑的发展越来越多元，各种思潮层出不穷；而科学水平的进步以及新技术的不断涌现，成为人们探索新建筑可能性的有力工具。另外，我国建筑与城市建设在快速发展的同时也面临着一系列的新问题和新挑战。在这些纷繁的因素影响之下，国内外关于建筑设计内核和边界的讨论与争议也不断出现，这些对建筑学学科与建筑教育的发展也产生了一定的冲击。

在这种多元局面下，有关建筑设计研究与教育发展的核心问题探讨显得越加紧迫。作为在高校从事建筑设计研究与教学的教师，我曾试图对国外建筑教育的趋势进行研究梳理，并提出建筑设计研究与教育在当代的多元状况下需要探讨的问题。第一，寻求开放的院校教学及研究如何与重视实践的职业需求相匹配，而又如何去定义属于建筑学领域并适应社会需求的新知识与能力；第二，在日益增长的多元化趋势下建筑设计教学应如何应对，究竟什么才是需要教授给学生的核心内容；第三，在时代不断加速背景下，同时教学体系在知识越来越碎片化，学生越来越个性化，而组织越来越扁平化的趋势下，又如何明晰专属于建筑学的抽象本质与具象技术，如何去界定有关建筑教育变与不变的部分，这些问题都值得我们进一步深入讨论。

正是基于以上的思考，我开始了本书的研究与写作工作，试图在一定程度上得出当代纷繁建筑现象背后的一丝脉络。但建筑设计本身的综合性与复杂性再叠加上时代发展的多元状况，使得不可能从单一线性脉络切入论述当代的发展状况。随着研究的深入，我试图从多个维度切入当代建筑设计思维与审美的多元状况进行思考与梳理。但正如书中所说，这几个维度的切分方法只是在多元状况之下系统化的一种尝试，建筑设计的发展必然还有更多维度的可能性。因此，这只是研究框架的一种切入手段，正如“多维之思”标题所想表达的，这一框架的确定与展开也只是为了引起更广泛、更多维度的讨论与思考。

本书的研究工作持续了很长时间，也是我从事建筑设计工作多年来的研究思考。伴随着在清华的设计教学、研究与实践，对建筑设计思维与审美这一问题的研究思考也成为我工作生活中不可缺少的一部分；与繁忙紧张的工作日常相对应，安静从容的思考与写作成为自己特别的体验与兴趣。这些书写下来的文字既是我研究思考的载体，也是我工作生活的印迹。

感谢中国建筑工业出版社刘丹编辑的辛勤工作使得本书得以面世，感谢所有给过我教诲、启发、帮助与支持的师长、朋友、学生与家人。

王　辉
2018年6月16日
于清华园